高等院校电气信息类专业“互联网+”创新规划教材

物联网工程技术及其应用系列规划教材

现代通信网络（第3版）

主　编　胡珺珺　赵瑞玉

副主编　霍佳璐　陈　欣　王明月

内 容 简 介

本书较全面地介绍了通信网络的主体概念、基本构成、常用技术及其发展过程，并以网络处理信息的具体对象为主线，对通信系统、通信网络、传输网络、交换网络、接入网络、支撑网络、物联网等方面的基本概念、特点、结构、功能等要素做了深入浅出的阐述。另外，本书还分别介绍了各种常见的业务网，内容涵盖电话网络、移动通信、数据通信、计算机通信网络和有线电视通信系统等。

本书具有完整性和系统性的特点，内容广泛且信息量大，涉及较多基础知识，行文简练，重点突出，方便学习。正文中穿插引用了多种案例分析与大量的习题，能够帮助学生结合实践进行学习。

本书可作为普通高校通信、电子等专业的教材，也可作为应用型本科、高职高专院校其他相关专业的参考用书，还可作为通信工程技术人员的培训及自学参考用书。

图书在版编目(CIP)数据

现代通信网络／胡珺珺，赵瑞玉主编．—3版．—北京：北京大学出版社，2020.12
高等院校电气信息类专业“互联网+”创新规划教材
ISBN 978-7-301-31885-0

Ⅰ.①现… Ⅱ.①胡… ②赵… Ⅲ.①通信网—高等学校—教材 Ⅳ.①TN915

中国版本图书馆CIP数据核字（2020）第237410号

书　　名　现代通信网络（第3版）
XIANDAI TONGXIN WANGLUO（DI-SAN BAN）
著作责任者　胡珺珺　赵瑞玉　主编
责任编辑　侯世伟　郑　双
数字编辑　蒙俞材
标准书号　ISBN 978-7-301-31885-0
出版发行　北京大学出版社
地　　址　北京市海淀区成府路205号　100871
网　　址　http://www.pup.cn　新浪微博：@北京大学出版社
电子邮箱　编辑部 pup6@pup.cn　总编室 zpup@pup.cn
电　　话　邮购部 010-62752015　发行部 010-62750672　编辑部 010-62750667
印 刷 者　大厂回族自治县彩虹印刷有限公司
经 销 者　新华书店
787毫米×1092毫米　16开本　16印张　386千字
2014年9月第1版　2017年3月第2版
2020年12月第3版　2024年6月第2次印刷
定　　价　49.00元

第3版 前言

党的二十大报告指出，教育、科技、人才是全面建设社会主义现代化国家的基础性、战略性支撑。必须坚持科技是第一生产力、人才是第一资源、创新是第一动力，深入实施科教兴国战略、人才强国战略、创新驱动发展战略，开辟发展新领域新赛道，不断塑造发展新动能新优势。21世纪是信息时代，各大高等院校通信工程及电子信息工程等本科专业普遍开设了通信网络技术方面的课程。但现有的教材，大多对研究型大学和应用型大学未做区分，因此本书本着内容全面、知识新颖、强调实践的原则，在理论结合应用方面针对应用型大学的教学模式做出了大胆尝试。

本书是编者在多次讲授“现代通信网络”课程的基础上，参考国内外相关文献，经过重新整理编写而成。通信网的内容广泛、信息量大，本书充分考虑了通信工程等专业的整体课程设置，以及和其他课程之间的互补。全书共分为10章：第1章概述，旨在让学生对本课程有一个较全面的了解，掌握学习和分析问题的方法。第2～6章介绍了几种常见的业务网。其中，第2、3章分别针对的是固定/移动通信网络。由于在通信工程、电子信息等专业，“移动通信”等课程是专业必修课，为避免重复教学，可酌情讲解；而对于信息工程、物联网等专业的学生，则可以根据具体情况选讲。考虑到局域网、因特网以及有线电视网相关课程在大多数院校的通信相关专业课程设置中普遍为选修课，因此本书的第4～6章对上述部分的阐述相对详细。第7～9章对支撑网、传输网和接入网做了深入浅出的阐述，并涉及蓝牙、Wi-Fi和卫星等各种通信方式。第10章对目前的物联网发展情况进行了介绍。为了跟上最新的技术发展，本次修订对传统的固定电话网、数据通信网、CATV等内容进行了大幅压缩；新增了5G移动通信、网络安全、IPTV、物联网等内容；还丰富了对各种网络层协议的介绍，并辅以cmd截图和抓包实例；同时，将各种统计数据更新至2019年年底。

本次修订保留了两大特色。一是“应试”和“应用”两者兼顾，为此，本书一方面添加了工程案例、方案设计、扩展阅读和推荐参考书目，旨在拓宽知识面、加强理论联系实际，缩短学生对抽象知识的距离感。另一方面，以练促学：在正文中穿插了21处“典型试题”，均选自近几年的“一级建造师广播电信工程方向”“工信部中级通信工程师认证”“全国计算机技术与软件专业技术资格（水平）考试网络工程师方向”的上/下午真题和模拟题。每章均有“在线答题（选择题）”和“课后习题（问答题）”，本书末尾还有一套“期末模拟题”可扫码答题。本书的另一特色是，力争成为一本“好用”的教材，最大程度上方便使用。希望将科学性和通俗性有机地结合在一起。力求行文简练，少用复句、从句，多打比方、多对比。在排版方面，本书有“七多”：多断句、多提行、多分类、多排序、多加注、多图表、多实照。第3版更加高效地利用了版面空间的排版布局，将第2版中占篇幅较大的表格和图片，移至二维码中。将原有的普通产品/用户的图片，换为更加权威、更有意义的经典图片。对各类截图界面进行了“反色处理”，使原来的黑底白字，变为常规的白底黑字，以便于阅读。第3版在栏目安排上，压缩保留了“导入案例”和“扩展阅读”，只用最简练的语言概述事件经过，把具体细节和配图放到二维码内容中详加描述。每章末新增的“拓展阅读”栏，推荐与该章内容相关的纸质书籍、论文、门户网站和公众号。第3版的附录“常用英文缩略语精选”，只保留了最重要的几条缩略语，其余是为数众多的专业词汇，放在网页版里，方便学生搜索。类似还有“国内外电信网编号计划”，也放在二维码中，使查询和下载更方便。第3版还升级了本书课件，将一些简短的教学视频、在线答题的习题答案，都放入课件中，方便教学使用。最后还附赠数个“课间十分钟背景MTV”，供教师在课前和课间休息时播放。

全书由胡珺珺统稿，并编写了第1、2、4、5章，赵瑞玉编写了第3、7章，霍佳璐编写了第8、9章，陈欣编写了第6章，王明月编写了第10章。在本书的编写和出版过程中，参考了大量的材料，因篇幅有限，不能一一列举资料出处，在此一并表示感谢！另外，本书在编写过程中，得到了重庆邮电大学移通学院易红薇副教授的悉心指导，同时北京大学出版社的编辑也给予了大力支持，在此表示衷心感谢！

由于编者水平有限，书中难免存在不妥之处，敬请读者批评指正。

编　者

资源索引

目 录

第1章 通信网络概述

学习目标

理解通信的定义及基本要求，通信网的基本概念及其分类
了解通信网的发展历程和发展趋势
掌握通信的三大要素及通信系统的简单模型
理解常见的信息处理技术和多路复用技术的原理
掌握通信网的拓扑结构
了解国际通信标准化组织及通信行业的发展状况

本章知识结构

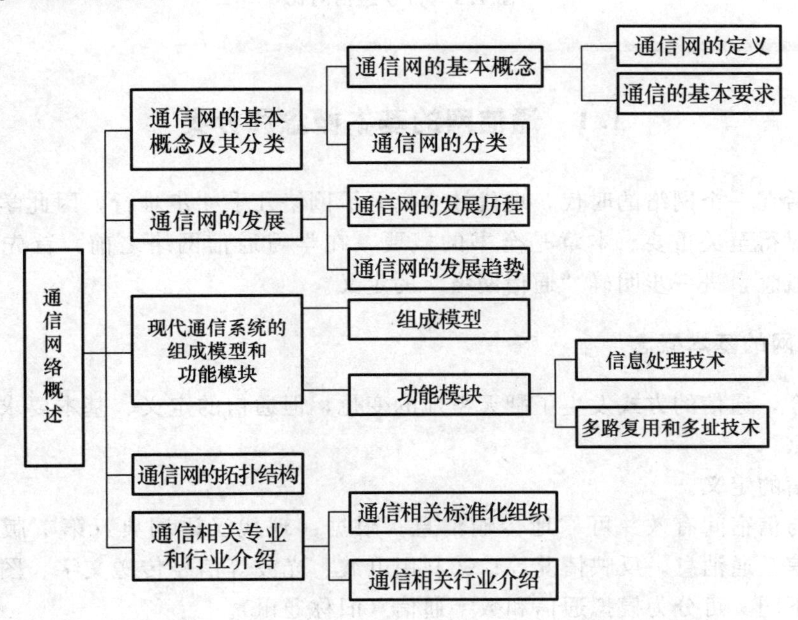

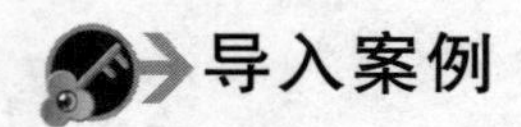

导入案例

古今通信对比

客从远方来，遗我双鲤鱼。呼儿烹鲤鱼，中有尺素书。

——汉代乐府民歌《饮马长城窟行》

据闻一多先生考证，这是古代的信封。古人送信，需先准备两块木板并刻成鲤鱼的模样。使用时，会把信纸夹在两块木板中间，外面用绳子缠绕三圈，然后糊上胶泥，胶泥上加了印信，以示保密。

古人展信一读，就像今天的人们拿着手机阅览。花木兰通过燃起烽火来传递军情，王成却借助步话机喊出了“向我开炮!”；传说中，苏武牧羊鸿雁传书，王母娘娘青鸟报信；而现如今英国女王开通了自己的Facebook。在图1.1中可以看出：通信，为我们保证了信息的传输；通信方式的变革，极大地影响着其他各行各业。通信是高科技产业的龙头；通信是一种生活方式。那么，什么是通信？它包含哪些方面？学习通信应从何处下手？本章将会带你走入通信的世界。

图 1.1　古今通信对比

1.1　通信网的基本概念和分类

我们生活在一个网络的时代，现代社会离开了网络几乎寸步难行，因此学习通信网络的基础知识显得至关重要。本章是全书的概要，在学习通信网络之前，首先要理解“通信”一词的概念，进一步明确“通信网络”的定义。

1.1.1　通信网的基本概念

从古至今，通信的方式发生了翻天覆地的变化，但通信的定义、基本要求和特征，却万变不离其宗。

(1) 通信的定义。

在信源与信宿间有效并可靠地传输消息。根据《现代汉语词典》第7版的定义，通信：①用书信互通消息，反映情况等；②利用电波、光波等信号传送文字、图像等。根据信号方式的不同，可分为模拟通信和数字通信（旧称通讯）。

《牛津词典》将 Communication 一词定义为：①传递思想、感情、信息的行为过程；②发送信息的方法，如电话、收音机、计算机，或公路、铁路等。

（2）通信的基本要求可以概括为以下三条。

① 接通的任意性与快速性；

② 信号传输的透明性与传输质量的一致性；

③ 网络的可靠性与经济合理性。

任意性可以概括为 5W：即任何人可在任何时间、任何地方与任何的另一方进行任何形式的通信（Whoever、Wherever、Whenever、Whomever、Whatever）。透明传输是指在传输过程中信息对外界透明，传输网络只是起一个通道作用，把要传输的内容完好传到另一方。可靠性是指传输信息的准确程度和网络质量的稳定性。

可以说，有了运输网，人员和货物可以流动；有了通信网，信息才可以四通八达。邮寄业务需要好的运输系统，而电子邮件等业务则需要高效的通信网。

（3）通信网（Communication Network）的定义。

通信网是通信系统的一种形式，它由一定数量的传输链路（Link）及节点（Node），包括终端设备和交换设备相互有机地组合在一起，以实现两个或多个规定点之间信息传输的通信体系。也就是说，通信网是由相互依存、相互制约的许多要素组成的有机整体，用以完成规定的功能。本书中的通信系统特指使用光信号或电信号传递信息的通信系统。

（4）通信网的要素。

从硬件结构看，通信网由终端节点、交换节点、业务节点、传输系统构成。其功能是完成接入交换网控制、管理、运营和维护。

从软件结构看，通信网的要素包括信令、协议、控制、管理、计费等。其功能是完成通信协议及网络管理来实现相互间的协调通信。

（5）现代通信网的主要特点。

现代通信网的主要特点是使用方便、安全可靠、灵活多样、覆盖范围广等。

1.1.2　通信网的分类

在了解了什么叫“通信网”之后，我们可以进一步看看它包含了哪些东西。

现代通信网从各个不同的角度出发，可以有各种不同的分类，常见的有以下几种。

（1）按实现的功能分：业务网、传送网、支撑网。

① 业务网负责向用户提供各种通信业务，其技术要素包括网络拓扑结构、交换节点技术、编号计划、信令技术、路由选择、业务类型、计费方式、服务性能保证机制。

② 传送网独立于具体业务网，负责按需要为交换节点与业务节点之间的互连分配电路，提供信息的透明传输通道，包含相应的管理功能，其技术要素包括传输介质、复用体制、传送网节点技术等。

③ 支撑网提供业务网正常运行所必需的信令、同步、网络管理、业务管理、运营管理等功能，以提供给用户满意的服务质量，包括同步网、信令网、管理网。

（2）按业务类型分：电话通信网、电视网、计算机通信网等。

（3）按传输手段分：光纤通信网、长波通信网、无线电通信网、卫星通信网、微波接力网和散射通信网等。

(4) 按服务区域和空间距离分：市话通信网、长话通信网和国际长途通信网，或局域网、城域网和广域网等。

(5) 按运营方式和服务对象分：公用通信网、专用通信网（如防空通信网、军事指挥网、遥测遥控网）等。

(6) 按处理信号的形式分：模拟通信网和数字通信网等。

(7) 按终端用户是否移动分：固定通信网和移动通信网等。

可以说，通信网是现代通信系统的有机集合体。

1.2 通信网的发展

通信网的发展

在理解了通信网的定义之后，关注通信网的发展历程也是十分有必要的，可以帮助我们从宏观上对通信网有更加深刻的理解，有助于在后续学习各种现行技术的时候，能够从产生背景出发，理解各种技术在性能上不同的取舍选择，以及在全网中所处的地位，进而能够对通信网未来的发展趋势做出正确的分析。

1.2.1 通信网的发展历程

原始的通信方式包括语言通信、实物通信、图画通信、视觉通信、听觉通信、文字通信、邮驿通信等传统手段。

而近现代通信，则特指以“电”信号为载体的信息传递技术。自 18 世纪以来，人类通信史上出现了革命性变化，极大地改变了人们的生活。从此之后的近现代通信，可以概括为以下 4 个阶段。

(1) 第一阶段（初级阶段）。1753 年，《苏格兰人》杂志上刊登的一篇文章中，提出了用电流进行通信的大胆设想。1793 年，法国的查佩兄弟在巴黎和里尔之间架设了一条长 230km 的接力方式传送信息的托架式线路。据说，查佩兄弟是首次使用“电报”这个词的人。

1842 年，苏格兰人亚历山大·贝恩从一项用电控制的互连同步母子钟的研究中受到启发，研发了一种原始的电化学记录方式的传真机。

1844 年，有线电报的发明人摩尔斯亲自从华盛顿向他的大学发出了第一份电报，创造性地利用电流的“通”“断”和“长断”来代替人类的文字，这就是鼎鼎大名的摩尔斯电码。

1876 年，美国波士顿大学的教授亚历山大·格雷厄姆·贝尔获得了电话的发明专利。

1898 年，马可尼第一次发射了无线电报。1899 年，马可尼发送的无线电信号穿过了英吉利海峡，引起了不小的轰动。

(2) 第二阶段（近代通信阶段）。以 1948 年香农提出信息论为标志。晶体管、半导体集成电路和计算机等技术的发展，为通信网的腾飞起到了关键作用。这一阶段是典型的模拟通信网时代，网络的主要特征是模拟化、单业务单技术。电话通信网在这一时期依旧占统治地位，电话业务也是网络运营商主要的业务和收入来源，因此整个通信网都是面向话音业务来优化设计的。

(3) 第三阶段（1970—1994 年）。是骨干通信网由模拟网向数字网转变的阶段。这一时期数字技术和计算机技术在网络技术中不断壮大，基于分组交换的数据通信网技术也已发展成熟，TCP/IP、X. 25、帧中继等都是在这期间出现并发展成熟的。在这一时期，形成了以 PSTN 为基础，Internet、移动通信网等多种业务网络交叠并存的结构。

(4) 第四阶段（现代通信阶段）。从 1995 年至今，可以说是信息通信技术发展的黄金时期，是新技术、新业务产生最多的时期。互联网、光纤通信、移动通信是这一阶段的主要标志。骨干通信网实现了全数字化，骨干传输网实现了光纤化，同时数据通信业务增长迅速，独立于业务网的传送网也已形成。由于电信政策的改变，电信市场由垄断转向全面的开放和竞争，宽带化的步伐日益加快。

在了解了通信网的发展历程之后，我们可以知古鉴今，对通信网未来的发展趋势做出展望。

1. 2. 2 通信网的发展趋势

现代通信网未来必是沿着网络业务数据化、网络信道光纤化、网络接入无线宽带化、网络传输分组化/IP 化、网络管理标准化、综合业务与三网融合、网络智能化的方向发展的。

1. 网络业务数据化

100 多年来，通信网的主要业务一直是电话业务，因此通信网一般称为电话通信网。传统的电话网设计都是以恒定对称的话务量为对象的，网络呈资本密集型，通信网容量与话务容量高度一致，业务和网络均呈稳定低速增长。而后来居上的 IP 业务则呈爆炸式增长，其规模和业务量已达到约 6～12 个月就翻一番的地步，比著名的涉及 CPU 性能进展的摩尔定律还快。数据业务转而超过电话业务，并将电话业务变为副业，网络的业务性质发生了根本性变化。

扩展阅读

“摩尔定律”是由英特尔（Intel）创始人之一戈登·摩尔提出来的。其内容为：当价格不变时，集成电路上可容纳的晶体管数目，约每隔 18 个月便会增加一倍，性能也将提升一倍。这一定律揭示了信息技术进步的速度。

后来，IBM 前首席执行官郭士纳又提出了“十五年周期定律”的观点，他认为：信息的模式每隔 15 年就会发生一次大的变革。1965 年前后出现了大型机，1980 年前后出现了计算机，1995 年前后诞生了互联网革命，2010 年《纽约时报》将伴着智能手机长大的这第一代人称为 Z 世代（Gen-Z），而 2025 年，大家则对“物联网+”拭目以待……

2. 网络信道光纤化

鉴于光纤的带宽巨大、质量轻、成本低和易维护等一系列优点，从 20 世纪 80 年代中期以来，“光进铜退”一直是包括中国在内的世界各国通信网发展的主要趋势之一。最初，光纤化的重点是长途网，然后转向中继网和接入网馈线段、配线段。现在，随着铜期货的价格上涨，光纤的优势越来越明显。光纤已经延伸到路边、小区、大楼，光纤入户的趋势越来越明显，最终开始进军光纤到桌面了。

3. 网络接入无线宽带化

2003 年 10 月，我国移动电话用户数首次超过固定电话用户数，标志着移动通信仅仅用了 10 多年的时间就赶超了称雄上百年的固网通信。如今，大家讨论的话题甚至转为“5G 会替代有线宽带吗？”。

4. 网络传输分组化/IP 化

具有 100 多年历史的电路交换技术尽管有其不可磨灭的历史功勋和内在的高质量、严管理优势，但其基本设计思想是以恒定对称的话务量为中心，采用了复杂的分等级时分复用方法，语音编码和交换速率为 64Kbit/s。而分组化通信网具有传统电路交换通信网所无法具备的优势，尤其是其中的 IP 技术，以其无与伦比的兼容性，成为了人们的最终选择。所以，未来网络的分组化，实际是指 IP 化。原来电信传输网的基础网是 SDH、ATM，而如今 IP 网成为基础网。语音、视频等实时业务，转移到了 IP 网上，出现了 Everything On IP 的局面。

5. 网络管理标准化

通信网一般是由许多独立管理的专用网和公用交换网互连组成的。它们大多采用各自的管理协议，互不兼容，这样导致了即使是在一个通信网中也有多个不同管理功能和服务设施与通信网络管理系统共存。在选用通信网络设备时，应考虑其是否具有开放性、设备是否可以和其他设备兼容并与其他用户连通的特点。

6. 综合业务与三网融合

20 多年前，通信业界就提出“综合”一词，如“综合业务数字网”，后期又有了“三网融合”的概念（本书将在第 6 章进行介绍）。图 1.2 给出了网络演进的 4 个阶段，从中可以看出网络的融合不是简单的叠加，而是把各种异构网络平滑过渡到一个统一的网络层面上，从而实现在应用上的大统一。

7. 网络智能化

网络智能化不仅仅是指网络具有智能分析的能力，而是系统层面的、整个安全层面的智能化，包括以下几个方面。

(1) 在网络边缘上实现智能化，方便用户接入和使用。

(2) 在业务提供上实现智能化，如固网网络的智能化改造。其基本原理就是在现有固定电话网中引入用户数据库（Subscribers Data Center，SDC）新网元，交换机和 SDC 之间通过 ISUP、INAP、MAP 等协议或者相关扩展协议进行信息交互，实现用户数据查询，为用户提供多样化的增值服务。

(3) 在网络管理上实现智能化。随着 IT 业务变得越来越富有挑战性，信息技术领域的工作也变得越来越复杂。优化设备和网络配置，使网络系统充分发挥优势，实时监控各

种网络设备可能出现的问题，并进行自动处理或远程修复，促进网络的高效运转。

网络演进的 4 个阶段，如图 1.2 所示。

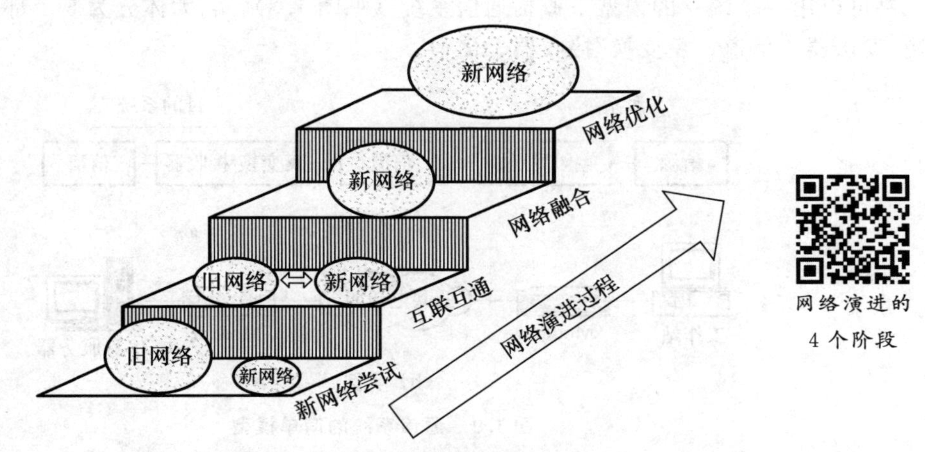

网络演进的 4 个阶段

图 1.2　网络演进的 4 个阶段

由此可见，通信技术的迅猛发展，与其他技术的相互渗透、密切结合，促进了通信网络最终向综合性服务的方向发展。通信网络在当今社会和经济发展中起着非常重要的作用，网络已经渗透到人们生活的各个角落。通信网络的发展速度不仅反映了一个国家的科学技术水平，而且已经成为衡量其国力及现代化程度的重要标志之一。

1.3　现代通信系统的组成模型和功能模块

在对通信网有了概念性的了解之后，接下来可以进一步对通信网进行功能上的划分。了解通信网组成部分之间的逻辑关系，有助于我们明确已学习的和将要学习的各种通信技术在整个通信过程中所处的位置。

1.3.1　现代通信系统的组成模型

1. 三大基本要素

对通信系统的分析，首先可以从软件、硬件两大方向来入手。

（1）通信系统的软件：是为了使全网协调合理地工作，包括各种规定，如信令方案、各种协议、网络结构、路由方案、编号方案、资费制度与质量标准等。

（2）通信系统的硬件，其构成有以下三大基本要素：

① 终端设备，用户与通信网之间的接口设备；

② 传输链路，信息的传输通道，是连接网路节点的媒介；

③ 交换设备，构成通信网的核心要素，它的基本功能是完成接入交换节点链路的汇集、转接接续和分配。

2. 通信系统的简单模型

可以用一个统一的模型来概括通信系统（见图 1.3）。它大体分为 5 个部分：信源、变换/发送器、信道、反变换/接收器、信宿。

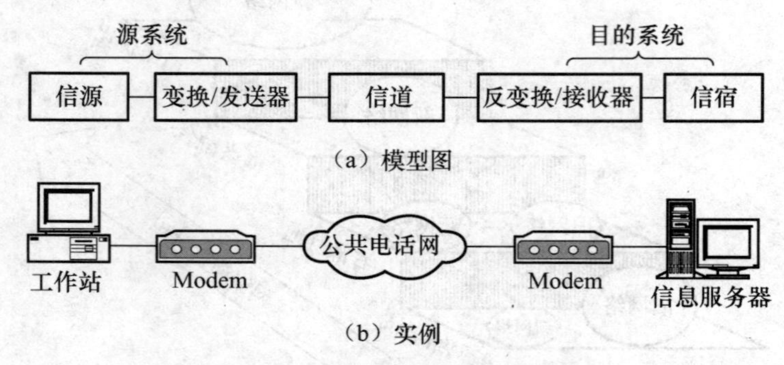

图 1.3 通信系统的简单模型

(1) 信源。产生各种信息的信息源，它可以是人或机器（如计算机等）。

(2) 变换/发送器。负责将信源发出的信息转换成适合在传输系统中传输的信号。对应不同的信源和传输系统，发送器会有不同的组成和信号变换功能，一般包含编码、调制、放大和加密等功能。

(3) 信道。信号的传输媒介，负责在发送器和接收器之间传输信号。通常按传输媒介的种类可分为有线信道和无线信道；按传输信号的形式则可分为模拟信道和数字信道。

(4) 反变换/接收器。负责将从传输系统中收到的信号转换成信宿可以接收的信息形式。它的作用与发送器正好相反。其主要功能包括信号的解码、解调、放大、均衡和解密等。

(5) 信宿。负责接收信息。

3. 通信系统的其他模型

还可以对图 1.3(a) 中的模型进一步细分，如图 1.4 所示。

在图 1.4 中，各主要模块的功能，从下一小节起开始叙述。其中，调制技术已在先行课程“通信原理”中学习过了，加密、同步技术将在以后的章节中介绍。

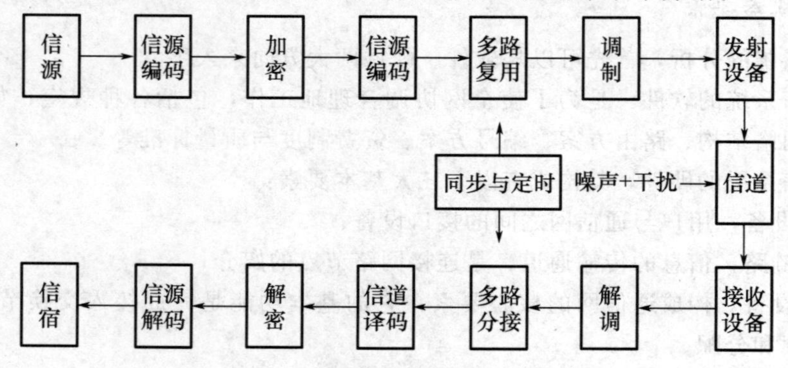

图 1.4 通信系统的其他模型

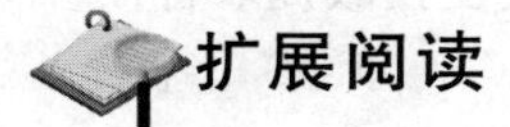

扩展阅读

值得注意的是：图 1.3 和图 1.4 都是一个对称的系统，此时发送方和接收方互为逆过程。但需要提醒的是，并不是所有系统的示意图都一定要画成对称的。例如，扩频通信的系统框图往往会如图 1.5 这样表示，请同学们思考一下其中解扩和解调的先后顺序为何如此。

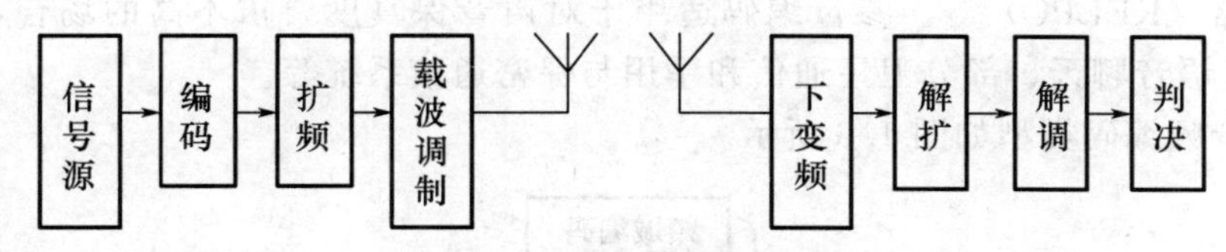

图 1.5　扩频通信系统模型

在了解了通信系统的各个功能组成之后，下面将对其中几个关键的功能模块，按信号发送的先后顺序加以学习。

1.3.2　信息处理技术

1. 信源编码（Source Coding）

信源编码是一个做“减法”的过程，它以信源输出符号序列的统计特性来寻找某种方法，把信源输出符号序列变换为最短的码字序列，即优化和压缩了信息。同时信源编码还需要保证无失真地恢复原来的符号序列。信源编码减小了数字信号的冗余度，提高了有效性、经济性和速度。

最原始的信源编码就是摩尔斯电码，另外还有 ASCII 码和电报码。现在常用的音频编码 G.711（PCM）、mp3，数字电视通用编码 MPEG-2 和 H.264（MPEG-Part10 AVC）编码方式都是信源编码。

按编码效果不同，信源编码可分为有损编码和无损编码。常见的无损编码有 Huffman 编码、算术编码、L-Z 编码。

按编码方式不同，信源编码可分为波形编码和参量编码。

(1) 波形编码。将时间域信号直接变换为数字代码，力图使重建语音波形保持原语音信号的波形形状。其基本原理是抽样、量化、编码。

优点：适应能力强、质量好等。

缺点：压缩比低、码率通常在 20Kbit/s 以上。

适用场合：适合对信号带宽要求不太严格的通信，如高清高真音乐和语音通信；不适合对频率资源相对紧张的移动通信等场合。

波形编码包括脉冲编码调制（PCM）和增量调制（ΔM），以及它们的各种改进型自适应增量调制（ADM），自适应差分编码（ADPCM）等。它们分别在 64Kbit/s 及 16Kbit/s 的速率上，能给出高的编码质量；当速率进一步下降时，其性能会下降较快。

(2) 参量编码。又称声源编码，它将信源信号在频率域或其他正交变换域提取特征参量，并将其变换成数字代码进行传输。

优点：可实现低速率语音编码，比特率可压缩到2～4.8Kbit/s，甚至更低。

缺点：在解码时，需重建信号，重建的波形只能保持原语音的语意，而且和原语音信号的波形可能会有相当大的差别。语音质量只能达到中等，特别是自然度较低，连熟人都不一定能确认出讲话人是谁。

参量编码包括线性预测声码器（LPC)、多脉冲线性预测编码器（MPC)、残余激励现行预测声码器（RELPC）等。参量编码适用于对声音保真度要求不高的场合，例如数字对讲机、QQ语音聊天、部分卫星通信和军用与保密通信系统等。

常见的音频编码类型如图1.6所示。

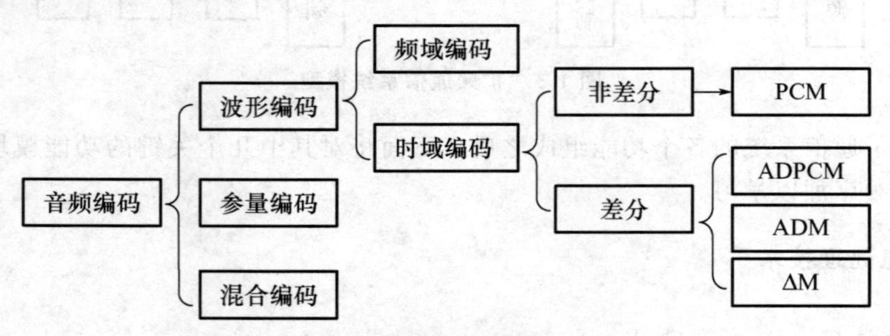

图1.6　常见的音频编码类型

2. 信道编码（Channel Coding)

信道编码是一个做“加法”的过程。为了使信号与信道的统计特性相匹配，提高抗干扰和纠错能力，并区分通路，在信源编码的基础上，信道编码按一定规律，增加冗余开销(如校验码、监督码)，以实现检错、纠错，提高信道的准确率和可靠性。

(1) 信道编码定理。在香农以前，工程师们认为要减少误码，要么增加发射功率，要么反复发送同一段消息——就好像在人声嘈杂的环境里，重要的事情要讲三遍一样。1948年，香农的标志性论文证明，在使用正确的纠错码的条件下，数据可以以接近信道容量的速率几乎无误码地传输，而所需的功率却十分低。也就是说，只要有正确的编码方案，就没有必要浪费那么多能量和时间。这从理论上解决了理想编/译码器的存在性问题，也就解决了信道能传送的最大信息率的可能性和超过这个最大值时的传输问题。此后，编码理论就发展起来，成为“信息论”的重要内容。编码定理的证明，从离散信道发展到连续信道，从无记忆信道到有记忆信道，从单用户信道到多用户信道，从证明差错概率可接近于零到以指数规律逼近于零，编码理论正在不断完善。

(2) 编码效率。有用比特数/总比特数。在带宽固定的信道中，总传送码率是固定的，增加冗余就要降低有用信息的码率，也就降低了编码效率。这是信道编码的缺点或者说代价。不同的编码方式，其编码效率有所不同。打个比方：快递小哥会用泡沫气囊等填充物将易碎物品包裹严实，有时候外包装甚至比物品本身都庞大，但为了保护物品，这样的包装是很有必要的。

(3) 常见的信道编码类型。

信道编码类型如图 1.7 所示。

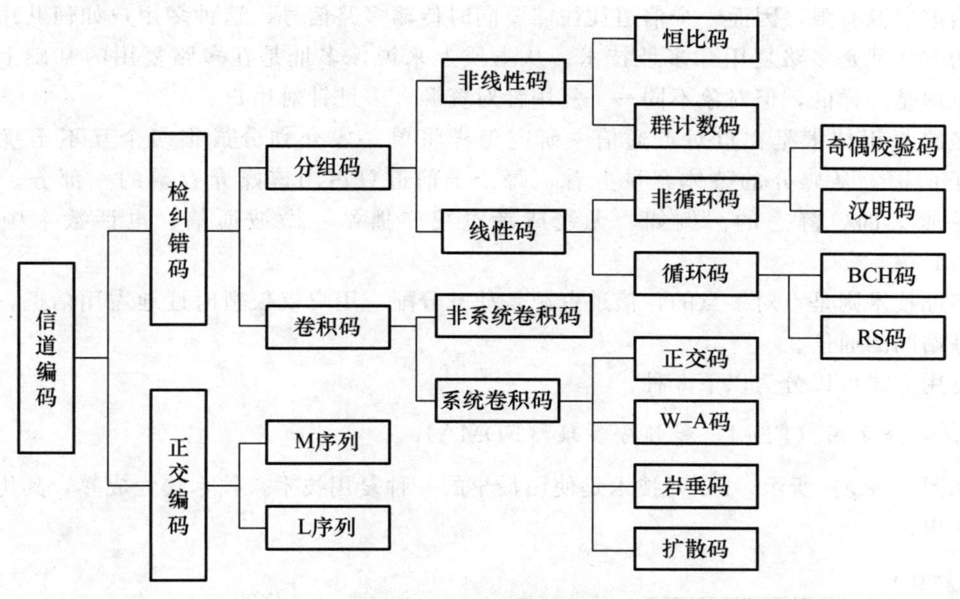

图 1.7 信道编码类型

常见的信道编码有 RS 码、卷积码、交织编码、Turbo 码等。这里简单介绍几种常见码型。

① RS 码（即里德-所罗门纠错码）：能纠正多个字节的错误。

② 卷积码：善于纠正随机错误。

③ 交织编码：实际应用中，比特差错经常成串发生，交织技术分散了这些误差，使长串的比特差错变成短串差错，从而可以用前向码对其纠错。例如，在 DVB-C 系统中，RS（204，188）的纠错能力是 8 个字节，交织深度为 12，那么可纠正长度为 $8\times12=96$ 个字节的突发错误。

④ Turbo 码：香农编码定理指出，如果采用足够长的随机编码，就能逼近香农信道容量。但是传统的编码都有规则的代数结构，远远谈不上“随机”；同时，出于译码复杂度的考虑，码长也不可能太长。所以，在 Turbo 码以前，即使最好的编码方案，也需要香农定理要求的功率的 2 倍才能达到必要的可靠性。理论数值和实际要求数值之间的能量差距，用对数坐标表示大约为 3.5dB。要想缩小这一差距，工程师需要更精细的编码，这个难题困扰了通信界近 40 年。所以长期以来，信道容量仅作为一个理论极限存在，实际的编码方案设计和评估都没有以香农限为依据。

然而 Turbo 码的出现，大大提高了编码效率，被一些特殊场合（主要是卫星链路）选用。现在，Turbo 码已走上主流舞台，与下一代移动电话结合，使手机能够进行多媒体数据（如视频信号和图形图像信号）的通信。它在直扩（CDMA）系统中得到了应用，因此受到了各国学者的重视。同时，为了克服其译码器复杂度高的缺点，又出现了 LDPCC 等更先进的编码方式。

1.3.3 多路复用和多址技术

信道资源有限，因而一个信道往往需要同时传输多路信号，这种多用户如何共用一套资源的方法就是多路复用和多址技术。从本质上来说，多址是在多路复用的基础上实现的，原理是一样的，但对象不同——复用针对资源，多址针对用户。

多路复用技术是在点对点通信中研究怎样将单一媒介划分成很多个互不干扰的独立的子信道。从媒介的整体容量上看，每个子信道只占用该媒介容量的一部分。这种分配是永久的、静态的。例如，无线或者电视广播站、微波通信、电话数字中继中的 PCM。

多址技术则是点对多点的，信道资源是动态分配，用户仅仅暂时性地占用信道，如手机和基站间的通信。

复用方式可以分为以下 6 种。

1. 频分复用（FDM）和频分多址（FDMA）

如图 1.8(a) 所示，FDM 技术是使用最早的一种复用技术，技术较为成熟，其优缺点也很突出。

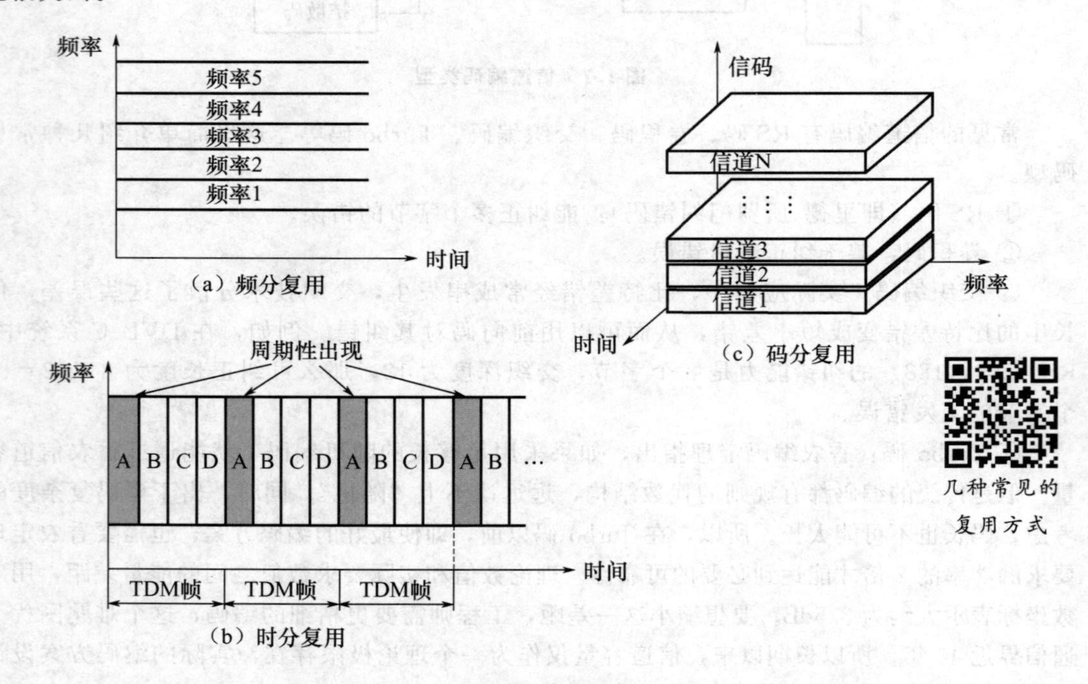

图 1.8 几种常见的复用方式

优点：容易实现，技术成熟，适合模拟信号。

缺点：（1）保护频带占用带宽、效率降低；（2）信道的非线性失真改变了它的实际频率特性，易造成串音和互调干扰（交调干扰）；（3）所需设备随输入路数增加而增多，不易小型化；（4）不提供差错控制技术，不便于性能监测。

适用范围：FDM 的应用很广泛，目前仍在有线电视、无线电广播、卫星通信、一点多址微波通信系统中应用。在移动通信中，FDMA 模拟传输是效率最低的网络，这主要体现在模拟信道每次只能供一个用户使用，使得带宽得不到充分利用。此外，FDMA 信道大于通常需要的特定数字压缩信道，且对于通信静默过程 FDMA 信道也是浪费的。但第一代模拟蜂窝移动通信系统中，采用频分多址技术是唯一的选择方式。到了数字蜂窝移动通信系统阶段，就很少采用“纯”频分的方式了。

2. 时分复用（TDM）和时分多址（TDMA）

时分复用适合传输数字信号，如图 1.8(b) 所示，它的优缺点如下。

优点：无保护频带，效率高，占用频带窄，传输质量高，保密较好，系统容量较大。

缺点：同步要求严格，必须有精确的定时和同步，技术上比较复杂。

适用范围：在多数计算机网和固定电话网的脉冲编码调制复用（PCM）技术、同步数字体系（SDH）技术、时分多址的 GSM 制式数字移动通信技术中都有所使用。

在 TDM 之后，又出现了“统计时分复用，STDM”技术。在 STDM 技术中，各帧的长度不确定，每个时隙都需自带地址信息。

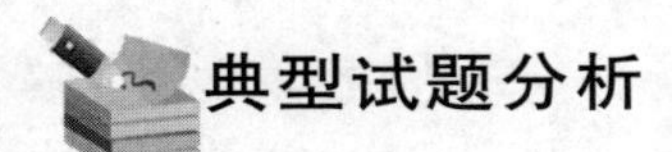

典型试题分析

假设 6 个信号源分时复用在一个容量为 76.8Kbit/s 的线路中，其中 4 个信号源的速率为 9.6Kbit/s，另两个速率相同的信号源的速率可能为（　　）。

A. 20.3Kbit/s　　　　B. 16.8Kbit/s

C. 19.2Kbit/s　　　　D. 11.5Kbit/s

解析：(76.8－4×9.6)÷2＝19.2（Kbit/s)。所以答案为C。

还可以进一步看到，由于 19.2＝9.6×2，因此，在实现时，先在一个周期内划分出 8 个 9.6Kbit/s 的时间片，为每个 19.2Kbit/s 的信号分配 2 个时间片，再为每个 9.6Kbit/s 的信号源分配 1 个时间片。

3. 码分复用(CDM) 和码分多址(CDMA)

CDM 方式如图 1.8(c) 所示，则分别给各用户分配一个特殊的编码，用户可同时占用全部频带，也没有时间的限制(可以互相重叠)，靠信号的不同波形来区分各个用户。在接收端，只能用相匹配的接收机才能检出相符合的信号。接收机用相关器可以在多个 CDMA 信号中选出其中使用预定码型的信号，其他使用不同码型的信号因为和接收机本地产生的码型不同而不能被解调。它们的存在类似于在信道中引入了噪声和干扰，通常称之为多址干扰。

CDMA 技术是无线通信中主要的多址手段，应用范围涉及数字蜂窝移动通信、卫星通信、微波通信、微蜂窝系统、一点多址微波通信和无线接入网等领域。CDMA 技术最早由美国高通公司推出，近几年由于技术和市场等多种因素作用得以迅速发展，它能够满足市场对移动通信容量和品质的高要求，具有频谱利用率高、话音质量好、保密性强、掉话率低、电磁辐射小、容量大、覆盖广等特点，可以大量减少投资成本和降低运营成本。

4. 波分复用(WDM)

由于速度=波长×频率，而电磁波的速度是一定的，即 3×10^8 m/s，因此波分复用和频分复用的原理实质是一样的，只是叫法不同。无线通信里多用频率来描述，对应频分复用；而光通信中多用波长来描述，对应的就是波分复用。

5. 空分复用(SDM)

空分复用(见图 1.9) 是最原始、最简单、最无处不在的一种复用方式，但浪费太大。例如双向通信的每一个方向各使用一根光纤，两个方向的信号在两根完全独立的光纤中传输，互不影响；再如智能天线技术。

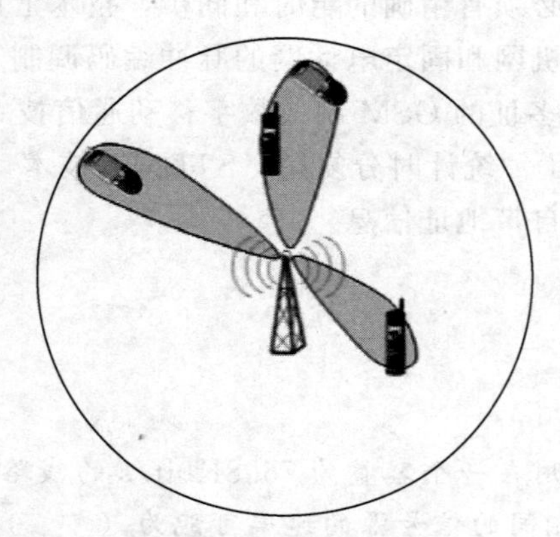

图 1.9 SDM 原理示意

配合电磁波被传播的特征，可使不同地域的用户在同一时间使用相同频率，实现互不干扰的通信。例如，可以利用定向天线或窄波束天线，使电磁波按一定指向辐射，局限在波束范围内；不同波束范围可以使用相同频率，也可以控制发射的功率，使电磁波只能作用在有限的距离内。在电磁波作用范围以外的地域仍可使用相同的频率，以空间来区分不同用户。

充分运用 SDM 技术，能用有限的频谱构成大容量的通信系统。该频率再用技术主要应用在蜂窝移动通信系统、卫星通信系统中。但在具体应用中，它总是与其他多址技术结合使用。

6. 极化复用(PDM)

极化复用是指利用电磁波的极化特性进行复用。电磁波的极性，取决于瞬时电场矢量端点所描绘的轨迹，有 3 种类型：线极化由水平极化和垂直极化构成；圆极化由左旋极化和右旋极化构成；另外还有椭圆极化。在同一个频带利用一对正交的极化波可以传送 2 个载波信号，多用于卫星通信系统中。

综上所述，多址方式是在多路复用的基础上实现的，因此也有 TDMA、FDMA、CDMA 等方式。在不同多址方式中，其信道的内涵不同。

(1) 在 TDMA 中，指各站占用的时隙。

（2）在 FDMA 中，指各站占用的转发器频段。

（3）在 CDMA 中，指各站使用的正交码组。

例如在卫星通信中，我们经常会看到以下两种写法。

FDM-FM-FDMA：即基带模拟信号以频分复用方式复用在一起，然后以调频方式调制到一个载波频率上，最后再以频分多址方式发射和接收。

PCM-TDM-PSK-FDMA：这是把话音进行 PCM 编码（64Kbit/s），然后用时分复用方式进行多路复用，变为 PDH（或 SDH）系列的数字信号，再以相移键控 PSK 方式调制到一个载波上，最后进行频分多址方式发射和接收。

典型试题

【2017 年工信部中级通信工程师认证考试真题第 38 题】

下列（ ）不属于移动通信常用的多址方式。

A. 波分多址　　B. 码分多址　　C. 时分多址　　D. 频分多址

答案：A

1.4　通信网的拓扑结构

当无数个通信系统互联在一起形成网络的时候，有一种高度精练的方式，可以很直观地反应网络的组织形式，这就是拓扑图。拓扑是 Topology 的音译，它是几何学的一个分支，只研究拓扑性质中的不变性，而与研究对象的大小、现状甚至数量等都无关。网络的拓扑结构，是由点和线组成的几何图形，终端和交换设备抽象为点，传输介质抽象为线。网络的拓扑结构反映出网络中各实体的结构关系，是建设计算机网络的第一步，是实现各种网络协议的基础，它对网络的性能、系统的可靠性与通信费用都有很大影响。基本的网络拓扑有以下几种。网络基本拓扑结构如图 1.10 所示。

1. 网状拓扑（Mesh Topology）结构

在网状拓扑结构中，各节点两两相连。n 个节点，就需要 $n(n-1)/2$ 条链路。

优点：可靠性高，任意两点间可直接通信。

缺点：结构复杂，线路冗余度大，网络的扩充不方便。每一个节点都与多点进行连接，因此必须采用路由算法和流量控制方法。

应用：广域网基的顶级节点之间。

有时，我们会把没有做到两两相连的网状结构称为网孔型，又称不完整网状型。此时，节点之间的连接是任意的，没有规律。

2. 星型拓扑（Star Topology）结构

在星型拓扑结构中，每个节点都由一条单独的通信线路与“中心节点”连接。

优点：结构简单、容易实现、便于管理，连接点的故障容易监测和排除。

缺点：中心节点是全网络的可靠瓶颈，中心节点出现故障会导致网络的瘫痪。

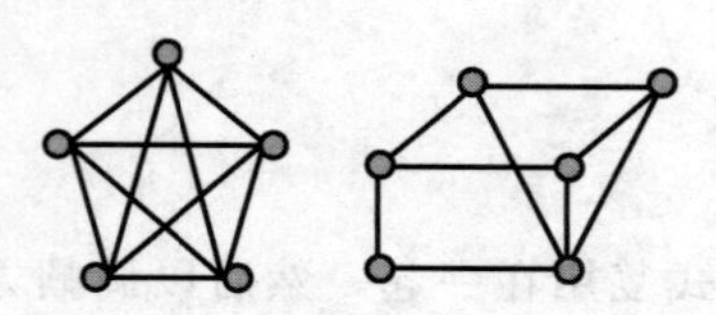

（a）网状拓扑结构示意

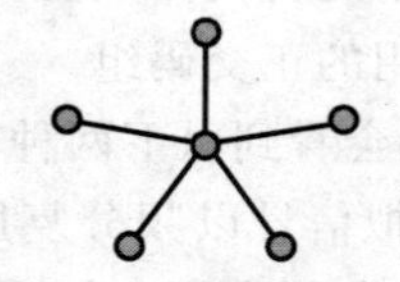

（b）星型拓扑结构示意

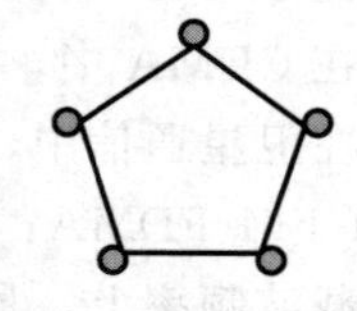

（c）环型拓扑结构示意

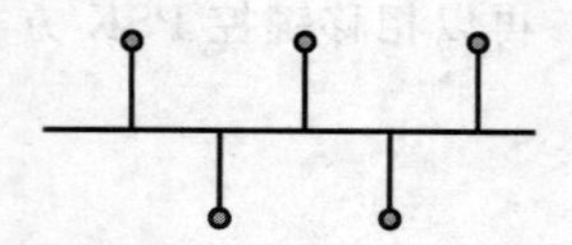

（d）总线型拓扑结构示意

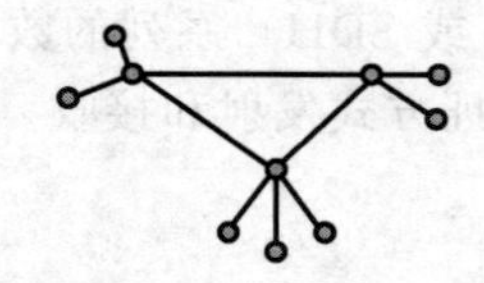

（e）复合型拓扑结构示意

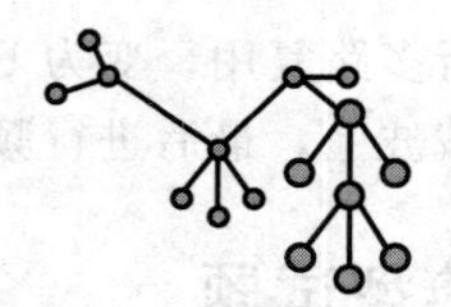

（f）树型拓扑结构示意

图 1.10　网络基本拓扑结构

应用：有线电视网 CATV 中的 HFC 就是一个以前端为中心、光纤延伸到小区并以光节点为终点的光纤星型布局。无源光网络中的 EPON 系统也常以星型拓扑结构为基本结构。多台计算机通过一台集线器上网的方式，从物理上讲也是星型拓扑结构。

3. 环型拓扑（Ring Topology）结构

环型拓扑结构即一个首尾相连的总线网络，各节点通过通信线路组成闭合回路。

优点：结构简单、容易实现，适合使用光纤，传输距离远，传输延迟确定。其中，双向自愈环（Self-healing Ring）更是具有自动保护的优点。

缺点：环网中的每个节点均成为网络可靠性的瓶颈，任意节点出现故障都会造成网络瘫痪，另外故障诊断也较困难。

应用：最著名的单向环是令牌环网（Token Ring），光同步网络（SDH）则广泛使用双向自愈环的结构。

4. 总线型拓扑（Bus Topology）结构

总线型拓扑结构的节点常采用“广播方式”通信，一个节点发出数据包，总线上的其他节点均可接收到。但其他节点接口收到数据包后，并不马上交给节点 CPU 处理，而是先比较信息的目的地址和自己的地址，如果一致才把数据包交给计算机，否则就把数据包丢弃，总线传输过程如图 1.11 所示。

优点：结构简单，传输链路少，点通信无须转接节点，节布线容易，可靠性较高，增减节点方便。

缺点：所有的数据都需经过总线传送，总线成为整个网络的瓶颈；出现故障时诊断较为困难。稳定性差，节点数目不宜过多，网络覆盖范围较小。

应用：最著名的总线拓扑结构是以太网（Ethernet）。

5. 复合型拓扑（Mixed Topology）结构

复合型拓扑结构即由上述各种拓扑结构结合在一起的一种方式，能更好地满足复杂网络的拓展。实际生活中的大多数网络，尤其是大型复杂网，都是复合型拓扑结构。

例如树型拓扑（Tree Topology）结构，它是一种层次结构，节点按层次连接，信息交换主要在上下节点之间进行，相邻节点或同层节点之间一般不进行数据交换。

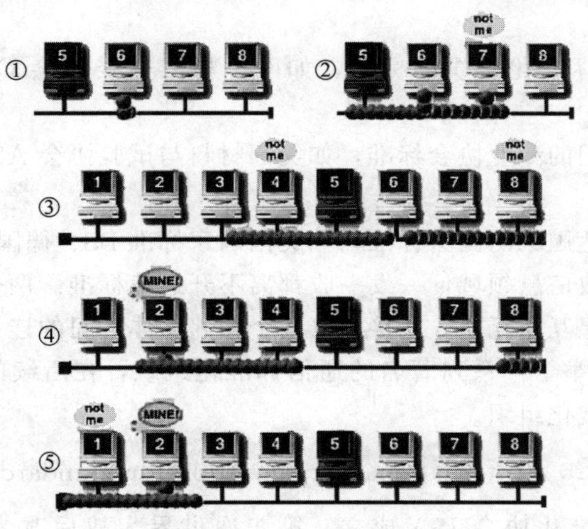

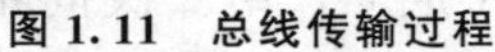
图 1.11　总线传输过程

总线传输过程

优点：连接简单，维护方便，适用于汇集信息的应用要求。

缺点：资源共享能力较低，可靠性不高，任何一个工作站或链路的故障都会影响整个网络的运行。

应用：我国早期电话长途网的 4 级结构（详见 2.3.1 节），以及 CATV 网络中，从光节点延伸覆盖用户的部分，都是树型网络。

典型试题

【2017 年一级建造师考试广播电信工程方向真题第 21 题】

多选题：关于通信网拓扑结构的说法，正确的是（　　）。

A. 网状网可靠性高　　B. 星型网传输网链路成本高

C. 总线型网稳定性差　　D. 环型网扩容不方便

E. 复合型网经济性差

答案：A、C、D。

1.5　通信相关专业和行业介绍

在对本课程的学习对象有了一个大体的了解之后，本章最后给出本专业的相关标准化组织、相关学科和通信产业链相关行业的介绍，旨在让同学们熟悉自己所学专业的行业文化，明确学习方向。

1.5.1　通信相关标准化组织

没有规矩，不成方圆，国际标准已成为世界的“通用语言”。国际标准化组织一般分为四个层次。

第一层往往被统称为“国际标准”，如有“三大国际标准化组织”之称的 ISO、ITU、IEC 等。

第二层是区域性标准化组织的标准，如欧洲标准化委员会 CEN、欧洲电工委员会 CENELEC。

第三层是经常使用的专业协会标准，如美国材料与试验协会 ASTM、美国机械工程师协会 ASME 等。

第四层是一些发达国家的国家标准，如英国国家标准 BS、德国工业标准 DIN。

各行各业中，尤数信息领域，一发一收都离不开通信标准。两个来自不同国家、不同厂商的通信实体，要想互联互通，其接口（两个相邻实体之间的连接点）就必须符合一定的“规矩”。本小节列举了一系列著名的通信标准化组织，在后续的章节里，陆续还会遇到各种技术对应的标准化组织。

1. 国际标准化组织（International Organization for Standardization，ISO)

1926 年，国际标准化协会 ISA 成立，第二次世界大战后改为国际标准化组织 ISO (iso-作为一个单词前缀，来源于希腊语，有相等、平等之意)。ISO 是一个全球性的非政府组织，现有 165 个成员（包括国家和地区)，覆盖了世界国民总收入的 98%，是世界上规模最大、最权威的综合性国际标准组织，素有“技术联合国”之称。其制定的两万多项国际标准在构建全球治理体系和服务国际贸易中发挥着重要的技术规制作用。

张晓刚当选 ISO 主席

中国既是 ISO 的发起国又是首批成员国、常任理事国，以“中国国家技术监督局 CSBTS”为代表参加。2013 年，我国标准化专家张晓刚当选 ISO 主席，是中国人首次当选国际标准化组织主席。

2. 国际电信联盟（International Telecommunication Union，ITU)

世界电信日

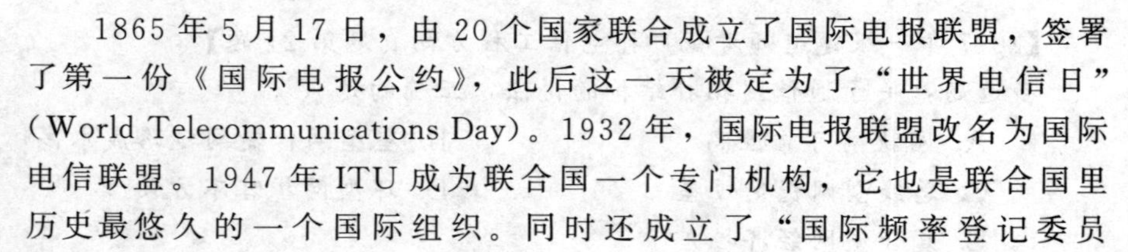

1865 年 5 月 17 日，由 20 个国家联合成立了国际电报联盟，签署了第一份《国际电报公约》，此后这一天被定为了“世界电信日”(World Telecommunications Day)。1932 年，国际电报联盟改名为国际电信联盟。1947 年 ITU 成为联合国一个专门机构，它也是联合国里历史最悠久的一个国际组织。同时还成立了“国际频率登记委员会（IFRB)”。

在 20 世纪 20 年代，ITU 相继成立了 3 个咨询委员会：国际电话咨询委员会 CCIT、国际电报咨询委员会、国际无线电咨询委员会 CCIR。1956 年，CCIT 和国际电报咨询委员会合并成为国际电报电话咨询委员会 CCITT。1972 年，ITU 改组分为 3 个主要部门：电信标准化部门 ITU-T、无线电通信部门 ITU-R、电信发展部门 ITU-D。

我国 1920 年加入 ITU，1947 年入选“行政理事会的理事国”和“IFRB 委员”。2014 年赵厚麟成为 ITU 首位中国籍秘书长。

图 1.12 所示为 ISO、ITU 和 IETF 的标志。

图 1.12 ISO、ITU 和 IETF 的标志

3. 互联网工程任务组（Internet Engineering Task Force，IETF）

1985 年底成立的 IETF 是全球互联网领域最具权威的技术标准化组织，主要负责互联网相关技术规范的研发和制定，当前绝大多数国际互联网技术标准均出自 IETF。它的组织方式有别于其他传统意义上的标准制定组织，它是一个志愿者组织，每年召开三次会议。其发行的 RFC 文档（Request For Comments）是一系列以编号排定的文件，几乎收录了当下所有的基本互联网标准。

随着互联网用户的急剧增加及应用范围的不断扩大，1992 年又成立了国际互联网协会（Internet Society，ISOC），该组织在世界各地有上百个组织成员和数万名个人成员。ISOC 同时还负责其下属机构“互联网结构委员会”（Internet Architecture Board，IAB）和 IETF 等小组的协调和赞助工作。

4. 第三代合作伙伴计划（3rd Generation Partnership Project，3GPP）

1998 年 12 月成立的 3GPP 是移动通信领域最活跃的组织之一。3GPP 最初积极倡导以 GSM 核心网为基础、以 UMTS 为主的移动通信第三代标准。其成员包括欧洲的 ETSI、日本的 ARIB 和 TTC、韩国的 TTA、北美的 ATIS，以及中国通信标准化协会 CCSA 等。5G 时代，越来越多的行业和实体企业参与到 3GPP 生态系统中，包括网络运营商、终端制造商、芯片制造商、基础设施制造商、学术界、研究机构、政府机构等。

容易引起混淆的是：1999 年 1 月成立的 3GPP2 组织，是由美国 TIA 为首的、致力于推广 CDMA2000 标准的组织。

5. 美国电气和电子工程师协会（Institute of Electrical and Electronics Engineers，IEEE）

IEEE 是一个国际性的电子技术与信息科学工程师协会，是目前全球最大的非营利性专业技术学会，其会员人数超过 40 万人，遍布 170 多个国家。IEEE 致力于电气、电子、计算机工程和与科学有关的领域的开发和研究。IEEE 发表多种杂志、学报、书籍并每年组织 300 多次专业会议。在电气及电子工程、计算机及控制技术领域中，IEEE 发表的文献占了全球将近 30%。

其中成立于 1980 年的 IEEE 802 委员会，负责制定局域网的国际标准。

6. 万维网联盟（The World Wide Web Consortium，W3C）

1994 年 10 月，万维网的发明者蒂姆·伯纳斯·李成立了 W3C 理事会，创建并维护了 WWW 标准，拥有来自全世界 40 个国家的 400 多个会员组织，已在全世界 16 个地区设立了办事处。2006 年在中国内地设立首个办事处。

图 1.13 所示为 3GPP、IEEE 和 W3C 的标志。

图 1.13　3GPP、IEEE 和 W3C 的标志

7. 国际电工委员会（International Electrotechnical Commission，IEC）

1906 年成立的世界上最早的标准化国际机构 IEC，涵盖电子、电磁、电工、电气、电信、能源生产、分配等所有电工技术及相关基础工作。

8. 互联网名称与数字地址分配机构（The Internet Corporation for Assigned Names and Numbers，ICANN）

ICANN 是一个非营利性的国际组织，成立于 1998 年 10 月，负责在全球范围内对互联网唯一标识符系统及其安全稳定的运营进行协调，包括 IP 地址的空间分配、顶级域名系统的管理及根服务器系统的管理。这些服务最初是在美国政府合同下，由互联网号码分配当局（Internet Assigned Numbers Authority，IANA）及其他一些组织提供。现在，ICANN 行使 IANA 的职能。

9. 中国互联网络信息中心（China Internet Network Information Center，CNNIC）

1997 年组建的 CNNIC，是经国务院信息化工作领导小组办公室研究决定，在中国互联网络信息中心专家组的基础上组建的，是我国域名注册管理机构和域名根服务器运行机构。它负责运行和管理国家顶级域名 .CN、中文域名系统，以及 WHOIS 查询等服务。据 2019 年 CNNIC 发布的第 43 次《中国互联网络发展状况统计报告》显示，中国网民已超 8 亿人，互联网普及率达 59.6%。

图 1.14 所示为 IEC、ICANN 和 CNNIC 的标志。

图 1.14　IEC、ICANN 和 CNNIC 的标志

由此可见，标准化体系是现代国家治理体系的重要组成部分。标准之争是比品牌之争更高层次的竞争手段。因此，加强标准化工作，实施标准化战略，是一项重要而紧迫的任务，对经济社会发展具有长远的意义。

1.5.2　通信相关专业介绍

如果让科学家们选出近十年来发展速度最快的技术，恐怕非通信技术莫属。相应地，各高校也出现了通信工程（也称信息工程、电信工程；旧称远距离通信工程、弱电工程）、电子信息工程等学科。

我国通信工程专业的前身是电机系和电机工程专业。1909 年北京交通大学首开“无

线电”学科，开创了中国培养通信人才的先河，后来又成立了电信系，这里走出了简水生院士等一大批知名学者。清华大学于1934年成立了电讯组，中华人民共和国成立后合并成立了清华大学无线电工程系，走出了任之慕、朱兰成、章名涛、叶楷、范绪筠、张钟俊等比较有影响力的人物。

20世纪80年代，信息革命这股“飓风”为我国通信工程专业的发展增添了强劲的动力。从此，通信工程专业有了现在的名称，为培养本专业的优秀人才做出了重要贡献。

1.5.3 通信相关行业介绍

高校学生在刚进入通信行业的时候会发现：通信是个极其庞大的产业链（见图1.15）。据粗略估计，我国从事与通信产业链相关的行业人数达上千万人，分布于工业和信息化部门，或其下属机构、代理商、设备制造商、渠道商、运营商、增值服务提供商、虚拟运营商VNO、互联网服务提供商ISP、互联网内容提供商ICP、网络服务商NSP、应用服务提供商ASP、系统集成商SI等各个领域。其中，运营商在职员工总数上百万人，仅中国移动公司一家就有近50万名员工，入选全球员工人数最多的公司（排名第15）。

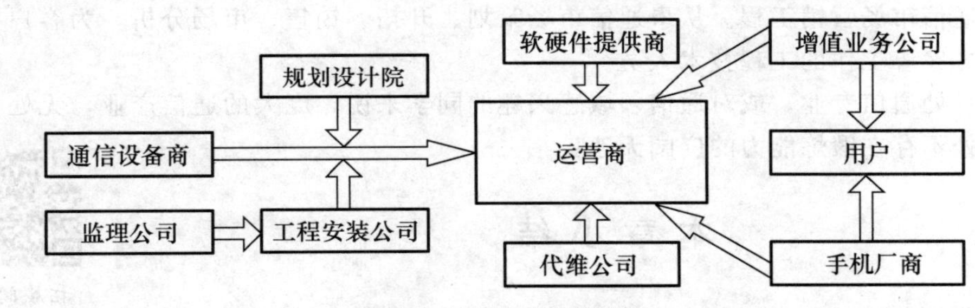

图1.15 通信产业链

其中，面向高校通信专业毕业生的对口岗位，大多集中在以下几个方向。

(1) 有线通信工程。从事明线、电缆、载波、光缆等通信传输系统及工程，用户接入网传输系统以及有线电视传输及相应传输监控系统等方面的科研、开发、规划、设计、生产、建设、维护运营、系统集成、技术支持、电磁兼容和“三防”（防雷、防蚀、防强电）等工作的工程技术人员。

(2) 无线通信工程。从事长波、中波、短波、超短波通信等传输系统工程与微波接力（或中继）通信、卫星通信、散射通信和无线电定位、导航、测定、测向、探测等科研、开发、规划、设计、生产、建设、维护运营、系统集成、技术支持以及无线电频谱使用、开发、规划管理、电磁兼容等工作的工程技术人员。

(3) 电信交换工程。从事电话交换、话音信息平台、智能网系统及信令系统等方面的科研、开发、规划、设计、生产、建设、维护运营、系统集成、技术支持等工作的工程技术人员。

(4) 数据通信工程。从事公众电报与用户电报、会议电视系统、可视电话系统、多媒体通信、电视传输系统、数据传输与交换、信息处理系统、计算机通信、数据通信业务等方面的科研、开发、规划、设计、生产、建设、维护运营、系统集成、技术支持等工作的工程技术人员。

(5)移动通信工程。从事无线寻呼系统、移动通信系统、集群通信系统、公众无绳电话系统、卫星移动通信系统、移动数据通信等方面的科研、开发、规划、设计、生产、建设、维护运营、系统集成、技术支持、电磁兼容等工作的工程技术人员。

(6)电信网络工程。从事电信网络(电话网、数据网、接入网、移动通信网、同步网以及电信管理网等)的技术体制与技术标准制定、电信网计量测试、网络的规划设计及网络管理(包括计费)与监控、电信网络软科学课题研究等科研、开发、规划、设计、维护运营、系统集成、技术支持等工作的工程技术人员。

(7)通信电源工程。从事通信电源系统、自备发电机、通信专用不间断电源(UPS)等电源设备及相应的监控系统等方面的科研、开发、规划、设计、生产、建设、运行、维护、系统集成、技术支持等工作的工程技术人员。

(8)计算机网络工程。从事计算机网络的技术体制与技术标准制定、网络的规划设计及网络管理与监控、软科学课题研究等科研、开发、规划、设计、测试、维护运行、系统集成、技术支持等工作的工程技术人员。

(9)通信市场营销工程。从事通信市场策划、开拓、销售、市场分析,为客户提供服务和解决方案等工作的工程技术人员。

对于身处通信专业,或对通信领域感兴趣的同学来说,庞大的通信产业,无处不需要人才,无处不存在锻炼能力的广阔天地!

拓展阅读

本章小结

本章是全书的概述,旨在让学生对本课程有一个较全面的了解,掌握学习和分析问题的方法。本章首先给出了通信的定义和基本要求,说明通信在我们的生活中无处不在。本章通过介绍通信网的分类和拓扑结构,让学生对通信网有了概念性的认识;通过对通信发展历程的回顾,提出了对通信发展趋势的展望;通过对组成模型和功能模块的学习,能够掌握分析通信网的方法。最后,本章介绍了通信专业和通信行业的发展状况,让学生们对本专业有更加具体的认识。

习题

1. 本书对通信网的哪几个方面提出要求?
2. 通信网的构成要素有哪些?它们的功能分别是什么?
3. 现代通信网按实现的功能可分为哪几种?
4. 请简述现代通信网未来的发展方向。
5. 请画出通信系统的构成示意图,并描述变换器的功能。
6. 多路复用的作用是什么?
7. 名词解释:频分多路复用(FDM)。

第1章在线答题

第2章 电话通信网

学习目标

了解电话网的概念，固定电话终端设备的组成，以及电话交换机的发展历程
熟悉几种主要的交换方式，掌握我国电话网的基本结构和电话网络的编号方式
了解智能网的基本概念和典型业务，了解智能网的结构和改造方案
掌握IP电话的概念、发展历程和特点，熟悉IP电话的几个常见标准和IP PBX

本章知识结构

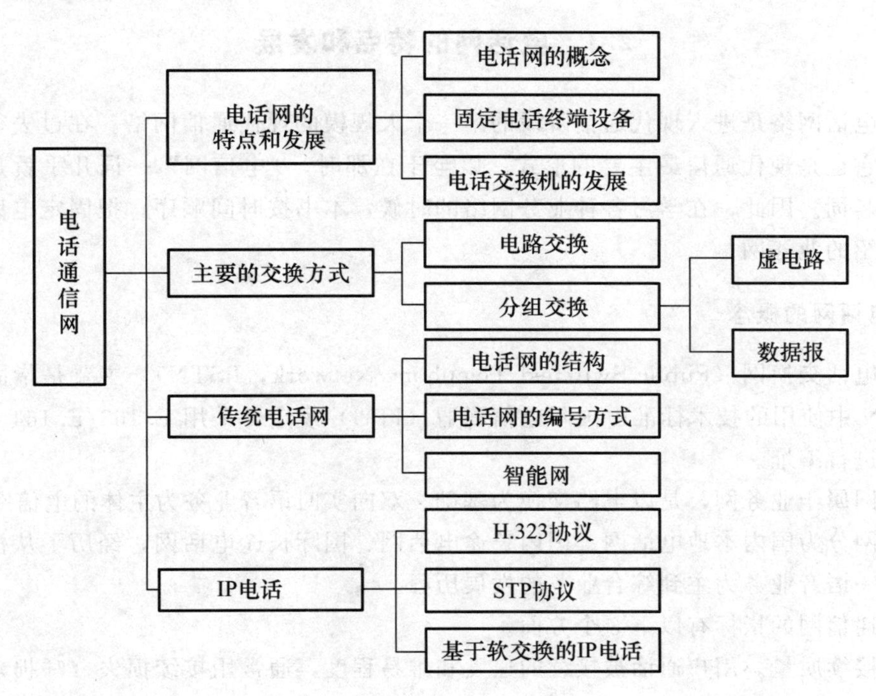

导入案例

图 2.1　贝尔和他的发明改变了世界

百年电话专利权之争

1796 年，有人提出了用话筒接力传送语音信息的想法，并且把这种通信方式称为 Telephone，最早音译作“德律风”，后译为“电话”。1861 年出现了最原始的能够实现声电转换的电话机。1876 年费城世博会上，29 岁的贝尔展示了他刚申请的专利发明，并成立了“贝尔电话公司”。图 2.1 给出了贝尔的肖像和他发明的第一款电话。同时，另一位发明家格雷仅晚于贝尔两小时，也提交了电话的专利，并被“西部联合电报公司”买下，还聘请了大发明家爱迪生加制了炭精送话器。1892 年，两家公司司达成协议，互不染指对方的电话/电报业务。但是到了 2002 年，美国国会第 269 号决议又宣布追认贝尔的前任同事安东尼奥·梅乌奇为电话的发明者。

电话的发明

这场关于电话的发明权之争，持续百年都未曾停歇。本章所要讲授的正是“电话”这个掀开现代通信新篇章的重要通信工具。

2.1　电话网的特点和发展

固定电话网络是进入现代通信阶段的第一个大规模的现代通信网络。在过去很长一段时间里，它也是现代通信最主要的形式。以至于在那时，“电信网”一词几乎就是“通信网”的代名词。因此，在学习各种业务网络的时候，本书按时间顺序，把固定电话网作为第一个介绍的业务网。

2.1.1　电话网的概念

公用电话交换网（Public Switched Telephone Network，PSTN），主要是指固定电话网。PSTN 中使用的技术标准由国际电信联盟（ITU）规定，采用 E.163/E.164（俗称电话号码）进行编址。

电话网属于业务网，是以电路交换为基础、双向实时语音业务为主体的电信网。

电话网分为国内本地电话网、国内长途电话网、国际长途电话网，经历了从模拟到数字，从单一语音业务为主到综合业务的发展历程。

电话通信网的指标有以下 3 个方面。

（1）接续质量。用户通话被接续的速度和难易程度，通常用接续损失（呼损）和接续时延来度量。

（2）传输质量。可以用响度、清晰度和逼真度来衡量。

（3）稳定质量。通信网的可靠性，其指标主要有失效率（设备或系统投入工作后，单位时间发生故障的概率）、平均故障间隔时间、平均修复时间（发生故障时进行修复的平均时长）等。

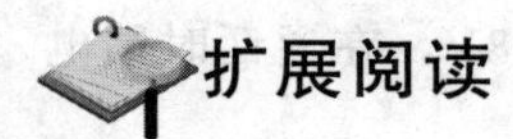

扩展阅读

贝尔不仅发明了电话，还创建了贝尔电话公司。几经分合，诞生了美国电话电报公司（American Telephone & Telegraph Company，AT&T 见图 2.2），曾垄断美国电信市场长达 100 年之久。而从加拿大贝尔电话公司中走出的北电网络（Nortel Networks）曾第一个将模拟电话网带入了计算机数码时代。

AT&T 公司的贝尔实验室（Bell Laboratories）为世界贡献的重大发明不计其数（晶体管、激光器、太阳电池、发光二极管、数字交换机、蜂窝移动通信设备、通信卫星、电子数字计算机、C 语言、UNIX 操作系统、有声电影等），共走出了 11 位诺贝尔获奖者，2.8 万多项专利，平均每个工作日就推出 3.5 项专利。在一系列的分裂和重组中，贝尔实验室一半归了朗讯，留在 AT&T 公司的一半更名为香农实验室。

图 2.2　AT&T 公司和北电网络的标志

在第 1 章里我们就提到了，网络的基本组成设备包括终端、交换设备和传输设备。对应地在电话网里，即电话机、电话交换机和电话线（光缆等）。本章只涉及固定电话网络，移动电话网络将在第 3 章讲述。所以，此处仅对固定电话终端设备和电话交换设备加以介绍。

2.1.2　固定电话终端设备

固定电话机的硬件分为通话设备、信号设备和转换设备三个部分，固定电话机的内部结构和硬件组成框图如图 2.3 所示。

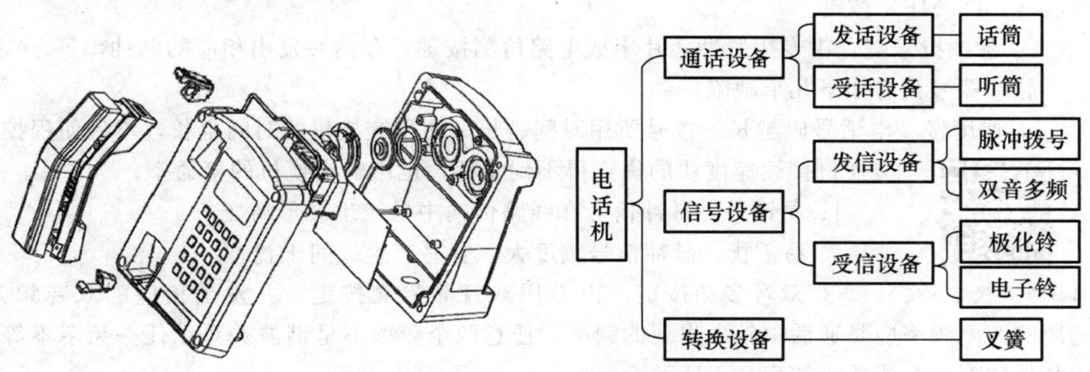

图 2.3　固定电话机的内部结构和硬件组成框图

1. 通话设备

通话设备分为发话设备和受话设备，即话筒和听筒，其基本原理是声电转换。在图2.4中，金属片因声音而振动，在其相连的电磁开关线圈中感生了电流，这样就把声音信号转换成了电信号，而听筒则是话筒的逆过程。1879年，爱迪生利用电磁效应制成炭精发话设备，大大提高了送话效果，其原理及其器件一直沿用至今。除此之外还有驻极体、压电、电磁、动圈等方式制成的通话设备，通常选用的工作电压为－48V，在通话时馈电电流大约20～100mA。

固定电话机的内部结构

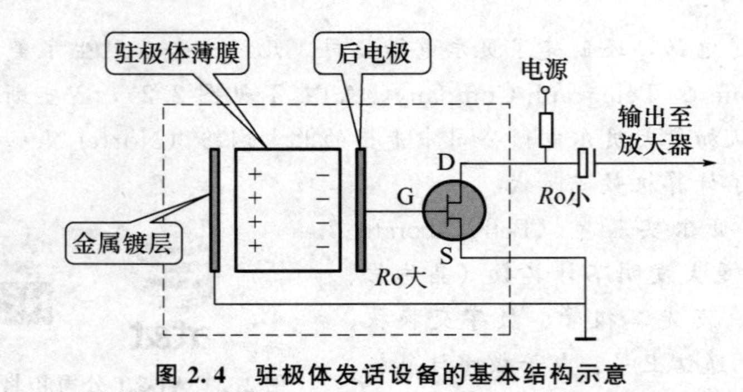

图 2.4　驻极体发话设备的基本结构示意

2. 信号设备

双音多频按键的声音

信号设备分为受信设备和发信设备两部分。

(1) 受信信号标准。振铃电流是90±15V，25±3Hz。以前用极化铃，现在用电子振铃器。

① 交流极化铃（俗称机械铃）：原理和受话设备一样，也是电磁感应。但受话设备是变化的电流转换为变化的磁场，带到振动薄膜振动；而交流极化铃带动的是铃锤，敲打铃腕。

② 电子振铃器：采用振荡器，产生人们喜欢的频率和音调，通过动圈式或压电式扬声器放音。发出的声调可根据需要进行调整，振铃器响度也可以用电位器随时调整。

(2) 发信设备。以前使用脉冲拨号盘，现在使用双音多频（Dual Tone Multi Frequency，DTMF）按键。

① 脉冲拨号盘：由专用脉冲芯片集成电路检测按键，存储并发出相应的脉冲串。

脉冲拨号盘有如下几个缺陷。

a. 速度慢。电话号码越长，拨号所用时间越长，占用交换机的时间也长，不仅使程控交换机接续速度快的优点得不到发挥，也影响交换机的接通率。

b. 易错号。脉冲信号在线路传输中易产生波形畸变。

c. 易干扰。脉冲信号幅度大，容易产生线间干扰。

用拨号音代替按键

② 双音多频按键：由专用双音频检测按键，并发出相应的双音频。选用的8个频率应是通话中较少出现的频率，任意两个频率不呈谐波关系，任一频率不等于其他频率的和或差，如表2.1所示。

表 2.1 DTMF 的号码表示方法

低频组 \ 高频组		H1	H2	H3	H4
		1209Hz	1336Hz	1477Hz	1633Hz
L1	697Hz	1	2	3	A
L2	770Hz	4	5	6	B
L3	852Hz	7	8	9	C
L4	941Hz	*	0	#	D

3. 转换设备（叉簧）

叉簧负责完成外线与振铃电路和通话电路的转换。国标规定叉簧寿命为 20 万次以上。

至今，陆续在通信市场上出现过的电话机有：磁石话机、共电话机、号盘话机、脉冲话机、双音频话机、录音话机、数字话机、无绳话机、可视话机、磁卡话机、IC 卡话机、光卡话机等几十个种类。

终端设备是怎样相互通信的呢？显然光靠线路的连接是不够的，还需要交换机的辅助。

2.1.3 电话交换机的发展

电话交换机是以增加转接次数、公用信道的方式来减少开关点和线路数量。当线路数量很大时，通过增加级数来实现进一步压缩。如图 2.5 所示，在不用交换机时，需要 4×4＝16 个开关；用了交换机后只需要 12 个。

电话交换机的发展分为人工、机电、电子和软交换共 4 个阶段。

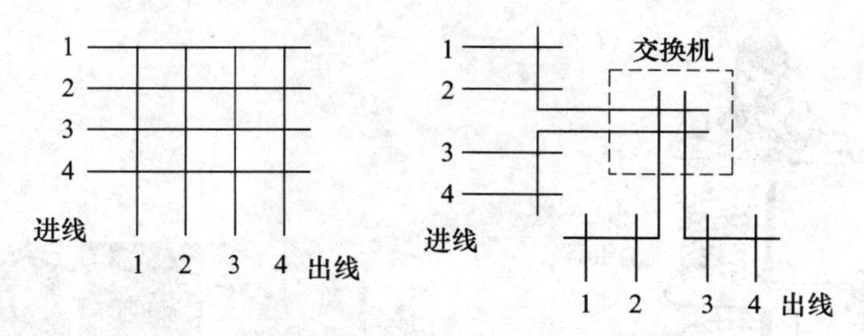

图 2.5 交换机的必要性

1. 人工交换机阶段

(1) 磁石人工交换机，如图 2.6 所示。

1878 年，电话网络在美国首建，采用的是带手柄的手摇发电机装置。其工作过程如下。

① 用户 A 摇动手柄发电机。

② 送出呼叫信号。

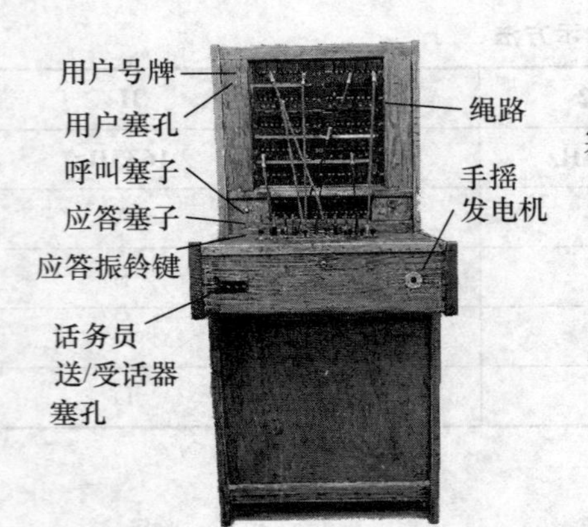

图 2.6　磁石人工交换机

③ 交换机上用户 A 塞孔上的号牌掉下来。

④ 话务员用空闲塞绳的一端插入用户 A 的塞孔。

⑤ 用户 A 告诉话务员他想接通用户 B。

⑥ 话务员把塞绳另一端插入用户 B 的塞孔。

⑦ 话务员扳动振铃，手摇发电机，向用户 B 发出呼叫信号。

⑧ 一方挂机，交换机塞绳的话终号牌掉下。

⑨ 话务员拆线。

(2) 共电交换机。

共电交换机采用集中供电的方式，又称中央馈电。通话时，用户拿起电话，供电环路接通，环路上电流增大，话务员由此得知用户有通话要求。

2. 机电式自动交换机阶段

1892 年，美国人史端乔发明了步进制交换机，由拨号脉冲直接控制接续，如图 2.7 所示。

1926 年，瑞典成功研制了纵横制交换机。纵横制交换机采用间接控制的方式，将控制部分从各用户的话路接续网中独立出来，加入了记发器、标志器等公共控制设备。由于纵横制交换机将弧刷制式改为了点压式，因此减少了滑动摩擦带来的磨损。但为了保证接触点的灵敏度，纵横制交换机需要较多贵重金属，并且噪声大、体积大而笨重。纵横制交换机在电话交换设备的舞台上雄霸近 80 年，直到 1993 年，英国、日本等国的电话网络里还有1/3的交换机是纵横制的。图 2.8 所示为 HJ－921 型纵横制交换机。

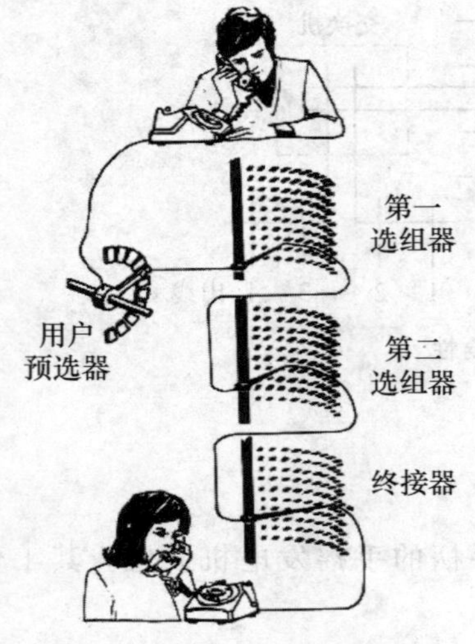

图 2.7　四位电话号码步进制交换机中继方式

图 2.8　HJ-921 型纵横制交换机

3. 电子式自动交换机/程控交换机阶段

1965 年，美国研制了第一部存储程序控制的空分交换机，它由小型纵横继电器和电子元件组成。后来又出现了时分模拟程控交换机，话路部分采用脉冲幅度调制 PAM 方式。1970 年出现了时分数字程控交换机，它是计算机与 PCM 技术相结合的产物，以时隙交换取代了金属开接续，话路部分采用脉冲编码调制 PCM，如图 2.9 所示。

4. 软交换技术（Soft - Switch）阶段

近年来，在固定电话网络向下一代网络过度的过程中，软交换技术在网络中的应用越来越常见，如图 2.10 所示。软交换是一种完成呼叫控制功能的软件实体，支持所有现有的电话功能及新型会话式多媒体业务。

扩展阅读

党的二十大报告指出，加快实现高水平科技自主自强，早在 1991 年，时任解放军信息工程学院院长邬江兴主持研制出了 HJD04 万门数字程控交换机，简称 04 机，曾一举打破了“中国人造不出大容量程控交换机”的预言（04 机在 1995 年由巨龙公司投产）。同年中兴通讯自行研制的 ZXJ10 终局容量为 17 万线。而华为公司则在 1993 年自主开发了 C&C08 机，简称 08 机。以“巨大金中华，烽火普天下”为代表的国内厂商的崛起，彻底改变了我国的通信市场。

早期的程控交换机机务员

这些各式各样的交换机，不仅外观和实现方式不同，而且其基本原理也是不同的。程控交换机和 ZXSS10 软交换设备分别如图 2.9 和图 2.10 所示。2.2 节将介绍几种主要的交换方式。

通信综合实验

图 2.9 程控交换机

图 2.10 ZXSS10 软交换设备

2.2 主要的交换方式

交换又称转接。当前共有 3 种交换方式：电路交换（Circuit Switching)、报文交换（Message Switching）和分组交换（Packet Switching)，如图 2.11 所示。一个通信网的有效性、可靠性和经济性直接受网中所采用的交换方式的影响。

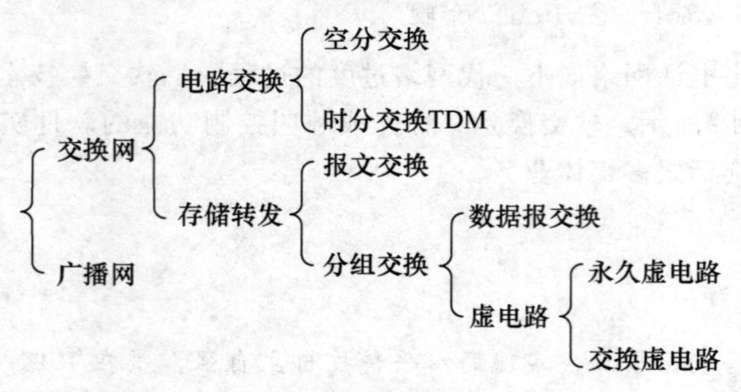

图 2.11 交换方式的分类

2.2.1 电路交换

电路交换又称线路交换。根据 ITU 定义：“电路交换是根据请求，从一套入口和出口中，建立起一条为传输信息而从指定入口到指定出口的连接”。

1. 电路交换的工作原理

电路交换最核心的根本原理是“用户独占信道”。打个比方，电路交换就好比“打出租车”。

(1) 出租车公司有很多辆车，你招一招手，拦住了其中一辆——这就是“接续”，又称“呼叫申请”。

(2) 你上车后，其他人就不能再使用这辆出租车了——这叫“独占”。

(3) 等你付款下车后，这辆车就空闲下来，可以等着给别人用了——这叫“拆线”。

(4) 高峰期可能打不到车，因为全被别人占用了，但是已经打到车的人不受影响——这叫“呼损”。

2. 电路交换的优点

(1) 话音或数据的传输时延小且无抖动。

(2) 话音或数据在通路中“透明”传输，对数据信息的格式和编码类型没有限制。

(3) 无须存储、分析和处理，因此，交换机的处理开销少，传输效率比较高。

3. 电路交换的缺点

(1) 电路的接续时间较长，在短数据时，电路建立和拆除所用的时间得不偿失。

(2) 电路资源被通信双方独占，电路利用率低。

（3）在传输速率、信息格式、编码类型、同步方式及通信规程等方面，通信双方必须完全兼容，这不利于不同类型的用户终端之间实现互通。

（4）当一方用户忙或网络负载过重时，可能会出现呼叫不通的现象，即“呼损”。

4. 电路交换的应用

电路交换方式源自早期的电话网络，软交换以前的交换机都是电路交换方式。电话的拨号过程，又称呼叫，就是建立连接的过程，电话业务需等待被叫用户摘机应答后，才能相互传递信息。通话过程中，主被叫双方一直保持着联系，即使“冷场”了，双方都没说话，但信道资源依旧被占用着，电话费用照样要付。最后的挂机过程，就是释放连接的过程。

典型试题分析

在电路交换网中，利用电路交换连接起来的两个设备在发送和接收时采用（　　）的方式。

A. 发送方与接收方的速率相同

B. 发送方的速率可大于接收方的速率

C. 发送方的速率可小于接收方的速率

D. 发送方与接收方的速率没有限制

解析：本题需要深刻理解什么叫“透明传输”：即发送方发出的信号，在网络的传输过程中，速率、格式、编码类型等均未发生改变。到达接收方时，信号的速率依旧，因此接收方需要用相同的速率来接收才能保持同步。所以答案为A。

2.2.2　报文交换

报文交换也称“电文交换”或“文电交换”。

工作原理：存储转发（Store-and-Forward）的对象是完整的数据，实现通信资源的共享，能够完成传输差错控制、传输通路（路由）选择，能够识别报头、报尾、目的站地址等相关信息，完成网络拥塞处理、紧急报文的优先处理等特殊功能。

报文头部通常包含以下一些信息。

（1）起始标志。告诉节点有信息输入。

（2）信息开始标志。信息正文的开始。

（3）源节点地址。

（4）目的节点地址（包括传输路由信息）。

（5）控制信息。控制说明和标记，包括排队优先权，指明该帧是“报文”还是“应答信号”。

（6）报文编号。由发送方给定。

接着2.2.1小节的比喻：存储转发的交换方式，就好比是在“挤公交车”。

（1）公路上奔驰的公交车就好比用户信息，没有哪一辆车可以独占一个路段，都要与其他车辆共享一条路——这就是“共享”。

(2) 为了便于区别，公交车是有路线编号的——就像添加了“报头”。

(3) 车少的时候，走得快一些；车多的时候，只能排队等待，轮到了再走——这就叫“先存储后转发”。

(4) 路宽的时候，堵车的概率就小；路窄的时候，堵车的概率就大——所以传输速率抖动大，难以保证稳定的带宽和时延。

报文交换主要应用在电报、资料、文献检索等简短数据信息的传输。

几种交换方式的时延如图 2.12 所示。

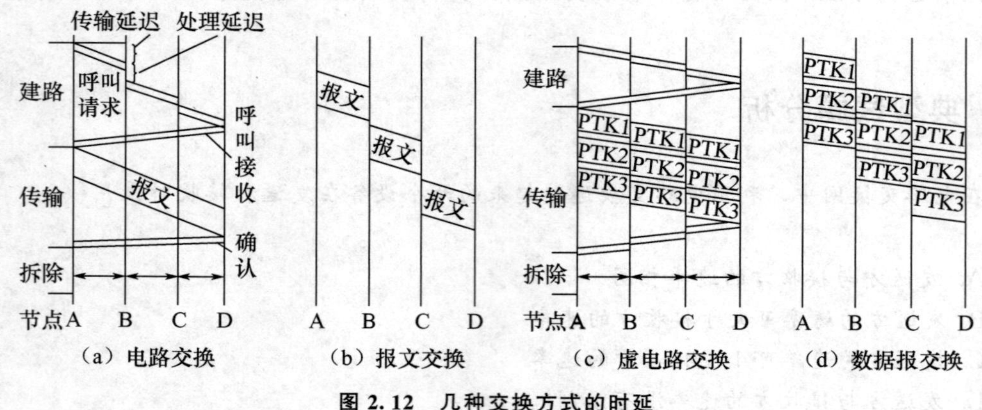

图 2.12　几种交换方式的时延

2.2.3　分组交换的概念

分组交换也称“信息包交换”。1980 年出现了 X.25 建议，制定了分组交换的标准框架。

工作原理：在报文交换的基础上，将用户的一整份报文分割成若干定长的数据块（即分组），以这些更短的、被规格化了的“分组”为单位，再进行存储转发。

1. 分组交换的优点

(1) 灵活性强，时延比报文交换小，能满足实时性要求。

(2) 以分组为单位，比报文效率更高，更节省存储空间，能降低费用。

(3) 可靠性在差错控制协议的帮助下能将误码率降低到 10^{-10} 以下。

2. 分组交换的缺点

(1) 技术复杂，设备要求较高。要求交换机具有大容量的存储空间、高速的分析能力，且能处理各种类型的分组。

(2) 分组越多，分组头部的附加信息就越多，影响了效率。

3. 分组交换的应用

分组交换是数据通信网（包括大名鼎鼎的互联网）所选择的基本交换方式，也是下一代网络的主要形式。

2.2.4 分组交换的分类

分组交换方式可分为虚电路（Virtual Circuit）和数据报（Datagram）两种交换方式。

1. 虚电路

(1) 虚电路包含呼叫建立、数据传输和释放清除 3 个阶段。

(2) 由于路径是预先建好的，因此在传输过程中，不再进行路由选择。

(3) 虽然该用户的所有分组都只经同一条路径传输，但该路径上不止这一个用户。因此传输的结果是“顺序而不连续”的。

(4) 时延比数据报小，且不易丢失。

虚电路又可分为交换虚电路（Switched Virtual Circuit，SVC）和永久虚电路（Permanent Virtual Circuit，PVC）。

① 交换虚电路：如同电话电路，呼叫建立—发送—拆线。

② 永久虚电路：如同专线，两终端在申请合同期间，无须呼叫建立与拆线。

2. 数据报

(1) 数据报无须呼叫和释放阶段，只有传输数据阶段，消除了除数据通信外的其他开销。

(2) 各分组可沿任意不同的路径传输，每途径一个节点都需要选择下一跳路由。

(3) 灵活方便，对网络故障的适应能力较强。特别适合于传送少量零星的信息。

(4) 数据分组传输时延离散度大，且不能防止分组的丢失、重复或失序问题。

“数据报”好，还是“虚电路”好？这个问题取决于：是否需要网络提供“端到端的可靠通信”。OSI 以前按传统电信网的方式来对待分组交换网络，认为应选虚电路。而 ARPANET 则认为计算机网络不可能非常可靠，用户总是要负责“端到端可靠性”的，不如采用数据报，简化协议模型的第三层。

虚电路与数据报传输方式如图 2.13 所示。

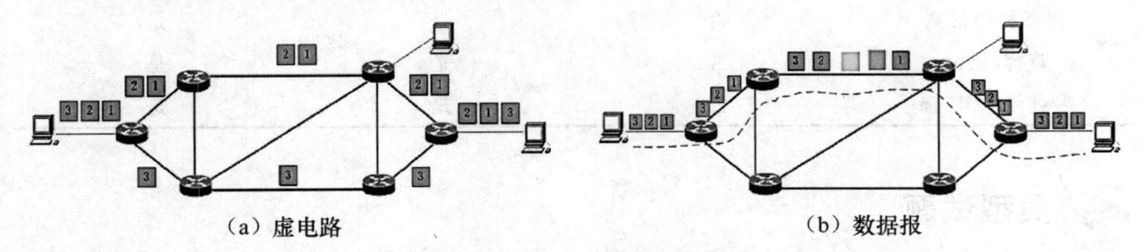

(a) 虚电路　　(b) 数据报

图 2.13 虚电路与数据报的传输方式

2.2.5 面向连接和无连接

2.2.1 节～2.2.3 节介绍了交换方式的几种主要形式。同时，我们也常常用是否面向连接来形容这些交换方式。

1. 面向连接（Connection-Oriented）

面向连接包括电路和虚电路交换方式，它有呼叫、传输和释放 3 个阶段。传输前，需通过呼叫申请一条固定的连接；传输时，无论该连接是否独占，所有信息都只走这一条路径；传输后，需要释放连接，可确保传送的次序和可靠性。

2. 无连接（Connectionless）

本章中无连接的交换方式只有数据报交换。常见交换方式性能比较如表 2.2 所示。

表 2.2　常见交换方式性能比较

	电路交换	数据报	虚电路
独占信道	是	否	否
利用率	低	高	高
排队等待（存储转发）	否	是	是
透明性	有	无	无
分组	否	是	是
面向连接	是	否	网络层是
建立，释放（接续时间）	是	否	是
顺序传输	是	否	是
过载时	阻塞，但已建立的不影响	增加分组时延	阻塞并增加时延
速率	高	低	中
时延	小	大	中
实时业务	是	是	是
协议处理	无	复杂	复杂
交换机成本	低	高	高
可靠性	低	中	高
动态利用带宽	否	是	是
兼容/灵活	否	是	是
多点传送/广播	否	是	是

典型试题

【全国计算机技术与软件专业技术资格（水平）考试 2002 年网络工程师上午试题】

设待传送数据总长度为 L 位，分组长度为 P 位，其中头部开销长度为 H 位，源节点到目的节点之间的链路数为 h，每个链路上的延迟时间为 D 秒，数据传输率为 Bbit/s，电路交换和虚电路建立连接的时间都为 S 秒，在分组交换方式下每个中间节点产生 d 位的延迟时间，则采用虚电路分组交换传送所有数据所需时间为（　　）秒。（$[X]$ 表示对 X 向上取整）

A. $S+(hd/B+P/B)\times[L/(P-H)]$

B. $S+(hD+P/B)\times[L/(P-H)]$

C. $S+[(h-1)\ D+P/B]\times[L/(P-H)]$

D. $S+[(h-1)\ d/B+hD+P/B]\times[L/\ (P-H)]$

答案：D

解析：传输一个分组所需的时延，包含以下 3 个部分：

① 各站点存储转发的时延总和，等于 $(h-1)\ d/B$——注意：当链路数为 h 时，中间节点数为 h-1；

② 路径长度决定的传输时延，等于 hD；

③ 由分组长度决定的传输时延，等于 P/B。

所以，每个分组的时延 $=(h-1)\ d/B+hD+P/B$。

而每个分组中，头部是在分组的过程中添加的，除去头部，剩下的数据段（长度为 $P-H$）才来自于报文。所以分组的个数为 $L/(P-H)$。

虚电路所用总时间＝虚电路建立时间 S＋每个分组的时延×分组个数

思考：请同学们思考一下，若改为数据报等其他传送方式，则时延表达式应怎样书写？比较各种传输方式的时延表达式，能否从表达式上直接看出哪一种传输方式的时延较小？

2.3 电话网的结构

在了解了电话网络的基本交换方式之后，接下来以我国为例分析一下电话网络的演进方向。

原国际电报电话咨询委员会于 1964 年提出等级制国际自动局的规划，国际交换中心（Center Transit，CT）分三级，分别以 CT1、CT2、CT3 表示。其中国际中心局共有 6 个，纽约（美洲区）、悉尼（澳洲区）、伦敦（西欧、地中海区）、莫斯科（东欧、中西亚区）、东京（东亚区）和新加坡（东南亚区）。

我国的电话网络分为长途和市话两部分。国内长途电话网经国际局，进入国际电话网。在交换局之间的主干线路上传输介质一般采用光缆，而用户端到端之间采用电缆。

2.3.1 我国的长途电话网

国内长途电话（Long-distance Call/domestic Toll Call）需要通过在长途电话网（Toll Network）的转接。1986—1998 年，我国实行四级长途电话网等级结构，统称为 TS（Toll Switch）或 Long-Distance Switch Center。

（1）C1。各省间大区长途交换中心（Regional Center），按经济协作区分为 6 个，相互间呈两两相连的网状型。

（2）C2。省级长途交换中心（Sectional Center），共有 30 个。

（3）C3。地区长途交换中心，又称初级交换中心（Primary Center）。

（4）C4。县长途中心（Toll Center）。

图 2.14(a) 所示的通路，称为基干路由。由于转接段数多，存在接续时延长、传输损耗大、接通率低、可靠性差等一系列问题。因此，随着话务量的增加，许多直达电路应运而生。当某两级之间，大量的直达路由和迂回路由形成网状时，原有的两级就逐渐合并为一级，如图 2.14(b) 所示。

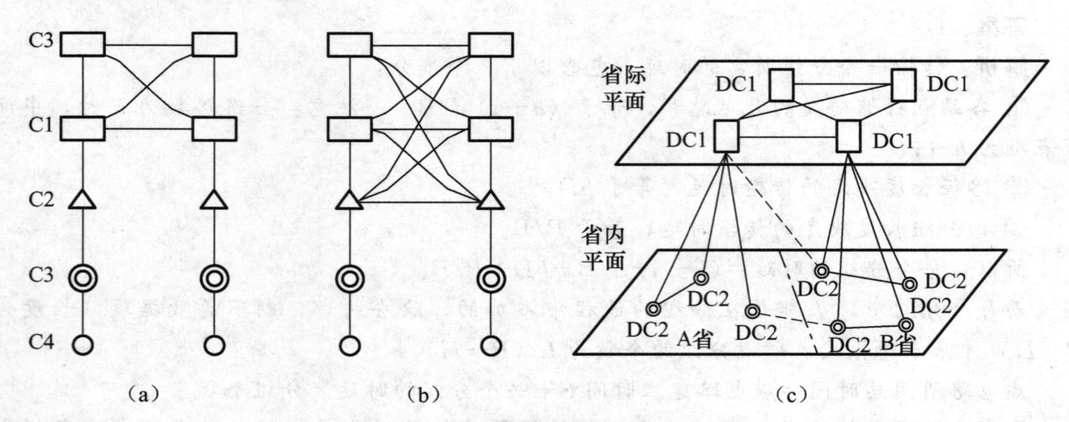

图 2.14　长途电话网络的演变过程

至 1998 年，由原邮电部和电子部共同组建的国家信息产业部，颁布了现阶段我国电话网的新体制，明确了我国的长途电话网已演变为二级结构，如图 2.14(c) 所示的形式。

(1) DC1。由原有的 C1、C2 两级合并成的，省级交换中心采用两两相连的网状型。

(2) DC2。由原有的 C3 扩大而成的，本地长途交换中心 TM 汇接局，负责疏通端局间的话务（C4 失去原有作用，趋于消失）。

将来，这样二级的结构还会逐步向“动态无级网”的方向过渡。无级是指各节点之间无等级之分，都在一个平面上，形成网状。动态是指选择路由的方式随网络的实时情况而变化。同时，交换机容量还将越来越大，交换局数目将减少，网络结构将更趋于简单。

2.3.2　本地电话网

本地电话网（Local Telephone Network）的定义是：同一个长途编号区范围以内的所有交换设备、传输设备和用户终端设备组成的电话网络。本地网的标识是同一个长途编号，而不是行政区域划分或地理位置等其他因素。

我国的本地网一般采用二级结构：汇接局（Tm，Tandem）；端局——常用 C5、DL 或 LS（Local Switch）来表示。

图 2.15 以某一时期的上海市话网为例，说明了我国本地网常见的组网方式。图中的上海市话网，外联了 4 个长途交换机。

综上所述，因为我国幅员辽阔，所以划分了国内长途片区。在这样的网络结构下，电话号码的编排方式，也相应地分为长途区号和本地电话号码两个部分。在下面将要学习的电话网络编号方式中，请结合 2.3 节所学的组网结构，在学习编号的设置方式的同时，不忘思考“为什么要这样设置”。

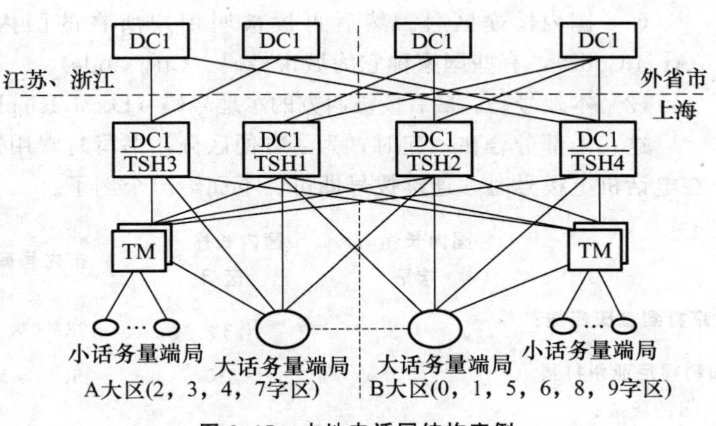

图 2.15 本地电话网结构实例

2.4 电话网的编号计划

编号计划指的是本地网、国内长途网、国际长途网、特种业务及一些新业务等各种呼叫所规定的号码编排和规程。

2.4.1 本地网的编号方式

本地直拨（Local Direct Dial Calls）的号码由用户号和局号组成。

(1) 用户号。本地电话号码的“后 4 位”，常用字母 ABCD 表示。

(2) 局号。加在用户号的前面，各地区各时期的局号长度不等。改革开放以前，多数本地网就只有一个端局，交换机容量才 2000 多，无须局号，电话号码长度仅有 4 位。随着用户人数的增加，电话号码也不断升位。

升位后的号码长度，要根据本地电话网的长远规划容量来确定。据统计，一个人口为 400 万人的城市，至少需要 800 万号。所以 7 位不够，9 位又太多，故通常需要 8 位长度的本地电话号码。

若总长度为 5 位，常用 PABCD 表示；6 位用 PQABCD 表示；7 位用 PQRABCD 表示；8 位用 PQRSABCD 表示。

2.4.2 国内长途电话的编号方式

若被叫方和主叫方不在一个本地电话网内，则属于长途电话。我国曾经用拨打“173”来接通国内人工长途电话话务员，由话务员接通被叫用户。现在的长途电话都使用全自动接续方式，打国内长途电话时，需使用具有长途直拨功能的电话，所拨号码分为 3 部分。

(1) 国内长途字冠。先拨表示国内长途的字冠（National Trunk Prefix），又叫接入码（Access Code）。中日韩英法德等大多数国家都采用 ITU 推荐的“0”作字冠。也有一些国家使用其他字冠，如美国使用“1”作为国内长途字冠。

（2）国内长途区号。然后再拨被叫用户所在的国内长途区域号码（Area Code），有些国家称它为城市号码（City Code）。

（3）本地号码。最后拨被叫方的本地号码（Local Telephone Number）。

《电信网编号计划（2017年版）》

这几个部分合在一起时，为了方便区分，书写时常用短横间隔开；但在电话机上拨号时，连续拨号即可。下面给出个例子。

	国内长途＋ 字冠	国内长途＋ 区号	市内号码＋
从北京打到重庆应拨：	0	23	4287××××
从加利福尼亚州打到纽约应拨：	1	315	555××××

2.4.3　国际长途电话的编号方式

国际长途直拨电话（International Direct Distance Dialing，IDD）的号码分为以下4部分。

（1）国际长途的字冠。首先需拨表示国际长途的字冠（International Prefix Number）。

半数以上的国家和地区，包括中国、德国、印度、越南等，都使用“00”来作为国际长途字冠。加拿大、美国使用“011”，日本、韩国、泰国使用“001”，新加坡使用“005”，英国使用“010”来作为国际长途字冠。

由于各国的国际长途字冠五花八门，因此后期增设了“＋”号为全球通用国际长途字冠。

（2）国际长途区号。接着拨被叫用户所在的国际长途片区区域号（Country Code），长度1～3位不等。

（3）国内长途区号。拨完“国际长途区号”后再接着拨“国内长途区号”时应注意，此时国内长途区号前面无须加拨表示国内长途的字冠“0”。

例如，国外大公司名片上电话号码标准写法是“＋33（0）1××××××××”。其中“(0)”加个括号的意思就是这是法国的国内长途字冠：若主叫方在法国，就拨01××××××××；若不在法国，就拨＋331××××××××。33是法国的国际区号，1表示是巴黎大区。

（4）本地号码。最后依旧是被叫方的本地号码。

以上4个部分合在一起，就是打跨国电话所需拨打的号码了。举例如下。

	国际长途 字冠	＋	国际长途 区域号	＋	国内长途 区号	＋	本地号码
从德国打到重庆可拨：	00		86		23		4287××××

再例如——A在英国，B在重庆，则

① A给B打电话时应拨：010　86　23　87654321

② B看到的来电显示为：00 44…

③ B给A打电话时应拨：00 44…

④ A看到的来电显示为：010 86 23 87654321

国际长途区号和各地基本特服电话号码表

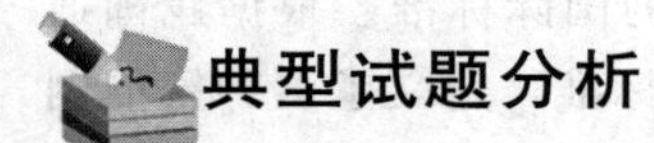

典型试题分析

我国山西省阳泉市的国内长途区号为353，爱尔兰的国际长途区号也为353。现有一个来电显示为00353877420119的电话，请问这是从哪里打来的？

解析：00353中的前两位“00”，表示是国际长途，所以应是爱尔兰的电话。若是山西阳泉来电，由于表示国内长途的字冠是单个“0”，合起来应为0353。而且，长途区号后面的号码“877420119”，长达9位数，我国目前还没有哪个城市的市话号码升级为9位数。

电话网不是一个孤立的网络，它不仅和其他网络互联互通，还拥有自己的支撑网和附加网。其中，支撑网的相关内容将在第7章专门介绍。下面介绍电话网的附加网络——智能网。

2.5 智 能 网

1984年AT&T公司采用集中数据库方式提供800号（被叫付费）业务和电话记账卡业务，形成了智能网（Intelligent Network，IN）的雏形。1992年ITU-T正式定义了智能网：它是一种在原有通信网的基础上，为快速、方便、经济、灵活地提供新业务而设置的附加网络结构。

2.5.1 智能网的基本概念

根据定义，智能网只作为原有网络的一种“附加”结构，不能单独组网，必须依托原有的通信网络。它以计算机和数据库为核心，其目的是在多厂商环境下快速引入“新业务”，并能安全加载到现有的电信网上运行。其名字中的“智能”二字并非通常意义上的智能化，而是指能方便地增加这些新业务。

没有智能网以前，按照传统的实现方法，增加新业务时，需对呼叫处理程序及相关数据进行修改，在呼叫处理的适当环节增加必要的程序和数据，对现有网络结构、管理、业务控制、生成方法等都需进行变革。新业务从定义到最后可以上网使用，周期长达1.5～5年。

有了智能网以后，开发新业务的周期减少到最多6个月，带来了巨大的经济利益和方便，提高了网络利用率，增强了网络智能性。

智能网的基本思想是：将呼叫控制功能与业务控制功能“分离”，即交换机只完成基本的呼叫控制功能功能。这种各功能分离的思路一直延伸到下一代网络NGN的概念中。

2.5.2　智能网的业务

智能网是为了更好地实施新业务而建立的业务网，它包含的业务林林总总，且在不断增加。IN CS是ITU-T所建议的智能网能力集，它是智能业务的国际标准。根据我国通信的实际发展情况，原邮电部颁布了智能网上开放智能网业务的标准，定义了多种智能网业务，不少仍沿用至今。

1. 被叫集中付费业务

被叫集中付费（Free Phone Service，FPH）业务最早于1967年在美国开始提供，是一项由企业或服务行业向广大用户提供免费呼叫的业务，常常被作为一种经营手段，广泛用于广告效果调查、顾客问询、新产品介绍、职员招聘、公共信息提供等。由于多数国家普遍采用“800”作为其业务代码，因此智能网的概念提出后，在世界各国得到了广泛的发展，几乎所有国家在规划智能网时，都将FPH作为发展的首选业务。

2. 主/被叫分摊付费业务

我国开展的“400”业务，号称800的升级版。800是被叫方付费，主叫完全免费。而400业务的客户作为主叫方，只需支付市话费；企业作为被叫方，承担长话费。同时，由于运营商网间结算的问题，只有固话才能拨打800电话，而固话和手机都能拨打400电话。400电话还可以全国组网，按区域转接。

3. 广域集中交换机

广域集中交换机（Wide Area Centrex，WAC）中的Centrex是虚拟交换机的简称。它是通过修改交换机的程序和数据来实现的，属于传统方法，而非智能网方案。它将市话交换机上的部分用户定义为一个虚拟小交换机用户群，群内的用户不仅拥有普通市话用户的所有功能，而且拥有用户小交换机（也名专用集团电话交换机，英文缩写PABX：Private Automatic Branch Exchange，也可简称为PBX）的功能。用户无须真正购买和维护小交换机实物，就好比这台小交换机集中到局用交换机中去了，故又称集中小交换机业务。Centrex用户一般有两个号码：长号（普通市话号）；短号（群内号码）。群内呼叫时，拨短号或长号皆可，都享受资费优惠（免费或打折），并在来电显示上只显示短号。这样一来，用户既节约了成本，又能享受到等同于电信公共网络的丰富资源和高可靠性，广受公司、学校、机关等单位的欢迎。

4. 密码记账式电话卡业务

密码记账式电话卡业务以200或300为接入码。其中，大家最为熟悉的是201校园卡。1997年，华为公司的市场人员认识到：“现在，价格已不是最有利的竞争手段，因为跨国公司的报价也很低。往往就是一两个功能的差别决定了客户选择谁。”华为中研部总裁回忆说，当天津电信的人提出“学生在校园里打电话很困难”的问题后，任正非紧急指示：“这是个金点子，立刻响应！”不出2个月，华为就推出了201校园卡。201校园卡推出后市场反应热烈，很快推往全国。等其他公司反应过来时，华为已做了近一年。实际上，这项新业务只需要在交换机原本就有的200卡号功能上进行“一点点”技术创新。但就是这个能为运营商带来新利润的小创新，使得华为在交换机市场变劣势为优势，最终虎口夺食，占据了40%的市场份额。

5. 亲情号业务

亲情号业务（Familiarity Number Service，FNS）是一种以话费优惠的方式吸引移动电话用户的新业务。该业务允许移动电话用户自己定义几个经常联系的亲人或朋友的电话号码为亲情号码，当用户呼叫这些已设成亲情号码的电话时，可以享受到比普通通话更优惠的话费。拨打非亲情电话则不享受优惠资费。

6. 家庭网短号业务

家庭网短号业务简称家庭网，是指由“家庭主号”提出申请，通过短号方式组成的群体。家庭网成员之间短号通话可以享受资费优惠。家庭网成员之间允许使用家庭网短号互拨。家庭网短号长度为3位以内。

7. 电话银行

电话银行是指电信运营商与银行联合，通过智能网及银行卡系统相互配合的通信、金融增值业务。它不仅能有效提高银行卡的附加值，而且可以通过金融支付服务与电信服务的整合，实现跨行业的资源整合。持卡人可以使用银行卡代替传统的电话卡，享受质优价廉的国内、国际漫游通话服务，话费支出从银行卡中自动扣收，从而减少资金占用，简化使用流程。

8. 个性化铃音业务

个性化铃音业务俗称彩铃，是通过被叫用户设定，当其他用户呼叫该用户时，在被叫用户摘机前，对主叫用户播放的一段音乐、广告或被叫用户自己设定的留言等。使主叫用户听到的不再是单调的“嘟嘟”回铃音。彩铃业务的解决方案，可以采用传统的基于交换机的方式，也可以采用基于智能网的方案（本书将在2.5.4节中介绍）。

9. 预付费业务

预付费业务（Pre-Paid Service，PPS）是指电话用户在开户时，或通过购买有固定面值的充值卡（密码卡）充值等方式，预先在自己的账户上注入一定的资金。呼叫建立时，基于用户账户的余额决定接受或拒绝呼叫。在呼叫过程中实时计费和扣减用户账户的金额。资金用尽即终止呼叫，实现用户为其呼叫和使用其他业务预先支付费用。可用于一般用户或GSM租赁业务，防止呆账。常见的预付费业务有中国移动的神州行、动感地带、中国网通的如意通等。全球通原本采用后付费和包月优惠的资费方式，但后期发行的一些手机充值卡，利用原有的神州行充值卡平台，通过在原有的BOSS和智能网设备上新增接口，也可以为全球通用户充值。

10. 来电显示

来电显示（Calling Identity Delivery，CID）又名“主叫号码显示”业务，由具有主叫号码信息识别服务功能的交换机，向被叫方发送主叫方电话号码和时间等信息。同时要求被叫方电话终端具有显示和存储功能，以便事后查阅。

1986年贝尔实验室申请了来电显示专利，首次引入话音频带数据通信的调制解调方式，采用FSK（移频键控）方式。与此同时，瑞典采用DTMF（双音多频）的方式在电话终端与交换机之间传送主叫号码。由于FSK实现容易，抗噪声与抗衰减性能好，传输速率高，且含有时间信号，还支持ASCII字符集，也就是说，除电话号码之外还可显示来电人名或自动调整时间等。因此，大多数国家及中国的大部分地区都选用了FSK制式。

辨别电话终端的来电显示制式的方法很简单：DTMF制式是在响铃前，或者响第一声铃的同时，显示来电号码；而FSK制式是在电话第二声响铃时显示来电号码。或者，先把该电话机的日期或钟点调乱，再用其他电话拨打该电话，无须接听，只要响一声之后，FSK制式电话的时间就会自动跳变为标准时间，而DTMF则不会改变。若某电话终端和该地区的端局交换机所遵循的来电显示制式不同，且不能同时兼容两种制式，那么该电话将无法显示来电号码。市面上有销售“来电显示DTMF转FSK”的转换器，只需串联在电话线上即可。

这些智能网业务丰富了电信网的功能，极大地方便了我们的生活。

2.6 IP 电 话

近年来，随着IP技术的飞速发展，IP协议也广泛应用在语音业务中。这同时也是Everything on IP的一种体现。

2.6.1 VoIP概念

VoIP（Voice over IP）指的是“IP语音通信”。传统语音要占64Kbit/s的带宽，但IP电话通过压缩编码及统计复用等，只占8Kbit/s的带宽，然后用分组交换技术进行传输。在IP网络上使用VoIP技术，不仅能实现语音通话，还能增加数据功能和多种新应用。

IP电话按连接方式共分3种：PC to PC、PC to Phone和Phone to Phone。

传统的IP网络主要用来传输数据业务，采用的是尽力而为的、无连接的技术，因此没有服务质量保证，存在分组丢失、失序到达和时延抖动等情况。数据业务对此要求不高，但话音属于实时业务，对时序、时延等有严格的要求。因此必须采取特殊措施来保障一定的业务质量。VoIP的关键技术包括语音处理技术、传输技术、服务质量保证技术、安全技术、信令技术、编码技术以及网络传输技术等。

1. 语音处理技术

语音处理要求在保证一定语音质量的条件下尽可能降低编码比特率，涉及语音编码技术、静音检测技术等；同时，在IP网络的环境下保证一定的通话服务质量，包括分组丢失补偿、抖动消除、回波抵消等技术。这些功能主要采用低速率声码器及其他特殊软硬件完成。基于语音编码技术可以对传统电话业务信号进行较大程度的压缩。例如，采用G.729标准可以将64Kbit/s的信号压缩成8Kbit/s的信号。

2. 传送技术

由于IP语音分组的传送对实时性要求高，因此其传输层协议采用UDP。此外，在IP

电话网中还采用实时传送协议（Real-time Transport Protocol，RTP），该协议提供话音分组的实时传送功能，包括时间戳（用于同步）、序列号（用于丢包和重新排序检测）及负载格式（用于说明数据的编码格式）。

3. 服务质量保障技术

传统 IP 网络采用的是无连接、尽力而为的技术，存在着分组丢失、失序、时延、抖动等问题，无法提供服务质量（QoS）。为了满足语音通信服务的需求，需要引入一些其他的技术来保障一定的服务质量。IP 电话网中主要采用资源预留协议（Resource Reservation Protocol，RSVP）、区分服务（Diffserv）以及进行服务质量监控的实时传输控制协议（Real-time Transport Control Protocol，RTCP）等来提供服务质量保障。

4. 安全技术

相比于传统电信网，IP 网络具有很强的开放性，但同时也带来了一定的安全性问题。在面向公众的 IP 电话网中，为保证长时间可靠地运行，必须具备良好的安全性机制，主要涉及身份认证、授权、加密、不可抵赖性保护、数据完整性保护等技术。

5. 信令技术

VoIP 信令主要负责完成 IP 电话的呼叫控制，IP 电话网中的信令消息被封装成 IP 包进行传送。目前，在电信级 IP 电话网中采用的信令协议主要有 H. 323 协议（如图 2.16 所示）、SIP 协议、MGCP 协议、H. 248 协议等。

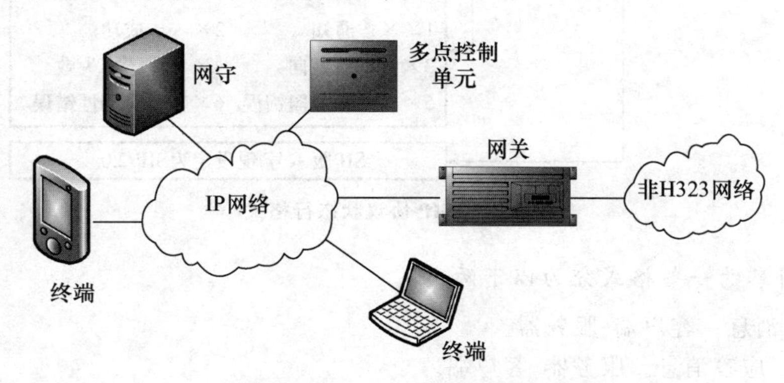

图 2.16　H. 323 协议的组网方案

2.6.2　H. 323 协议

H. 323 协议源自国际电信联盟，成立之初并不是专为 IP 电话提出的，而是为多媒体会议系统而提出的标准。

H. 323 协议把 IP 电话当作传统电话，只是电路交换变成了分组交换。因此，易与 PSTN 兼容，更适合电信级大网的过渡方案。采用基于 ASN. 1 和压缩编码规则的二进制方法表示其消息。它需要特殊的代码生成器，可以集中执行会议控制功能，并且便于计费，对宽带的管理也比较简单、有效。

2.6.3 SIP协议

会话启动协议（Session Initiation Protocal，SIP），是由Internet工程任务组IETF于1999年提出的一个在基于IP网络中，特别是在Internet这样一种结构的网络环境中，实现多媒体实时通信应用的一种信令协议。它将IP电话作为Internet上的一个应用，只是比其他应用（FTP、Email等）多了信令和QoS。因此SIP协议与Internet紧密结合，适于开发新的、与互联网结合的语音应用。并且，SIP协议简单灵活，采用分布式的呼叫模型和基于文本的协议，利用动态数据库的方式来寻址，没有长途和短途之分。

SIP协议是呼叫信令控制协议，包含H.323系统的呼叫控制信令H.225.0和注册、许可、状态协议RAS的主要功能。SIP协议作为一种应用层协议，承载在IP网，网络层协议为IP，传输层协议可用TCP或UDP，但一般首选UDP。

在媒体控制方面，可通过在SIP消息中传送会话描述协议（Session Description Protocol，SDP）来描述多媒体会话，还可通过会话通告协议（SessionAnnouncement Protocol，SAP）以组播方式发布多媒体会话。但是SIP协议的功能和实施并不依赖这些协议，SIP协议状态行格式如图2.17所示。

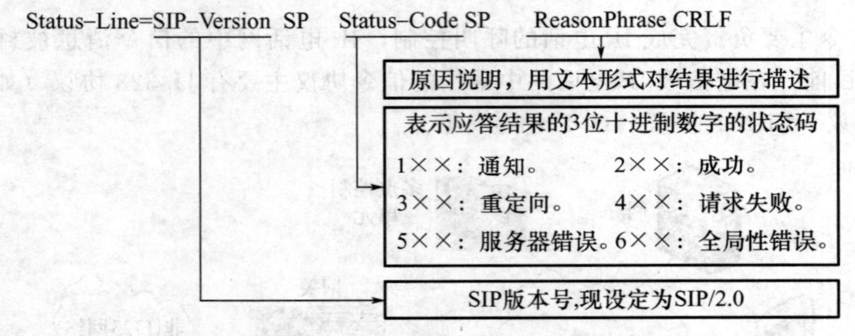

图2.17 SIP协议状态行格式

1. SIP消息的一般格式分为以下两类

（1）请求消息。客户端-服务器。

（2）状态/应答消息。服务器-客户端。

其格式包括以下3个部分。

（1）Message＝start-line ——起始行（2种）

（2）*message-header ——头部（n个，4类）

（3）[message-body] ——消息体（任选）

其中，起始行包括以下两种。

（1）请求行。规定了所提交请求的类型。

（2）状态行。指出某个请求是成功还是失败。如果表示请求失败，状态行则指出失败类型或失败原因。

当服务器接收到一个请求消息并执行后，将向发送这个请求消息的客户端返回一个或多个响应消息。其状态行格式如SIP/2.0 200 OK，就是一个表示成功接收的应答。

2. SIP 的消息头部

SIP 的消息头部有 8 种：From、To、Call-ID、Cseq、Via、Contact、Max-Forwards 和实体头部。

（1）From。格式如 From<sip：a. g. bell@bell-telephone. com>。

（2）To。例如 To：Watson<sip：watson@bell-telephone. com>。

（3）Call-ID。唯一标识一个特定的邀请，或标识某一客户的所有登记，在生存期内，UA 的每次注册都一样。UA 发送的所有“请求”和“响应”都必须有同样的 Call-ID。例如：Call-ID：18760257621@worches. telephone. com。

（4）Cseq。表示排序，每个请求都有一个。例如：1 INVITE。

（5）Via。定义事务的下层（传输层）协议，包含全局唯一的 branch 参数，以“z9hG4bK”开头。例如：Via：SIP/2.0/UDP. 1. 1. 100：5060；branch=z9hG4bK1063644978。

（6）Contact。指定一个 SIP URI，后续请求可以用它联系到当前 UA。请求消息中必有 contact，其中只能有一个 SIP 或 SIPURI，例如：Contact：Sip：watson @ boston. bell-tel. com。

（7）Max-Forwards。限定请求消息的最大跳数。每经过一跳，数字减一；减到 0 就拒绝并返回“483”，表示跳数过多。例如：Max-Forwards：70。

（8）实体头部。指出包含在消息体中的信息的类型和格式。

SIP 消息示例如图 2.18 所示。

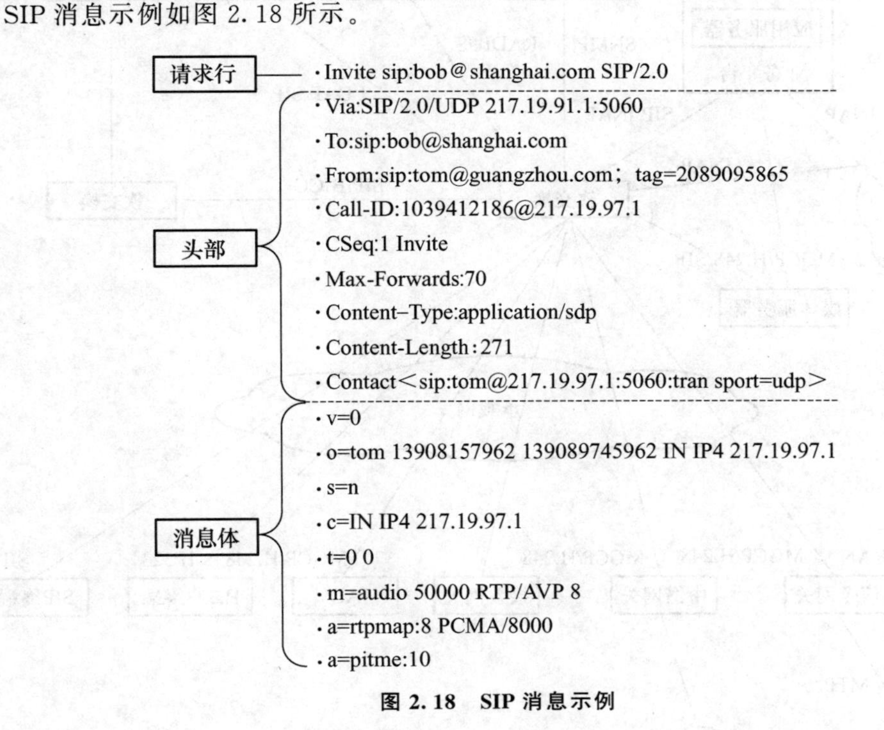

图 2.18 SIP 消息示例

2.6.4 基于软交换的 IP 电话网

在传统电话通信网中，业务提供、呼叫控制和话音信息交换都是在程控交换机上集中完成的，即所谓的“硬交换”。

VoIP 技术实现了分组化语音通信，但在早期的 VoIP 网络中，为实现其他网络如 PSTN、ISDN 与 IP 网的互通，需要基于 VoIP 网关来完成。网关功能日益复杂，其电信级可靠性难以得到保障。在传统 VoIP 网关技术的基础上，人们发现 IP 电话的用户语音流传输和呼叫接续控制之间并没有必然的物理联系和依存关系，可以将 IP 电话网关的控制功能和承载功能相分离，形成媒体网关 MG 和媒体网关控制器 MGC。

MG 只负责媒体格式的转换，而 MGC 负责呼叫控制、接入控制和资源控制等。MGC 通过标准的控制协议对 MG 进行控制。这样，对媒体网关的功能要求将极大降低，而确保通信质量的关键网络设备则是为数不多的媒体网关控制器。这种方式实际上回归了传统电信网集中控制的思想，便于保障 IP 通信系统的可靠性和可扩展性。

在这种分离网关功能的基础上，朗讯公司首先提出了软交换（Soft - Switch）的概念。其思想是松绑传统电话交换机的功能，将呼叫控制、媒体传输、业务逻辑分离到不同的实体中完成，各实体以功能组件的形式跨越在一个分组骨干网上，实体之间通过标准的协议进行连接和通信。软交换网络中采用的主要协议如图 2.19 所示。

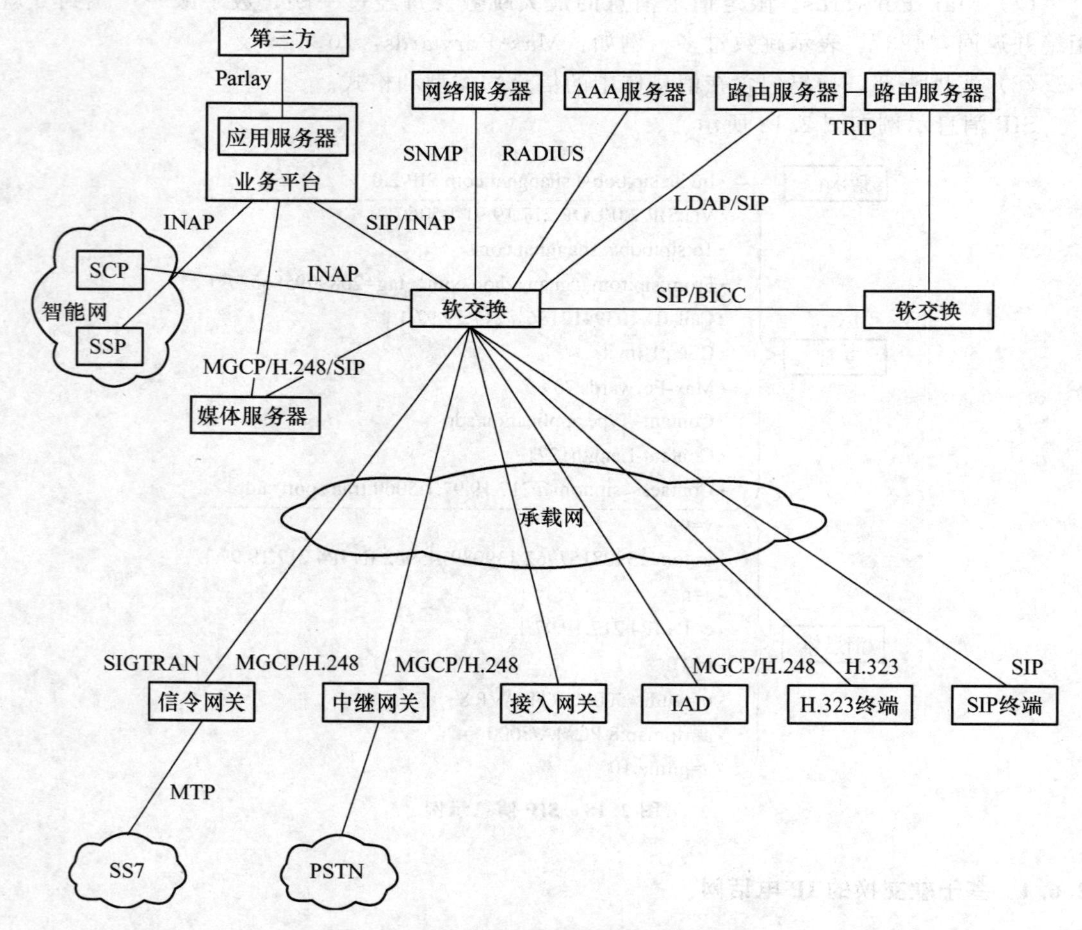

图 2.19　软交换网络中采用的主要协议

图 2.19 中各设备间的接口协议如表 2.3 所示。

表 2.3 软交换网络中各设备间的接口协议

软交换设备		**信令网关（SG）**		**SIGTRAN**
信令网关（SG）		7 号信令网络		MTP 的信令协议
软交换设备		中继网关（TG）		MGCP 或 H.248/Megaco
软交换设备		接入网关（AG）和 IAD		用 MGCP 或 H.248 协议
软交换设备		H.323 终端		H.323 协议
软交换设备		SIP 终端		SIP 协议
软交换设备	与	媒体服务器（MS）	之间的接口使用	MGCP 或 H.248 或 SIP
软交换设备		智能网 SCP		INAP（CAP）协议
		应用服务器		SIP/INAP
软交换设备		网络管理服务器		SNMP
软交换设备		AAA 服务器		RADIUS
媒体网关		媒体网关		RTP/RTCP
软交换设备		软交换设备		SIP-T 和 BICC
业务平台		第三方应用服务器		Parlay 协议

IP 协议除了在公共电话网中发挥着日显重要的作用以外，也在用户局域网的组建和用户小交换机 PBX 方面大显身手。

扩展阅读

固网的智能化改造方式

过去的几年中，随着技术和设备的不断成熟，网络演进的步伐也逐渐加快。固话网络的演进历程尤其看到“融合”这一渐进的趋势。在固网的智能化改造实例中，可以明显看到软交换技术逐步替代 PSTN 的过程。随着融合的加深，传统固网、移动网、宽带互联网，甚至有线电视网等的界限将会逐步消失。到那时，无论是固定网还是移动网，“代”的概念已不重要了，我们将迎来一个融合的通信时代，人们将享受丰富多彩的融合业务，享受更便捷的信息通信服务。

拓展阅读

本 章 小 结

本章介绍了固定电话网络，它是早期通信网的主要形式。本章从电话终端设备介绍到电话交换机，为同学们梳理了固定电话网络发展的脉络，并由交换设备引出了 3 种常见的交换方式；然后介绍了我国固定电话网络长途网和市话网的结构和编号计

划，介绍了电话网的附加网络——智能网和IP电话。通过本章的学习，旨在对固定电话网有一个全面的认识，并联系日常生活中的常见业务和实际案例，了解固网的技术特点。

习　题

1. 电话机的基本组成部分和电话通信网的基本组成设备分别是什么？
2. 电话通信网的指标有哪些？
3. 请简要说明电路交换、分组交换的优缺点。
4. 请简要说明面向连接和无连接。
5. 请简述智能网的概念和基本思想。
6. VoIP的关键技术和常用协议有哪些？

第2章在线答题

第3章 数字移动通信网

学习目标

掌握移动通信的概念，了解其特点及发展历程

了解无线信道的传播特性及无线信号的3种基本传播方式，掌握大尺度衰落和小尺度衰落的概念

掌握数字蜂窝移动通信系统的组网技术，如蜂窝组网技术、越区切换和位置更新技术

掌握GSM系统的组成和编号计划，了解CDMA技术和GPRS技术的特点

了解第三代移动通信的概念及相关标准、第四代移动通信的概念及关键技术，以及第五代移动通信的相关技术、应用场景和未来网络架构

本章知识结构

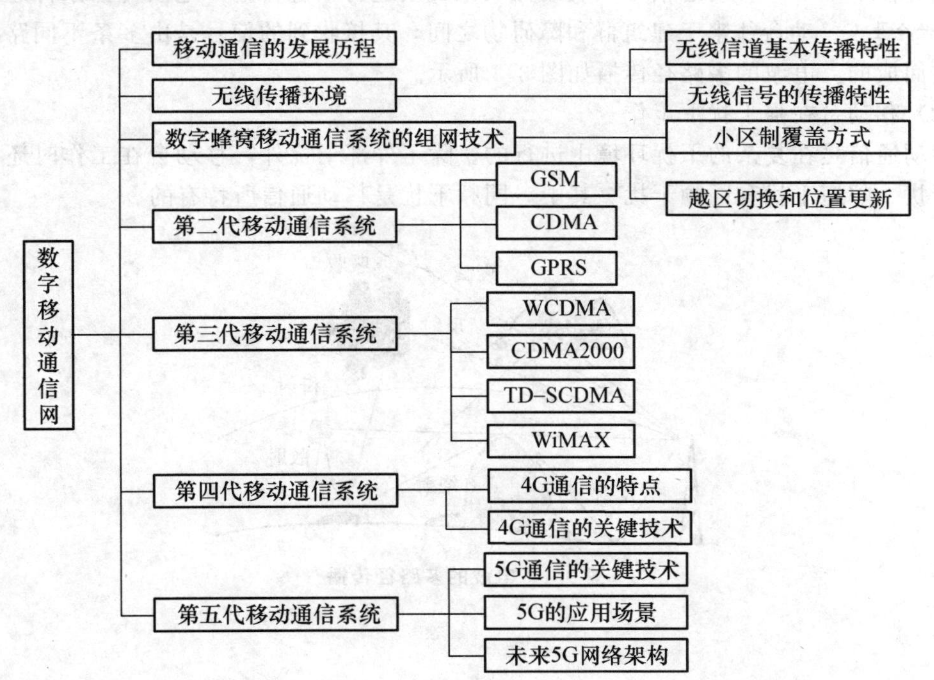

导入案例

5G已来，遇见美好未来

华为5G宣传片

2019年6月6日，工信部向中国电信、中国移动、中国联通、中国广电发放5G商用牌照，中国正式进入5G商用元年。

5G将实现人与物、物与物的连接。如果把1G的速度比作走路，2G就是在跑步，3G是坐汽车，4G相当于坐上了飞机，而让人充满想象的5G，堪比开启了超音速，它更快、更聪明。从应用方面来看，5G将会带来物物互联。5G应用到各行各业后，将会带来整个生态圈的改变。

本章将要学习“移动通信”。在这一章中，我们将介绍各种移动通信技术，其中也包括现在如火如荼的5G，正如广告中说的那样：“5G已来，遇见美好未来！”

3.1 移动通信的发展历程

1. 移动通信的基本概念和主要特点

移动通信的前世今生

移动通信是指通信双方或至少有一方是在移动中进行的通信方式。这种通信方式有以下几个特点。

(1) 无线电波传播复杂。

移动通信必须利用无线电磁波进行信息传输，电波传播条件恶劣，移动台往来于建筑群和障碍物之间，其接收到的信号是由多条不同路径的信号叠加而成的。电波的多路径传播如图3.1所示。

(2) 移动台在强干扰下工作。

移动通信是在复杂的干扰环境中进行的。除了外部干扰外，移动台在工作时还会受到互调干扰、邻道干扰和同频干扰。其中，同频干扰是移动通信所特有的。

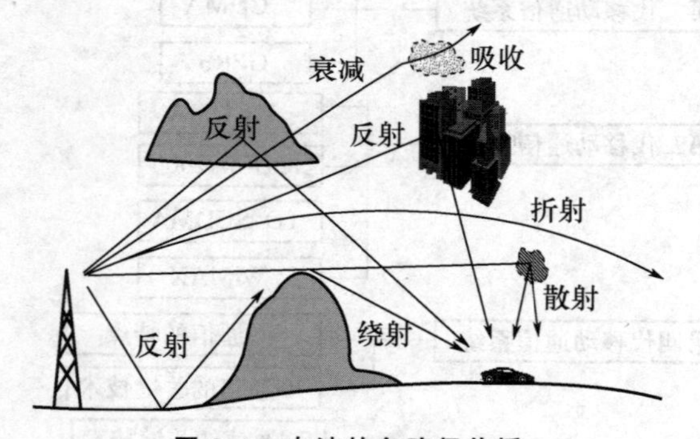

图3.1 电波的多路径传播

（3）通信容量有限。

移动通信可以利用的频谱资源非常有限，而移动通信业务量的需求却与日俱增，所以必须好好规划并合理分配频率资源。

（4）通信系统复杂。

与固网相比，移动通信系统要涉及网络搜索、位置登记、越区切换、自动漫游等功能，因此整个系统很复杂。

（5）对移动台要求高。

要求移动台具有很强的适应能力。

2. 移动通信的发展历程

（1）第一代模拟移动通信系统（1G）。

第一代模拟移动通信系统产生于20世纪70年代，具有代表性的系统有美国的AMPS（先进的移动电话业务）和英国的TACS（全接入通信系统）。这些系统只能传播语音业务，属于模拟移动通信系统。第一代移动电话和他的研发者如图3.2所示。

图3.2 第一代移动电话和他的研发者

（2）第二代数字移动通信系统（2G）。

第二代数字移动通信系统在20世纪90年代出现，有两种典型的系统：一种是欧洲的GSM（Global Systems for Mobile communications）系统；另一种是美国的CDMA（Code Division Multiple Access）系统。

（3）第三代移动通信系统（3G）。

第三代移动通信系统于1988年开始研究，最初称为"未来公众移动电话通信系统"，在1996年更名为IMT-2000。IMT-2000中的2000有3种含义，如图3.3所示。第三代移动通信主要有4种标准：WCDMA、CDMA2000、TD-SCDMA和WiMAX。前3种标准都采用码分多址技术。2009年1月7日宣布，批准中国移动通信集团公司增加基于TD-SCDMA技术制式的第三代移动通信（3G）业务经营许可（即3G牌照），中国电信集团公司增加基于CDMA2000技术制式的牌照，中国联合网络通信集团公司增加基于WCDMA技术制式的牌照。

（4）第四代移动通信系统（4G）。

第四代移动通信系统（4G）也称beyond 3G（超3G），它集3G与WLAN于一体，并能够传输高质量视频图像，它的图像传输质量与高清晰度电视不相上下。2013年12月4

移动通信的发展历程

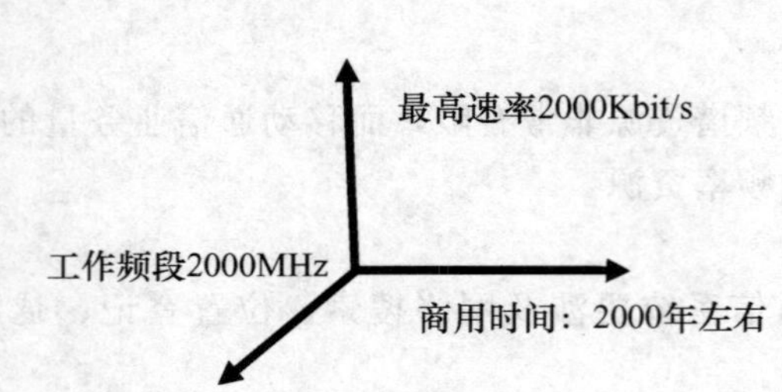

图 3.3 IMT-2000 中 2000 的 3 种含义

日，工信部正式向三大运营商发布 4G 牌照，中国移动、中国电信和中国联通均获得 TD-LTE 牌照。4G 系统有 TD-LTE 和 FDD-LTE 两种制式，静态传输速率达到 1Gbit/s，移动状态下能够达到 100Mbit/s 的下载速度，上传的速度也能达到 20Mbit/s。

(5) 第五代移动通信系统（5G）。

第五代移动通信系统（5G）是 4G 的延伸。2019 年 6 月 6 日，工信部向中国电信、中国移动、中国联通、中国广电发放 5G 商用牌照，中国正式进入 5G 商用元年。5G 技术具有更高的传输速率、更快的反应速度、更大的连接数量，提供峰值达 10Gbit/s 以上的传输速率，速率可稳定在 1～2Gbit/s，能实现 1080P 的视频同摄同传。

3.2 无线传播环境

移动通信之所以会有上述特点，这和无线信道的传播环境有很大的关系。

3.2.1 无线信道基本传播特性

无线信道定义为基站天线与移动台天线之间的电磁传播路径，包括发射与接收天线本身以及两副天线之间的传播介质，在移动通信中传播介质通常为大气。无线传播路径分为视距传播（Line of Sight，LOS）和非视距传播（Non Line of Sight，NLOS）。

1. 自由空间的电波传播

自由空间是指在理想的、均匀的、各向同性的介质中传播，电波传播不发生反射、折射、绕射、散射和吸收现象，只存在电磁波能量扩散而引起的传播损耗。在自由空间中，设 d 为发送天线与接收天线间的距离，那么，接收信号的功率 P_r 可以用式（3-1）表达

$$P_r=\frac{A_r}{4\pi d^2}P_tG_t \tag{3-1}$$

式(3-1) 中：$A_r=\frac{\lambda^2 G_r}{4\pi}$为发射功率；$P_t$ 为发射天线增益；G_r 为接收天线增益；λ 为工作波长；d 为发射天线和接收天线的距离。

用每一个灯泡传输无线信号

自由空间的传播损耗 L 定义为 $L=\frac{P_t}{P_r}$

当 $G_t=G_r=1$ 时，自由空间的传播损耗可写作 $L=\frac{(4\pi d)^2}{\lambda^2}$

若以分贝表示，则有

$$L=32.45+20\lg f+20\lg d \tag{3-2}$$

式(3-2)中：f为工作频率（单位为MHz）；d为收发天线距离（单位为km）。

需要指出的是，自由空间是不吸收电磁能量的介质。实质上，自由空间的传播损耗是指在传播过程中，随着传播距离的增大，电磁能量在扩散中引起的球面波扩散损耗。电波的自由空间传播损耗与距离的平方成正比。实际上，接收机天线所捕获的信号能量只是发射机天线发射的一小部分，大部分能量都散失掉了。

2. 电磁信号基本传播方式

在实际移动通信传播环境中，反射、绕射和散射是无线信号3种主要的传播方式。

(1) 反射。当电磁波遇到比波长大得多的物体时发生反射，会产生多径衰落。

(2) 绕射。当接收机和发射机之间的无线路径被尖利的边缘阻挡时发生绕射。

(3) 散射。当波穿行的介质中存在小于波长的物体并且单位体积内阻挡体的个数非常巨大时，发生散射。

无线电波

3.2.2 无线信号的传播特性

在传播中，无线电波会受到大尺度衰落和小尺度衰落的影响，如图3.4所示。

图3.4 无线电波在传播中的衰落

1. 大尺度衰落

大尺度衰落描述的是发射机与接收机之间长距离的场强变化。在无线通信中，将由发射与接收天线间距、收发天线之间的地形、建筑物、植被等导致的信号功率衰落称为无线信号的大尺度衰落。

大尺度衰落主要包括路径损耗和阴影衰落。路径损耗主要是由收发天线间距、传播信号载频和地形因素导致；而阴影衰落主要是由于建筑物或地形遮挡导致某些区域接收信号突然下降，如图3.5所示。

移动通信中的几个效应

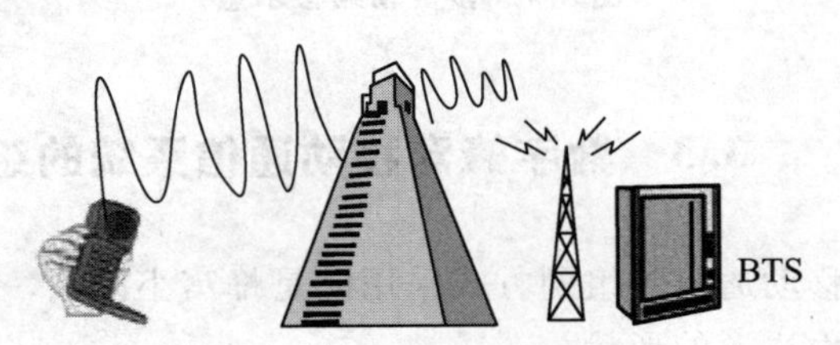

图3.5 无线电波的阴影衰落

2. 小尺度衰落

小尺度衰落描述的是信号在小尺度区间（距离或时间的微小变化）的传播过程中，信号的幅度、相位和场强瞬时值的快速变化特性，它主要由多径传播和多普勒频移引起。

（1）多径传播。

由于无线信号反射、绕射和散射特性的综合作用，从发射天线到接收天线的传播路径不只一条，即一个发送信号经过传播环境会在接收端产生多个不同的接收信号，这些信号以不同的到达强度、不同的到达时间到达接收天线。这种现象称为无线信号的多径传播，每一条传播路径称为多径信号的一径。由于多条路径来的接收电波到达时间不同，因此多径传播会造成多径衰落。从时间域来看，接收信号的波形被展宽，如图 3.6 所示。

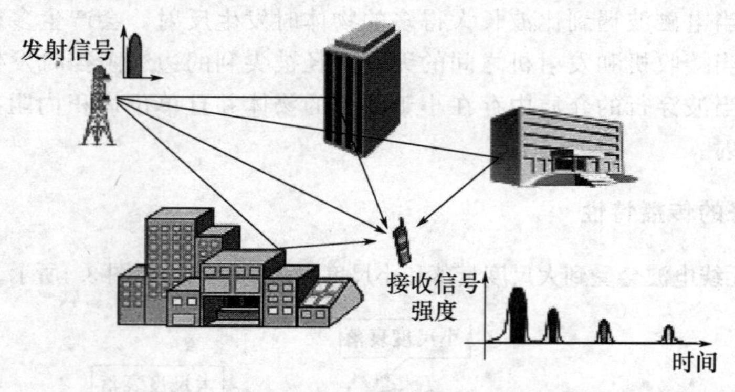

图 3.6　多径传播造成接收信号波形展宽

（2）多普勒频移。

在移动环境中，由于移动台的运动接收信号会发生频率偏移，称为多普勒频移。

多普勒频移可表示为：

$$f_{\mathrm{d}}=\frac{\upsilon}{\lambda}\cos\alpha \tag{3-3}$$

式(3-3)中，υ 为移动速度；λ 为波长；α 为入射波与移动台移动方向之间的夹角，如图 3.7 所示。

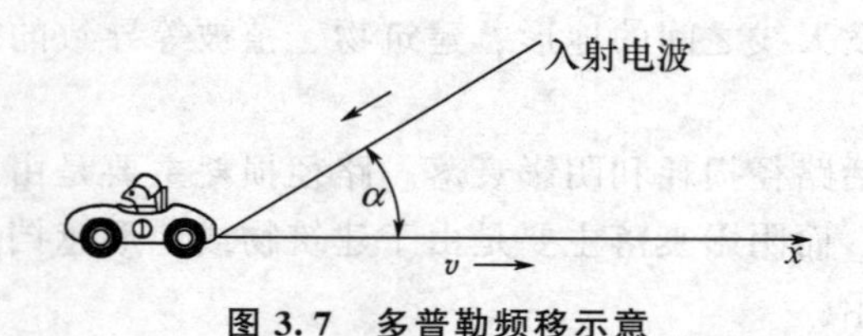

图 3.7　多普勒频移示意

数字蜂窝移动通信系统的组网技术

3.3　数字蜂窝移动通信系统的组网技术

陆地移动通信的组网方式采用的是蜂窝小区制，在进行网络规划时，小区采用正六边形的形状。

3.3.1　小区制覆盖方式

早期的移动通信系统采用大区制工作方式，虽然服务半径大到几十千米，但容纳的用户数量有限，通常只有几百个用户。为了解决有限频率资源与大量用户之间的矛盾，可以采用小区制的覆盖方式。服务区域呈线状的可采用带状网；一般的服务小区均采用六边形的蜂窝网格式。

1. 带状网

带状网主要用于覆盖公路、铁路、海岸等，如图 3.8 所示。这种区域的无线小区，按横向排列覆盖整个服务区，整个系统由许多细小的无线小区相连而成。基站天线若用全向天线，覆盖区域形状是圆形的。带状网宜采用有向天线，使每个小区呈扁圆形。为防止同频干扰，相邻区域不能使用同一个频率，可采用二频组、三频组或四频组的频率配置。

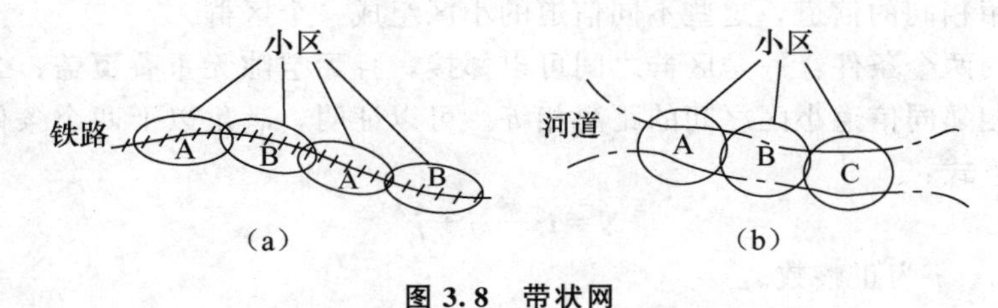

图 3.8　带状网

2. 蜂窝网

将所覆盖的区域划分成若干个小区，每个小区的半径可视用户的密度在 1～10km，在每个小区设立一个基站为本小区范围内的用户服务。

(1) 小区的形状。

全向天线辐射的覆盖区是个圆形。为了不留空隙地覆盖整个平面的服务区，一个个圆形辐射区之间一定含有很多的交叠。在考虑了交叠之后，实际上每个辐射区的有效覆盖区是一个多边形。根据交叠情况不同，若每个小区相间 120°设置 3 个邻区，则有效覆盖区为正三角形；若每个小区相间 90°设置 4 个邻区，则有效覆盖区为正方形；若每个小区相间 60°设置 6 个邻区，则有效覆盖区为正六边形。小区的形状如图 3.9 所示。

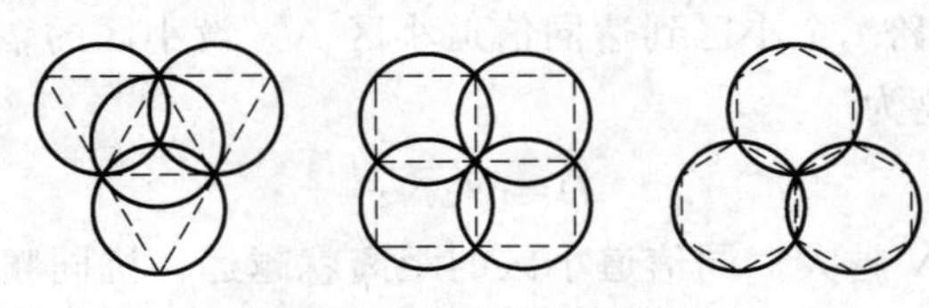

图 3.9　小区的形状

可以证明，要用多边形无空隙、无重复地覆盖整个平面的区域，可取的形状只有这 3 种。那么这 3 种形状中哪种最好呢？在辐射半径 r 相同的条件下，计算出这 3 种形状小区的邻区距离、小区面积、交叠区宽度和交叠区面积见表 3.1。

表 3.1　3 种形状小区的比较

小区形状	正三角形	正方形	正六边形
邻区距离	r	$\sqrt{2}r$	$\sqrt{3}r$
小区面积	$1.3r^2$	$2r^2$	$2.6r^2$
交叠区宽度	r	$0.59r$	$0.27r$
交叠区面积	$1.2\pi r^2$	$0.73\pi r^2$	$0.35\pi r^2$

由表 3.1 可见，当服务总面积一定的情况下，正六边形小区形状最接近理想的圆形，用它覆盖整个服务器所需的基站数最少、最经济。由于正六边形构成的网络形同蜂窝，因此将小区形状为六边形的小区制移动通信网称为蜂窝网。

(2) 区群的组成。

相邻的小区不能用相同的信道，为了保证同信道小区之间相隔足够的距离，附近若干个小区都不能用相同的信道，这些不同信道的小区组成一个区群。

组成区群的两个条件：一是区群之间可以邻接，且无空隙无重叠覆盖；二是邻接后的区群保证各个相邻同信道小区之间的距离相等。可以证明，满足以上两个条件的区群内的小区数应满足下式：

$$N=i^2+ij+j^2 \tag{3-4}$$

式(3-4) 中，i、j 为正整数。

典型试题分析

以下（　　）不是正确的区群小区数值。

A. 3　　B. 8　　C. 4

D. 7　　E. 12　　F. 19

解析：$3=1^2+1\times1+1^2$，$4=0^2+0\times2+2^2$，$7=1^2+1\times2+2^2$，$12=2^2+2\times2+2^2$，$19=2^2+2\times3+3^2$，而 8 不可以分解成 i^2+ij+j^2 的形式，所以答案为 B。

(3) 同频小区的距离。

确定同频小区的位置和距离的方法：从某小区 A 出发，先沿边垂线方向跨 j 个小区，然后左（右）转 60°，再跨 i 个小区到达同信道小区 A。设小区的辐射半径为 r，可算出同信道小区中心之间的距离为

$$D=\sqrt{3N}r \tag{3-5}$$

可见，群内小区数 N 越大，同信道小区的距离就越远，抗同频干扰的性能也就越好。

(4) 中心激励与顶点激励。

在每个小区中，基站可设在小区的中央，用全向天线形成圆形覆盖区，这就是所谓的“中心激励”方式。也可以将基站设计在每个小区六边形的 3 个顶点上，每个基站采用 3 副 120°扇形辐射的定向天线，分别覆盖 3 个相邻小区的各 1/3 区域，每个小区由 3 副 120°扇形天线共同覆盖，这就是所谓的“顶点激励”。

（5）小区的分裂。

大小相同的小区只能适应用户密度均匀的情况。用户密度不均匀时，在密度高的市中心区可使小区的面积小一些，在用户密度低的市郊区可使小区的面积大一些。随着城市建设的发展，原来的低用户密度区可能变成了高用户密度区，这时相应地在该地区设置新的基站，将小区面积划小。解决以上问题可用小区分裂的方法。

小区分裂就是一种将拥塞的小区分成更小的小区的方法，分裂后的每个小区都有自己的基站，并相应地降低了天线高度和减小了发射机功率。

3.3.2 越区切换技术

设定了蜂窝小区的划分之后，用户就在这些小区间移动，这就涉及越区切换和位置更新的问题。

1. 越区切换的概念及引起切换的原因

越区切换技术

越区切换是指将当前正在进行的移动台与基站之间的通信链路从当前基站转移到另一个基站的过程，该过程也称自动链路转移（Automatic Link Transfer，ALT）。

越区切换的目的是实现蜂窝移动通信的“无缝隙”覆盖，即当移动台从一个小区进入另一个小区时，保证通信的连续性。

通常，由以下两个原因引起一个切换。

（1）信号的强度或质量下降到由系统规定的一定参数以下，此时移动台被切换到信号强度较强的相邻小区。

（2）由于某小区业务信道容量全被占用或几乎全被占用，这时移动台被切换到业务信道容量较空闲的相邻小区。

越区切换需满足以下两个条件：切换时间要在100ms以内，使通话人完全感觉不到；切换必须是完全自动的。

2. 越区切换的控制方案

（1）由移动交换局控制切换。

各基地台均备有一个接收机，每隔一定时间测量一次各移动台的信号强度，并将此信息通过各自与移动局的数据链路送往移动局。移动局根据这些信息判定移动台是否要越过小区边界。如某小区接收的信号逐渐减弱到接近边界值，而相邻小区接收该移动局的信号逐渐增强到接近边界值，即可做出判定。

此方案是由各基地台收集各移动台信号的强弱信息后报告给移动局，所以需收集和传递大量信息。但基地台可用的无线资源是有限的，测量次数可能由于资源限制而降低，精度也会由此而下降，切换时间较长。早期北美洲的“高级移动电话系统”（Advanced Mobile Phone System，AMPS）即采用此方案。

（2）由移动台控制切换。

移动台持续监视各基地台控制信道发来的信号，当原基地台的信号已减弱，相邻基地台的信号增强，满足切换条件时，自动通过基地台向移动交换局发出切换请求，移动局开

始切换。

此方案由移动台监视基地台信号的强弱，判定以后报告移动局，所以增加了移动台的复杂性，继而增加了碰撞的概率。欧洲的“数字增强无绳通信”（Digital Enhanced Cordless Telecommunications，DECT）系统即采用此方案。

(3) 移动台测量基地台的信号，并报告给移动局，由移动局判定是否切换。这是GSM采用的方案。

上述3种方案在判定移动台越区以后的程序均相同，都是由移动局下达切换指令。下面介绍其具体过程。

移动局为新基地台选择一条空闲信道及中继线，并通知新基地台开通无线信道。新基地台随即按指令开通信道（开通发射机）并发出检测指令，同时给原基地台一个指令，通知它已为该移动台分配新的信道。该基地台中断话音，并将指令报文传给移动台。

移动台收到上述指令后发出极短的信令音，立即将移动台调整到新的信道并开通。原基地台收到信令音后，发出中继线挂机信号。移动局收到信号后，通过交换机把讲话的对方改接到新基地台的中继线上，新基地台发出摘机信号到中继线。移动局收到原中继线挂机和新中继线摘机信号后，认为这次越区切换完成。

如果移动局不能为新基地台找到一条空闲信道，越区时就不能切换，只能在原信道上维持通话，直到中断。

3. 越区切换的方法

(1) 硬切换。

硬切换是在不同频率的基站或者覆盖小区之间的切换。硬切换的过程是移动台先暂时断开通话，在原基站联系的信道上，传送切换的信令，移动台自动向新的频率调谐，与新的基站建立连接，建立新的信道来完成切换。简单来说硬切换就是“先断后连”，这是它的特点。

移动台从断开原基地台信道到连接上新基地台的信道上的这段时间内通信是中断的，但由于这段时间间隔很短，只是毫秒级，人是觉察不到的，也就感觉不到中断。

硬切换大多用于时分多址（TDMA）和频分多址（FDMA）系统中。当切换发生时，移动台总是先释放原基站的信道，然后才能获得新基站分配的信道，是一个“释放—建立”的过程。

(2) 软切换。

软切换是指移动台在小区之间移动时，移动用户与原基站和新基站都保持通信链路，只有当移动台在新的小区建立稳定通信后，才断开与原基站的联系，是一种“先连后断”的过程。

软切换过程中，移动台的通信是没有任何中断的。

软切换属于码分多址（CDMA）通信系统独有的切换功能，可有效提高切换的可靠性。

(3) 接力切换。

接力切换是介于硬切换和软切换之间的一种切换方法，也是TD-SCDMA系统中的核心技术之一。

接力切换是一种基于智能天线的切换方式。接力切换用精准的定位技术，在对移动台的距离和方位进行定位的基础上，根据移动台的方位和距离辅助信息来判断移动台是否移动到了可以进行切换的相邻基站区域。如果移动台进入切换区域，RNC 通知该基站做好切换准备，从而实现快速、可靠和高效切换。实现接力切换的必要条件是，网络要准备获得移动台的位置信息，包括移动台的信号到达方向及移动台与基站的距离。

3.3.3 位置更新

移动系统中，用户在系统覆盖范围内任意移动。为能把一个呼叫传送给移动的用户，必须有一个高效的位置管理系统来跟踪用户的位置变化。

为了确认移动台的位置，每个 GSM 覆盖区都被分为许多个位置区，一个位置区可以包含一个或多个小区。位置区不宜过大或过小：位置区过大，找到被叫就比较费劲，增加了寻呼时延；位置区太小，手机移动起来就会有频繁的位置区更新，增加了系统开销。太过频繁的位置更新很容易导致掉话。需要尽量合理划分位置区，缩短位置更新时间，减少位置更新的次数。应该避免在有过多人员流动的地方做位置区边界。

划分出位置区之后，就可以分片对手机进行寻呼，或者说按位置区对手机进行寻呼。手机主动向网络报告自己所在的位置区，而网络会存储每个手机所在的位置区，那么一旦需要寻找该手机，就知道在什么范围内对该手机进行寻呼。

因此，当手机从一个位置区移动到另一个位置区时，必须进行登记，否则网络就不知道它所在的位置，没法对它进行寻呼。

当移动台由一个位置区移动到另一个位置区时，必须在新的位置区进行登记，也就是说一旦移动台出于某种需要或发现其存储器中 LAI 号与接收到当前小区的 LAI 号发生了变化，就必须通知网络来更改它所存储的移动台的位置信息。这个过程就是位置更新。

位置更新可分为 3 种：正常位置更新（即越位置区的位置更新）、周期性位置更新和 IMSI 附着（对应用户开机）。

1. 正常位置更新

MS 来到一个新的位置区，发现小区广播的 LAI 号与自身不一致，从而触发位置更新。系统需要对 MS 进行寻呼，那么就必须知道 MS 当前的位置区，所以这个过程是必需的，如图 3.10 所示。

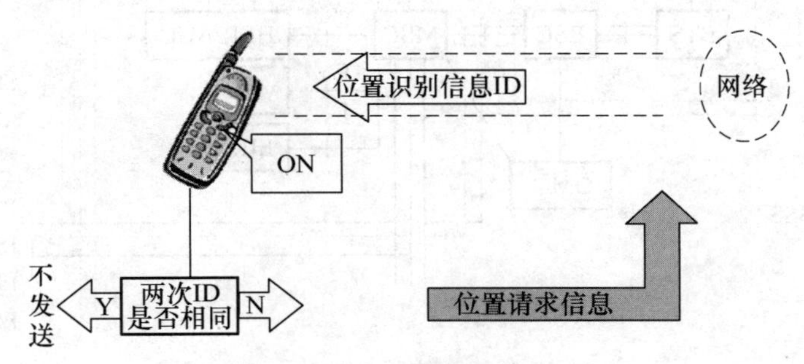

图 3.10 正常位置更新示意

2. 周期性位置更新

要求MS周期性地上报自己的位置，逾期未报的，就给它贴一个“分离”的标签，认为该MS已经关机或不在服务区，不再对这样的MS进行寻呼。这是一种处理MS进入了信号盲区或者突然掉电的手段。

3. IMSI的Attach和Detach

当MS关机时，会给系统发送一条“IMSI Detach”指令，告诉系统该MS已经脱离网络了，不要再对其进行寻呼，网络就给MS贴上“分离”的标签。当MS开机时，会给系统发送一条“IMSI Attach”指令，告诉系统MS可以重新被寻呼了，网络给MS贴上“附着”的标签。如果开机的时候发现当前所处的位置发生了改变，还会进行位置更新。

手机开机和关机的信息对网络而言很重要。因为用户开机，别人就可以找到；用户关机，别人就没法找到。所以手机的开关机信息是一定要告诉网络的。MS用户在网络里是用IMSI来识别的，那么这个开关机信息就称为“IMSI Attach/Detach”。

3.4 第二代移动通信系统

第一代移动通信技术还停留在模拟通信的阶段，两个具有代表的系统分别是AMPS和TACS，它们的名字几乎已被人们遗忘了很久。但是，在第二代数字移动通信时期出现的两个代表系统GSM和CDMA，却对后期的技术影响深远，至今还有为数不少的用户仍然在使用。

3.4.1 GSM

1. GSM系统网络结构和接口

GSM系统网络结构由以下功能单元组成（CDMA系统与其类似），如图3.11所示。

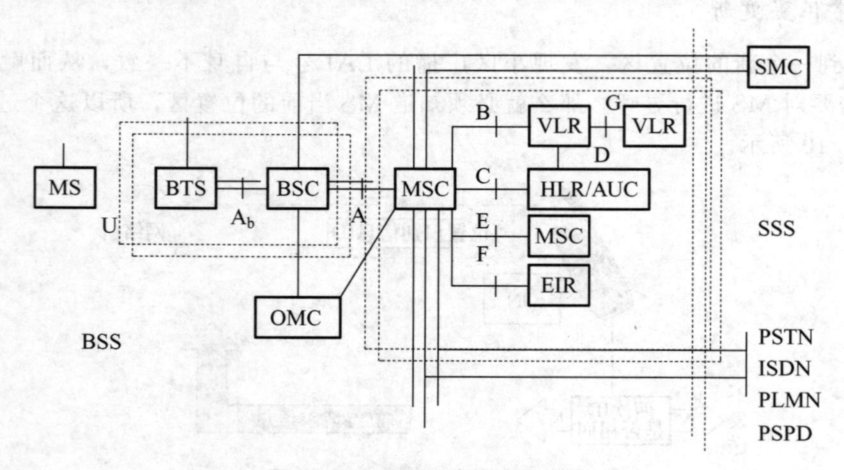

图3.11 GSM系统的总体结构

(1) 移动台（MS）。

移动台包括两部分：移动设备和 SIM 卡。移动设备是用户所使用的硬件设备，用来接入系统，每部移动设备都有一个唯一对应于它的永久性识别号 IMEI。移动设备可以从商店购买，但 SIM 卡必须从网络运营商处获取，如果移动设备内没有插 SIM 卡，则只能用来做紧急呼叫。手机是最常用的移动设备，其结构组成如图 3.12 所示。

SIM 卡是一张插到移动设备中的智能卡，它用来识别移动用户的身份，还存有一些该用户能获得什么服务的信息及一些其他的信息。

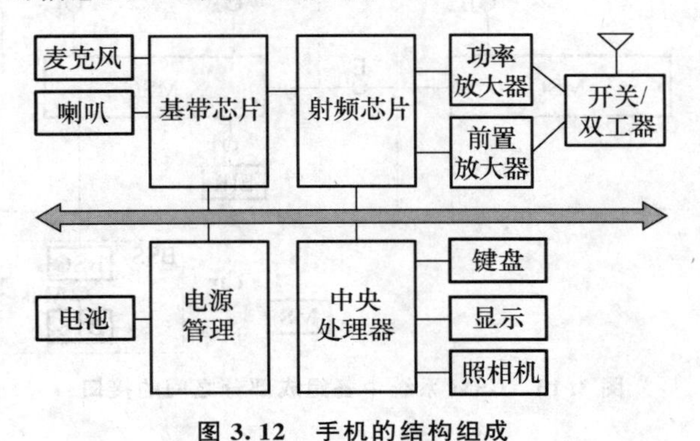

图 3.12　手机的结构组成

基站

(2) 基站子系统（BSS）。

基站子系统是在一定的覆盖区中由 MSC 控制，与 MS 进行通信的系统设备。

基站子系统由基站收发信台（BTS）和基站控制器（BSC）构成。实际上，一个基站控制器根据话务量的需要可以控制数 10 个 BTS。

(3) 网络交换子系统（NSS）。

网络交换子系统主要涉及 GSM 系统的交换功能和用于用户数据与移动性管理、安全性管理所需的数据库功能。它主要包括以下几个部分。

① 移动业务交换中心 MSC：GSM 系统的核心，对于管辖区域内的用户进行控制、完成话路交换。

② 访问用户位置寄存器（VLR）：用来存储用户当前位置信息的数据库。

③ 归属用户位置寄存器（HLR）：是 GSM 系统的中央数据库，每个移动用户都应在其归属位置寄存器 HLR 注册登记，它主要存储两类信息：一是有关用户的参数；二是有关用户目前所处位置的信息，用户经常会漫游到 HLR 所服务的区域之外，那么 HLR 需要登记由该区传来的位置信息。这样当呼叫任何一个不知道当前所在哪一个地区的移动用户时，均可以由该移动用户的 HLR 获知它当前所在的地区，从而建立连接。

④ 鉴权中心（AUC）：用于产生为确定移动用户的身份和对呼叫保密所需鉴权、加密的三参数的功能实体。

⑤ 移动设备识别寄存器（EIR）：也是一个数据库，存储着移动设备参数，主要完成对移动设备的识别、监视和闭锁等功能，以防止非法移动台的使用。

(4) OMC 操作维护中心。

对全网进行监控与操作，如系统自检、报警、备用设备激活、系统的故障诊断与处理，话务量的统计与计费等。

2. GSM 的系统接口

GSM 系统中各组成部分之间的接口如图 3.13 所示，下面依次介绍。

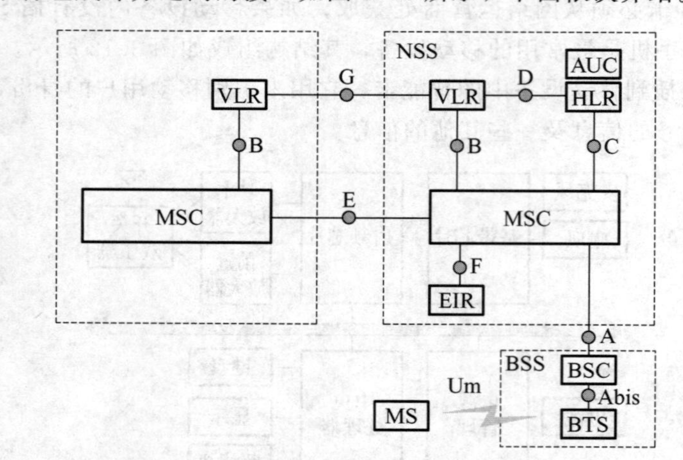

时分多址

图 3.13 GSM 系统中各组成部分之间的接口

(1) 主要接口。

GSM 系统的主要接口是指 A 接口、Abis 接口和 Um 接口。这 3 种接口的定义和标准化可保证不同厂家生产的移动台、基站子系统和网络子系统设备能够纳入同一个 GSM 移动通信网运行和使用。

A 接口：A 接口定义为网络子系统（NSS）与基站子系统（BSS）之间的通信接口。从系统的功能实体而言，就是移动交换中心（MSC）与基站控制器（BSC）之间的互连接口，其物理连接是通过采用标准的 2.048Mbit/s PCM 数字传输链路来实现的。此接口传送的信息包括对移动台及基站管理、移动性及呼叫接续管理等。

Abis 接口：Abis 接口定义为基站子系统的基站控制器（BSC）与基站收发信机两个功能实体之间的通信接口，用于 BTS（不与 BSC 放在一处）与 BSC 之间的远端互连方式，它是通过采用标准的 2.048Mbit/s 或 64Kbit/s PCM 数字传输链路来实现的。此接口支持所有向用户提供的服务，并支持对 BTS 无线设备的控制和无线频率的分配。

Um 接口（空中接口）：Um 接口（空中接口）定义为移动台（MS）与基站收发信机（BTS）之间的无线通信接口，它是 GSM 系统中最重要、最复杂的接口，因为移动通信网靠此接口来完成移动台与基站之间的无线传输。

(2) 网络子系统内部接口。

网络子系统内部接口包括 B 接口、C 接口、D 接口、E 接口、F 接口、G 接口。

B 接口：B 接口定义为移动交换中心（MSC）与访问用户位置寄存器（VLR）之间的内部接口，用于 MSC 向 VLR 询问有关移动台（MS）当前位置信息或者通知 VLR 有关 MS 的位置更新信息等。

C 接口：C 接口定义为 MSC 与 HLR 之间的接口，用于传递路由选择和管理信息。两者之间是采用标准的 2.048Mbit/s PCM 数字传输链路实现的。

D接口：D接口定义为HLR与VLR之间的接口，用于交换移动台位置和用户管理的信息，保证移动台在整个服务区内能建立和接受呼叫。由于VLR综合于MSC中，因此D接口的物理链路与C接口相同。

E接口：E接口定义为相邻区域的不同移动交换中心之间的接口，用于移动台从一个MSC控制区到另一个MSC控制区时交换有关信息，以完成越区切换。此接口的物理链接方式是采用标准的2.048Mbit/s PCM数字传输链路实现的。

F接口：F接口定义为MSC与移动设备识别寄存器（EIR）之间的接口，用于交换相关的管理信息。此接口的物理链接方式也是采用标准的2.048Mbit/s PCM数字传输链路实现的。

G接口：G接口定义为两个VLR之间的接口。当采用临时移动用户识别码（TMSI）时，此接口用于向分配TMSI的VLR询问此移动用户的国际移动用户识别码（IMSI）信息。G接口的物理链接方式与E接口相同。

(3) GSM系统与其他公用电话网接口。

GSM系统通过MSC与公用电信网互连。一般采用7号信令系统接口。其物理链接方式是MSC与PSTN或ISDN交换机之间采用2.048Mbit/s的PCM数字传输链路实现的。

3. GSM系统的编号计划

在GSM系统中，出于识别的目的，定义了如下一些编号。

(1) 移动台的国际ISDN号码（MSISDN）。

打电话的时候拨打的手机号，其组成如图3.14所示。其中CC（Country Code）＝国家码，即在国际长途电话中要使用的标识号，中国为86。

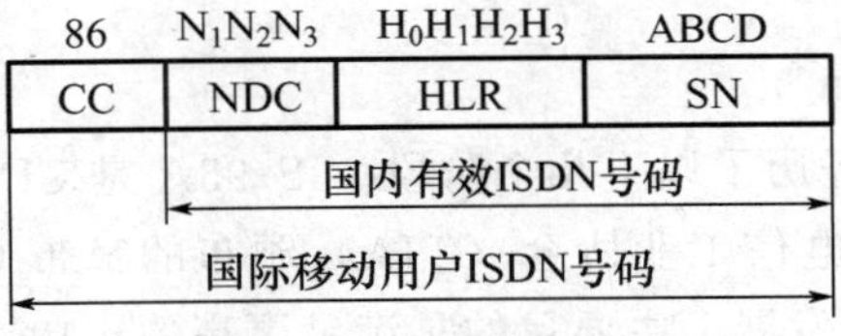

86	$N_1N_2N_3$	$H_0H_1H_2H_3$	ABCD
CC	NDC	HLR	SN
	国内有效ISDN号码		
国际移动用户ISDN号码			

图3.14 国际ISDN号码的组成

NDC（National Destination Code）＝国内目的地码，即网络接入号，也就是手机平时拨号的前3位。中国移动GSM网的接入号为134～139、150～152、157～159，中国联通GSM网的接入号为130～132、155～156。

H0 H1 H2 H3：用户归属位置寄存器的识别号，确定用户归属，精确到地市。

SN（Subscriber Number）＝用户号码。例如一个GSM移动手机号码为86 136 6802 2501，86是国家码，136是NDC，用于识别网络接入号；6802用于识别归属区，2501是用户号码。

(2) 国际移动用户识别码（IMSI）。

IMSI是一个手机号码的唯一身份证明，共15位。

移动国家号MCC＋移动网号MNC＋移动用户识别码MSIN

460　　　00　　　0912121001

MCC(Mobile Country Code)=移动国家号码，由3位数字组成，唯一地识别移动用户所属的国家，我国为460。

MNC(Mobile Network Code)=移动网号，由2位数字组成，用于识别移动用户所归属的移动网。中国移动的GSM网为00，中国联通的GSM网为01。

MSIN(Mobile Station Identity Number)=移动用户识别码，采用等长10位数字构成，用于唯一地识别国内GSM移动通信网中的移动用户。

(3) 移动用户漫游号码(MSRN)。

MSRN由用户漫游地的MSC/VLR临时分配的，用来标识用户目前所在的MSC。该号码在接续完成后即可释放给其他用户使用。

(4) 临时移动用户识别码(TMSI)。

TMSI是为了对用户身份进行保密，而在无线通道上代替IMSI使用的临时移动用户标识，这样可以保护用户在空中的话务及信令通道的隐私，它的IMSI不会暴露给别人。

3.4.2 CDMA

随着移动通信的飞速发展，因频率资源有限而引起的矛盾也日益突出。如何使有限的频率资源分配给更多的用户使用，已成为当前发展移动通信的首要课题。而CDMA便成为解决这一问题的首选技术。CDMA是在扩频通信技术上发展起来的一种崭新而成熟的无线通信技术。CDMA技术的出现源于人们对更高质量无线通信的需求。第二次世界大战期间因战争的需要而研究开发出CDMA技术，其思想初衷是防止敌方对己方通信的干扰，在战争期间广泛应用于军事干扰通信，后来由美国高通公司更新成为商用蜂窝电信技术。

1. CDMA技术的标准化

CDMA技术的标准化经历了以下几个阶段。IS-95A是CDMAOne系列标准中最先发布的标准，是1995年美国电信工业协会(TIA)颁布的窄带CDMA(N-CDMA)标准。IS-95B是IS-95A的进一步发展，主要目的是满足更高的比特速率业务的需求。IS-95B可提供的理论最大比特速率为115Kbit/s，实际上只能实现64Kbit/s。IS-95A和IS-95B均有一系列标准，其总称为IS-95。其后，CDMA2000成为窄带CDMA系统向第三代移动通信系统过渡的标准。CDMA2000在标准研究的前期，提出了CDMA2000 1x和CDMA2000 3x的发展策略，但随后的研究表明，CDMA2000 1x和CDMA2000 1xEV代表了未来发展方向。

CDMA2000 1x原意是指CDMA2000的第一阶段，网络部分引入分组交换，可支持移动IP业务。其中1x来源于单载波无线传输技术，即只需要占用一个1.25MHz的无线传输带宽。CDMA2000 3x中的3x表示占有连续的3个1.25MHz无线传输带宽，即采用多载波的方式支持多种射频带宽。CDMA2000 3x与CDMA2000 1x相比优势在于能提供更高的数据速率。CDMA2000 1xEV是在CDMA2000 1x基础上进一步提高速率的增强体制，采用高速率数据(HDR)技术，能在1.25MHz内提供2Mbit/s以上的数据业务，是CDMA2000 1x的边缘技术。

2. CDMA 技术的优点

CDMA 技术是一项革命性的新技术，其优点已经获得全世界广泛的研究和认同。与 FDMA 系统和 TDMA 系统相比，CDMA 系统具有许多独特的优点，其中一部分是扩频通信系统所固有的，另一部分则是由软切换和功率控制等技术所带来的。由于 CDMA 移动通信网是由扩频、多址接入、蜂窝组网和频率复用等几种技术组合而成，因此它具有容量大、抗干扰性好、保密安全性好、软容量、通话质量高等优点。

扩展阅读

高通公司掌握着 CDMA 的专利，其获得的利润中，70%来自于横征暴敛的“高通税”。多年来，高通利用其难以替代的技术专利资源向中国手机厂商收取高额专利费，以整机作为计算专利许可费的基础。以 2014 年为例，中国手机市场当年累计出货 4.52 亿部，每部手机按批发价格 1000 元，专利许可费按整机售价的 5%计算，就是 226 亿元的专利费。高通还将标准必要专利与非标准必要专利捆绑许可、对过期专利继续收费、将专利许可与芯片捆绑销售。更有失公平的是，高通规定的免费“反向专利许可”的霸王条款，即中国手机厂商只要购买高通的专利产品，就必须无条件把自己企业的专利产品，免费提供给高通使用和售卖。2014 年沸沸扬扬的中兴告小米专利侵权就是因为：小米这样的厂商只要采用高通的芯片，就能自动免费获得其他竞争对手（例如华为、中兴）的专利授权，这无疑令大家的创新得不到保护。

2015 年国家发展改革委员会开出了天价反垄断罚单：对高通公司处以 10 亿美元的罚款，并要求其停止滥用市场支配地位的行为。尽管此番刷新了中国反垄断调查案件罚款金额的纪录，然而，对于一家年收入高达 248.7 亿美元的公司来说，区区 10 亿美元的罚款可以说是九牛一毛。

3.4.3　GPRS

通用分组无线业务（General Packet Radio Service，GPRS）是在现有的 GSM 移动通信系统基础上发展起来的一种移动分组数据业务。它支持中高速率传输，可提供 9.05～171.2Kbit/s 的数据传输速率（每用户）。GPRS 经常被描述成“2.5G”，也就是说这项技术位于第二代和第三代移动通信技术之间。GPRS 主要的应用领域有：E-mail 电子邮件、WWW 浏览、WAP 业务、电子商务、信息查询、远程监控等。

GPRS 的特点有如下几个。

（1）按需动态占用资源。只在有数据传输时才分配无线资源。

（2）频谱利用率较高。

（3）数据传输速率最高可达到 171.2Kbit/s。

（4）适合各种突发性强的数据传输。

（5）按传输的数据量和计时两者结合的计费方式。

GPRS 通过在 GSM 数字移动通信网络中引入分组交换功能实体，以支持采用分组方式进行的数据传输。其网络结构和接口示意如图 3.15 所示。

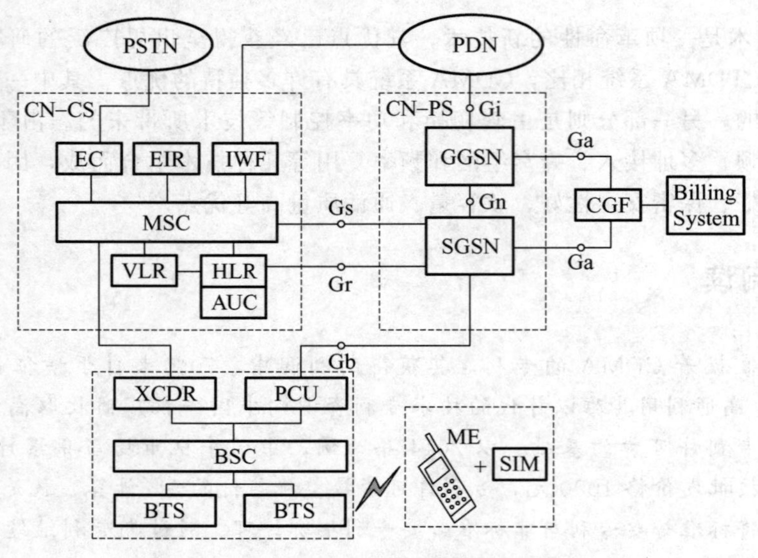

图 3.15　GPRS 网络结构和接口示意

GPRS 网络结构基于 GSM 系统实现，话音部分仍采用原先的基本处理单元，而对于数据部分则新增了一些数据处理单元：

(1) 分组控制单元（Packet Control Unit，PCU）；

(2) GPRS 业务支持节点（Service GPRS Support Node，SGSN）；

(3) GPRS 网关支持节点（Gateway GPRS Support Node，GGSN）；

(4) 一些辅助进行数据业务管理和应用的单元。

这里主要介绍 GPRS 系统中新增的数据单元。

1. PCU

PCU 是分组数据处理单元，它与 BSC 协同作用，提供无线数据的处理功能。它可作为模块单元插入 BSC 中，或者作为独立于 BSC 的单元存在。它与 BSC 之间的接口方式规范未作定义，该接口不开放。

2. SGSN

SGSN 的工作是对移动终端进行定位和跟踪，并发送和接收移动终端的分组。它可以：

(1) 通过 Gb 接口提供与无线分组控制器 PCU 的连接，进行移动数据的管理，如用户身份识别、加密、压缩等功能；

(2) 通过 Gr 接口与 HLR 相连，进行用户数据库的访问及接入控制；

(3) 通过 Gn 接口与 GGSN 相连，提供 IP 数据包到无线单元的传输通路和协议变换等功能；

(4) 提供与 MSC 的 Gs 接口连接以及与 SMS-GMSC 之间的 Gd 连接，用以支持数据业务和电路业务的协同工作和短信收发等功能。

3. GGSN

GGSN 是 GPRS 网关业务单元，它负责 GPRS 网络与外部数据网的连接，提供 GPRS 与外部数据网之间的传输通路，进行移动用户与外部数据网之间的数据传送工作，起到了路由器的作用。GGSN 与 SGSN 之间的接口为 Gn 接口，采用 GTP 协议类型；GGSN 与外部数据网之间的接口为 Gi 接口，采用 IP 协议类型。

3.5 第三代移动通信系统

第三代移动通信技术（简称 3G），又称 IMT-2000，是指支持高速数据传输的蜂窝移动通信技术。与之前的制式的最大区别在于数据接入带宽大大提高，无线网络必须能够支持不同的数据传输速度，也就是说在室内、室外和行车的环境中能够分别支持至少 2Mbit/s、384kbit/s 和 144kbit/s 的传输速度（此数值根据网络环境会发生变化），而且业务种类将涉及语音、数据、图像及多媒体业务。

2009 年 1 月 7 日，工信部批准中国移动通信集团公司增加基于 TD-SCDMA 技术制式的 3G 业务经营许可，中国电信集团公司增加基于 CDMA2000 技术制式的 3G 业务经营许可，中国联合网络通信集团公司增加基于 WCDMA 技术制式的 3G 业务经营许可，从此开启了我国的 3G 大门。本节将介绍 3G 的特点和全球四大 3G 标准。

IMT-2000 的目标主要有以下几个方面。

(1) 形成全球统一的频率与统一的标准。

(2) 全球漫游。用户不再限制于一个地区或一个网络，而能在整个系统和全球漫游；这意味着真正实现了随时随地个人通信。系统在设计上要具有高度的通用性，拥有足够的系统容量和强大的多用户管理能力，能提供全球漫游。

(3) 提供多种业务。能提供高质量的多媒体业务，包括高质量的语音、可变速率的数据、高分辨率的图像等多种业务，实现多种信息一体化。

3G 有四大标准 WCDMA、CDMA2000、TD-SCDMA 和 WiMAX。

1. WCDMA

WCDMA（全称 Wideband CDMA），为宽频分码多重存取，是基于 GSM 网发展出来的 3G 技术规范，由欧洲提出，主要由以 GSM 为主的欧洲厂商（包括爱立信、诺基亚等厂商）支持。该标准能够架设在现有的 GSM 网络上，对于系统提供商而言可以较轻易过渡，具有先天的市场优势。目前，该制式由中国联通进行运营。带宽 5MHz，码片速率 3.84MHz，中国频段：1940～1955MHz（上行）、2130～2145MHz（下行）。

2. CDMA2000

CDMA2000，由美国高通北美公司为主导提出，韩国成为该标准的主导者。从 CDMA 1x 数字标准衍生出来，可从原有的 CDMA 1x 结构直接升级到 3G，建设成本低。但使用 CDMA 的国家和地区只有日本、韩国和北美，支持者不如 WCDMA 多，研发技术却是目前各标准中进度最快的。目前，该制式由中国电信进行运营。带宽 1.23MHz，码片速率 1.2288MHz，中国频段 1920～1935MHz（上行）、2110～2125MHz（下行）。

3. TD-SCDMA

时分同步-码分多址（Time Division-Synchronous CDMA，TD-SCDMA）是由我国提出的第三代移动通信标准，TD-SCDMA 是由大唐电信科技产业集团代表中国提交并于 2000 年 5 月被国际电联、2001 年 3 月被 3GPP 认可的世界第三代移动通信（3G）的三个主要标准之一。

该标准是由中国大陆独自制定的 3G 标准，但技术发明始于西门子公司，全球一半以上的设备厂商都支持 TD-SCDMA 标准。TD-SCDMA 辐射低，被誉为绿色 3G。该标准将智能无线、同步 CDMA 和软件无线电等当今国际领先技术融于其中，在频谱利用率、对业务支持等方面有频率灵活性及成本低的独特优势。目前，该制式由中国移动进行运营。带宽 1.6MHz，码片速率 1.28MHz，中国频段 1880～1920MHz、2010～2025MHz（上行）、2300～2400MHz（下行）。

4. WiMAX

全球微波接入互操作性（World interoperability for Microwave Access，WiMAX）是一项基于 IEEE 802.16 标准的新的宽带无线接入城域网技术（Broadband Wireless Access Metropolitan Area Network）。它是针对微波频段提出的一种新的空中接口标准。

WiMAX 的基本目标是提供一种在城域网接入多厂商环境下，确保不同厂商的无线设备互连互通；主要用于为家庭、企业以及移动通信网络提供最后一公里的高速宽带接入，以及将来的个人移动通信业务。

和目前的其他技术相比，WiMAX 具有以下的技术特点。

(1) 标准化，成本低。由于使用同一技术标准，不同厂商设备可在同一系统中工作，增加了运营商选择设备时的自主权，降低了成本。

(2) 数据传输速率更高。WiMAX 所能提供的最高接入速度是 75Mbit/s，目前实际应用时每 3.5MHz 载波可传输净速率为 18Mbit/s，频率利用系数高。

(3) 非视距传输（NLOS）。采用 OFDM/OFDMA 技术，具备非视距传输能力，可方便更多用户接入基站，大大减少了基础建设投资。

(4) 传输距离远。最大传输半径为 50km，是无线局域网所不能比拟的。

(5) 部署灵活，配置伸缩性强，可平滑升级。根据业务需求区域灵活部署基站，网络建设初期可选用最小配置；根据业务增长逐步增加设备。

(6) 无“最后 1km”瓶颈限制。作为一种无线城域网技术，它可以将 Wi-Fi 热点连接到互联网，也可作为 DSL 等有线接入方式的无线扩展，实现最后 1km 的宽带接入。

(7) 同时支持数百个企业级和家庭 DSL 连接。

(8) 提供广泛的多媒体通信服务。能够实现电信级的多媒体通信服务，支持语音、视频和 Internet。

WiMAX 技术是 3G 网络的补充手段，在高速信息接入领域充分发挥了其特性，具有巨大的潜力。

3.6 第四代移动通信系统

第四代移动通信技术（简称4G）也称beyond 3G（超3G），它集3G与WLAN于一体，并能够传输高质量视频图像，它的图像传输质量与高清晰度电视不相上下。4G系统的下行速率能达到100～150Mbit/s，比3G快20～30倍，上传的速度也能达到20～40Mbit/s，这种速率能满足许多用户对于无线服务的要求。

2013年12月4日，在3G招牌发放5年之后，工信部又正式向中国移动、中国电信、中国联通颁发了3张TD-LTE制式的4G牌照，宣告4G正式开始商用。

3.6.1 4G通信的特点

4G通信具有以下一些特征。

1. 通信速度更快

由于人们研究4G通信的最初目的就是提高蜂窝电话和其他移动装置无线访问Internet的速率，因此4G通信的特征莫过于它具有更快的无线通信速度。4G通信的传输速度可以达到10～20Mbit/s，最高可以达到150Mbit/s。

2. 网络频谱更宽

要想使4G通信达到100Mbit/s的传输速度，通信运营商必须在3G通信网络的基础上进行大幅度的改造，以便使4G网络在通信带宽上比3G网络的带宽高出许多。据研究，每个4G信道将占有100MHz的频谱，相当于WCDMA 3G网络的20倍。

3. 通信更加灵活

从严格意义上说，4G手机的功能已不能简单划归“电话机”的范畴，因为语音数据的传输只是4G移动电话的功能之一。而且4G手机从外观和式样上有了更惊人的突破，一副眼镜、一只手表或是一个化妆盒都有可能成为4G终端。

4. 智能性更高

4G通信的智能性更高，不仅表现在终端设备的设计和操作具有智能化，更重要的是4G手机可以实现许多难以想象的功能。例如，4G手机将能根据环境、时间及其他因素来适时提醒手机的用户。

5. 实现更高质量的多媒体通信

4G通信提供的无线多媒体通信服务将包括语音、数据、影像等，大量信息透过宽频的信道传送出去，为此4G也称多媒体移动通信。

3.6.2 4G通信的关键技术

4G是一个远比3G复杂的移动通信系统，它的实现依托于很多新兴的技术，如OFDM、软件无线电、IPv6技术、智能天线等。正是依靠这些复杂的技术，4G系统才得以实现100Mbit/s甚至更高的传输速度，为人们提供高质量的数据服务，实现人们自由通信的梦想。

1. OFDM技术

OFDM技术

3G主要是以CDMA为核心技术，而4G技术则以OFDM技术最受瞩目，OFDM技术是一种无线环境下的高速传输技术。无线信道的频率响应曲线大多是非平坦的，而OFDM技术的主要思想就是在频域内将给定信道分成许多正交子信道，在每个子信道上使用一个子载波进行调制，且各子载波并行传输。这样，尽管总的信道是非平坦的（即具有频率选择性），但是每个子信道是相对平坦的，并且在每个子信道上进行的是窄带传输，信号带宽小于信道的相应带宽，因此就可以大大消除信号波形间的干扰。OFDM技术的最大优点是能对抗频率选择性衰落或窄带干扰。在OFDM系统中各个子信道的载波相互正交，于是它们的频谱是相互重叠的，这样不但减小了子载波间的相互干扰，同时又提高了频谱利用率。

由于OFDM技术能够克服在支持高速率数据传输时符号间干扰增大的问题，并且有频谱效率高、硬件实施简单等优点，因此OFDM技术被看成是4G中的核心技术。OFDM的主要技术难点是系统中的频率和时间同步、基于导频符号辅助的信道估计、峰平比问题和多普勒频偏的影响及基于OFDM技术、多载波技术的新一代蜂窝移动通信系统的多址方案的研究。

2. 软件无线电技术

软件无线电（Software Defined Radio，SDR）技术是指采用数字信号处理技术，在可编程控制的通用硬件平台上，利用软件来定义实现无线电台的各部分功能。软件无线电技术包括前端接收、中频处理及信号的基带处理等，即整个无线电台从高频、中频、基带直到控制协议部分全部由软件编程来完成。

软件无线电技术的核心思想是在尽可能靠近天线的地方使用宽带的“数字/模拟”转换器，尽早地完成信号的数字化，从而使无线电台的功能尽可能地用软件来定义和实现。总之，软件无线电是一种基于数字信号处理（DSP）芯片，以软件为核心的崭新的无线通信体系结构。

软件无线电技术主要涉及数字信号处理硬件（DSPH）、现场可编程器件（FPGA）、数字信号处理（DSP）等。目前，软件无线电技术虽然实现了其基本功能：硬件数字化、软件可编程化、设备可重复配置性，但是其传统的流水线式结构严重影响了设备可配置功能和设备的可扩展性。1999年，美国麻省理工学院的V. Bose等在Spectrum Ware项目支持下提出了网络式结构的虚拟无线电概念。这个项目致力于建立一个充分利用工作站提供的资源和网络优势的理想无线电结构，人们称它为虚拟无线电，这将是软件无线电的发展方向。

3. IPv6技术

4G通信系统选择IPv6协议主要基于两方面的考虑：一是有足够的地址空间；二是支持移动性管理。这两方面是IPv4不具备的。此外，IPv6还能够提供较IPv4更好的QoS保证及更好的安全性。

首先，由于承载网是IP网，未来的移动终端必然需要拥有唯一的一个IP地址作为身

份标识。目前使用的 IPv4 的地址长度仅有 32bit，其 IP 地址资源已经逐渐枯竭。而 IPv6 具有长达 128bit 的地址空间，能够彻底解决地址资源不足的问题。

其次，移动用户接入 4G 通信系统与现在的互联网用户接入 Internet 不同，其最大的特点是具有不确定的移动性，因此必然要求所采用的 IP 协议能够提供强大的移动性管理功能以支持越区切换及无缝漫游。IPv6 中引入了移动 IP 的概念，可以解决这个问题。

4. 智能天线

随着电子通信产业的飞速发展，我们生活环境中的无线干扰也日渐嘈杂，来自广播、移动通信、无线通信等各个不同领域的电磁波相互干扰着，这为在复杂的背景噪声中正确接收有效信号带来了一定的难度。

2G 通信系统中采用的天线分为全向天线和定向天线两种：全向天线应用于 360°覆盖的小区；定向天线应用于小区分裂后的部分覆盖小区。这两种天线覆盖的区域形状都是不变的，因此对于基站来说，给每一个移动用户的下行信号是广播式发送的，这样势必会引起系统干扰，降低系统容量。

智能天线（SA）原名自适应天线阵列（Adaptive Antenna Array，AAA），最初应用于雷达、声呐等军事方面，主要用来完成空间滤波和定位。智能天线采用了空分多址的技术，利用信号在传输方向上的差别，将同频率或同时隙、同码道的信号进行区分，动态改变信号的覆盖区域，使主波束对准用户方向，旁瓣对准干扰信号方向，并能够自动跟踪用户和监测环境变化，为每位用户提供优质的上行链路和下行链路信号，从而达到抑制干扰、准确提取有效信号的目的。智能天线具有抑制信号干扰、自动跟踪及数字波束调节等智能功能，被认为是未来移动通信的关键技术。

3.7　第五代移动通信系统

第五代移动通信系统（简称 5G）的主要目标：一是为更多用户提供更高的数据速率；二是为众多传感器或物联网设备提供多条同时连接（即海量连接）。与 4G 相比，5G 在频谱效率上有显著的提升。

3.7.1　5G 通信的关键技术

5G 通信会给人们带来什么变化？

5G 通信需要关键技术支撑，下面具体介绍一下。

1. 大规模天线阵列（Massive MIMO）技术

MIMO 技术已经在 4G 系统中得以广泛应用，但面对 5G 在传输速率和系统容量等方面的性能挑战，天线数目的进一步增加仍将是 MIMO 技术继续演进的重要方向。在实际应用中，通过大规模天线、基站可以在三维空间形成具有高空间分辨能力的高增益窄细波束，能够提供更灵活的空间复用能力，改善接收信号强度，并更好地抑制用户间干扰，从而实现更高的系统容量和频谱效率。

2. 全频谱接入

全频谱接入通过有效利用各类移动通信频谱（包含高低频段、授权与非授权频谱、对称与非对称频谱、连续与非连续频谱等）资源来提升数据传输速率和系统容量。其中，6GHz 以下的低频段因其较好的信道传播特性，可作为 5G 的核心频段，用于无缝覆盖；6～100GHz 高频段具有更加丰富的空闲频谱资源，可作为 5G 的辅助频段，用于热点区域的速度提升。

3. 新型波形技术

作为多载波技术的典型代表，正交频分复用（OFDM）技术在 4G 中得到了广泛应用。但面对 5G 更加多样化的业务类型、更高的频谱效率和更多的连接数等需求，OFDM 将面临挑战，单一的波形很难满足所有需求。新型多载波技术可以作为有效的补充，更好地满足 5G 的总体需求。

4. 新型多址技术

5G 不仅需要大幅度提升系统频谱效率，而且还要具备支持海量设备连接的能力，这对现有的正交多址技术来说是一个严峻的挑战。而以稀疏码分多址（Sparse Code Multiple Access，SCMA）、模分多址（Pattern Division Multiple Access，PDMA）和多用户共享多址（Multiple User Share Access，MUSA）为代表的新型多址技术，不但可以提供更好的频谱效率、支持更多的用户连接数，还可以有效降低时延，是 5G 系统的核心技术之一。

5. 设备到设备（Device to Device，D2D）通信

D2D 经常称为终端（用户）间的直接通信，数据无须经过任何基础设施节点。D2D 被广泛地认为是提升系统性能的焦点技术，它将带来更少的功耗、更高的数据速率及更短的时延。因此，D2D 也必将对 5G 网络起到重要的作用。

5G 不仅仅是一种单纯的技术革新，也不是几种无线通信接入技术简单相加，而是对多种不同的技术进行整合之后来满足不同层次的客户的通信需求，从这个角度来讲，5G 是一种真正意义上的融合网络。

3.7.2 5G 的应用场景

5G 将满足人们在居住、工作、休闲和交通等各种领域的多样化业务需求，即便在密集住宅区、办公室、体育场、露天集会、高铁和广域覆盖等具有超高流量密度、超高连接数密度、超高移动性特征的场景，也可以为用户提供超高清视频、虚拟现实、增强现实、云桌面、在线游戏等高级业务体验。与此同时，5G 还将渗透物联网及各种行业领域，与工业设施、医疗仪器、交通工具等深度融合，有效满足工业、医疗、交通等行业的多样化业务需求，实现真正的“万物互联”。

5G 的主要应用场景有 4 个：连续广域覆盖、热点高容量、低时延高可靠和低功耗大连接，如表 3.2 所示。这些场景都面临不同的挑战性指标需求，在考虑不同技术共存可能性的前提下，需要合理选择关键技术的组合来满足这些需求。

表 3.2 5G 的主要应用场景与关键性能挑战

应用场景	关键挑战
连续广域覆盖	100Mb/s 用户体验速率
热点高容量	用户体验速率：1Gbps 峰值速率：数十 Gbps 流量密度：数十 Tbps/km^2
低时延高可靠	空口时延：1ms 端到端时延：ms 量级 可靠性：接近 100%
低功耗大连接	连接数密度：10^6/km^2 超低功耗，超低成本

连续广域覆盖和热点高容量场景主要满足未来的移动互联网业务需求，也是传统的 4G 主要技术场景；低时延高可靠和低功耗大连接场景主要面向物联网业务，是 5G 新拓展的场景，重点解决传统移动通信无法很好地支持物联网及垂直行业应用的问题。

1. 连续广域覆盖场景

连续广域覆盖场景是移动通信最基本的覆盖方式，如图 3.16 所示。它以保证用户的移动性和业务连续性为目标，为用户提供无缝的高速业务体验。该场景的主要挑战在于随时随地（包括小区边缘、高速移动等恶劣环境）为用户提供 100Mb/s 以上的用户体验速率。

2. 热点高容量场景

热点高容量场景主要面向局部热点区域，如图 3.17 所示。它为用户提供极高的数据传输速率，满足网络极高的流量密度需求。1Gb/s 用户体验速率、数十 Gb/s 峰值速率和数十 Tbps/km^2 的流量密度需求是该场景面临的主要挑战。

图 3.16 连续广域覆盖场景

图 3.17 热点高容量场景

3. 低时延高可靠场景

低时延高可靠场景主要面向车联网、工业控制等垂直行业的特殊应用需求。这类应用对时延和可靠性具有极高的指标要求，需要为用户提供毫秒级的端到端时延和接近 100% 的业务可靠性保证。

4. 低功耗大连接场景

低功耗大连接场景主要面向智慧城市、环境监测、智能农业、森林防火等以传感和数据采集为目标的应用场景，具有小数据包、低功耗、海量连接等特点。这类终端分布范围广、数量众多，不仅要求网络具备超千亿连接的支持能力，满足 100 万/km^2 连接数密度指标要求，而且还要保证终端的超低功耗和超低成本。

连续广域覆盖、热点高容量、低时延高可靠和低功耗大连接等 4 个 5G 典型技术场景具有不同的挑战性指标需求。在考虑不同技术共存可能性的前提下，需要合理选择关键技术的组合来满足这些需求。

3.7.3 未来 5G 网络架构

未来的 5G 网络将是基于 SDN、NFV 和云计算技术的更加灵活、智能、高效和开放的网络系统。未来 5G 网络架构包括接入云、控制云和转发云 3 个域，如图 3.18 所示。

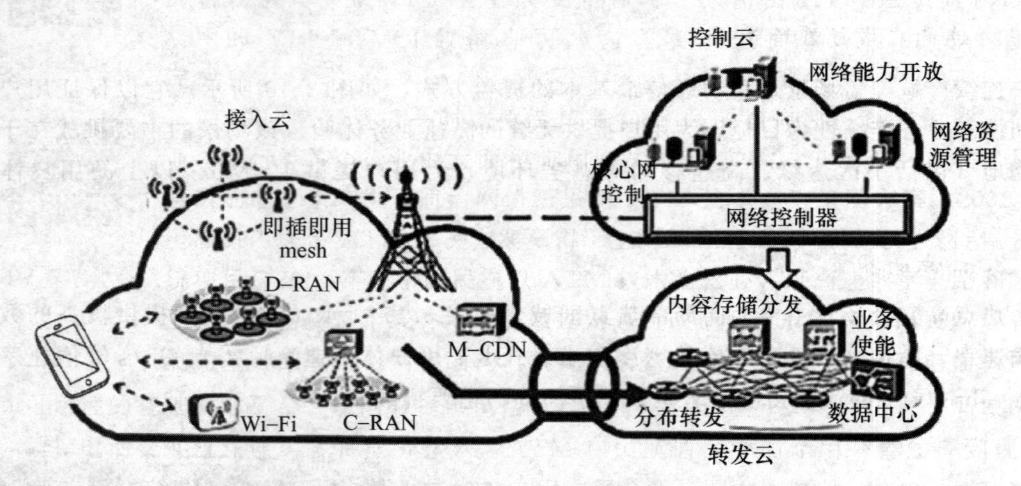

图 3.18 未来 5G 网络架构：基于 SDN/NFV 的“三朵云”

6G

接入云支持多种无线制式的接入，融合集中式和分布式两种无线接入网架构，适应各种类型的回传链路，实现更灵活的组网部署和更高效的无线资源管理。控制云实现局部和全局的会话控制、移动性管理和服务质量保证，并构建面向业务的网络能力开放接口，从而满足业务的差异化需求并提升业务的部署效率。转发云基于通用的硬件平台，在控制云高效的网络控制和资源调度下，实现海量业务数据流的高可靠、低时延、均负载的高效传输。基于“三朵云”的新型 5G 网络架构是移动网络未来的发展方向，但实际网络发展在满足未来新业务和新场景需求的同时，也要充分考虑现有移动网络的演进途径。5G 网络架构的发展会存在局部变化到全网变革的中间阶段，通信技术与 IT 技术的融合会从核心网向无线接入网逐步延伸，最终形成网络架构的整体演变。

5G 投入商用之初，华为、诺基亚、爱立信和 SK 电讯已开始致力于第六代移动通信（即 6G）技术的研究。届时，量子通信和卫星通信将会融入 6G 技术。通过将卫星通信整合到 6G 移动通信，实现全球无缝覆盖，网络信号能够抵达任何一个偏远的乡村，让人们能接受远程医疗和远程教育。此外，在全球卫星定位系统、电信卫星系统、地球图像卫星系统和 6G 地面网络的联动支持下，地空全覆盖网络还能帮助人类预测天气、快速应对自然灾害等。6G 通信技术不再是简单的网络容量和传输速率的突破，它将实现万物互联这个“终极目标”，这便是 6G 的意义。

拓展阅读

本章小结

本章从移动通信的基本概念、基本特点及移动通信的发展历程出发，讨论了移动通信的无线传播环境、移动通信的多址技术和组网技术，并介绍了第二代、第三代和第四代移动通信系统，最后讨论了当下正在建设的第五代移动通信，包括其概念、关键技术、应用场景及其未来网络架构，旨在让大家对移动通信的发展历程和关键技术有个总体的了解。

习　题

1. 移动通信的特点有哪些？
2. 什么是“多径传播”？
3. 什么是“越区切换”？
4. 画出 GSM 系统的组成框图，并指出 MSC、VLR 和 AUC 的作用。
5. 3G 网络的标准有哪些？
6. 简述 OFDM 的基本原理，它最大的优点是什么？
7. 什么是 D2D 技术？
8. 5G 的应用场景有哪些？

第 3 章在线答题

第4章 数据通信网基础和局域网技术

学习目标

理解通信协议的概念和协议分层的优点
掌握 OSI/RM1～7 层的定义和代表协议
理解计算机通信网的局域网定义和 MAC 子层的编址方式
掌握 IEEE 802.x 系列标准及以太网的工作原理
了解高速以太网的特点和虚拟局域网的配置过程

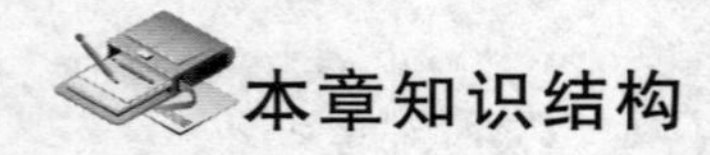

本章知识结构

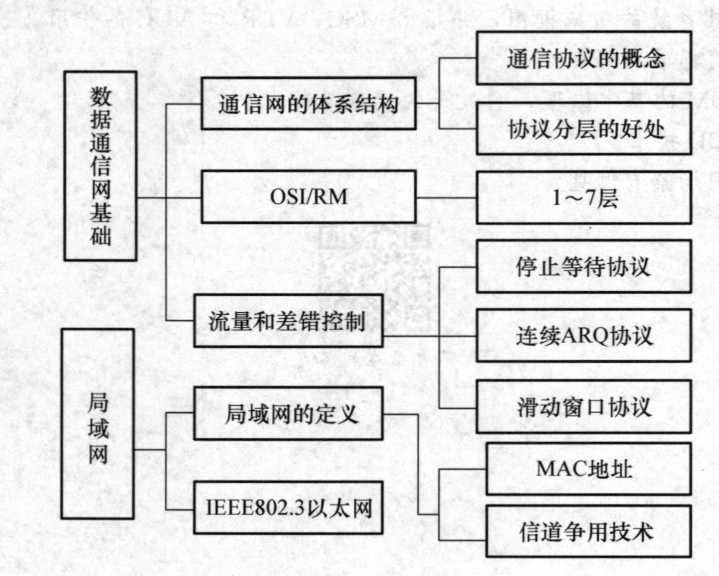

OSI 模型

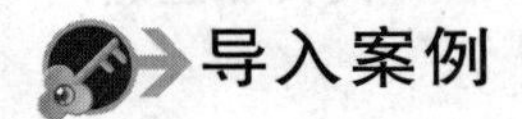

导入案例

不了解历史的人，注定要重复历史

《OSI 模型究竟忽悠了多少人?》这是多年前，中国教育和科研计算机网紧急响应组CCERT 负责人清华博导段海新在教育部主办的国家级期刊上发表的一篇文章。该文历数了 OSI 模型从一统天下之势，到像乌托邦一样迅速没落消亡的过程。喊出了“不了解历史的人，注定要重复历史!”但同时，即使是这篇文章也不否认：无论学术界还是工程界，人们已经习惯了 OSI 的术语，用它来交流，才不会产生误解。因此各种教科书依旧还是从 OSI 模型开始学起。可以说，OSI 模型就像一把抽象的尺子，重要的不是尺子本身是否被单独使用过，而是要结合这把尺子去衡量今后我们遇到的每一种实际网络。

4.1　数据通信网的体系结构

在上两章中，我们先后学习了固定电话网络和移动电话网络，这些电话网都是针对语音业务而建设的，并不适合数据业务。随着数据业务的飞速增长，人们对数据网络的需求也日渐凸显。因此，首先让我们从分析数据网络的协议结构入手，学习数据网络的运作模式。

4.1.1　通信协议的概念

人们常常用拓扑图来描述硬件的逻辑关系，而软件和协议间的逻辑关系则常用体系结构来描述。网络的体系结构是网络各层、层中协议和层间接口的集合，是对通信系统的整体设计，为网络硬件、软件、协议、存取控制和拓扑提供标准。

网络协议（Protocol)：通信双方的约定或对话规则，用来描述进程间信息交换过程的术语，是网络和分布系统中互相通信的同等层实体间交换信息时必须遵守的规则的集合。

网络协议的“三要素”如下。

(1) 语法（Syntax)。描述信息的样子，如结构、编码、格式。

例如：用户数据与控制信息的结构与格式等。

(2) 语义（Semantics)。说明发这些信息是作什么的，包括协调和进行差错处理的控制信息。

例如：需要发出何种控制信息、完成何种动作及得到的响应等。

(3) 同步/时序（Timing)。解决顺序、排序、定时或同步等问题。

例如：发送点发出一个数据报文，如果目标点正确收到，则回答源点接收正确；若接收到错误的信息，则要求源点重发一次。

4.1.2　协议分层的好处

协议分层有如下几个好处。

(1) 独立。各层相互独立，对于某一个层来说，无须知道它的上下层，仅仅知道层间接口即可工作。

(2) 灵活。任一层发生变化时，只要接口关系保持不变，则可以只限制在直接有关的层内，而上下相连的层均不受影响；若当某层提供的服务不再需要时，还可将这层取消。

(3) 等级分明。每一层都为其上一层提供服务，而与其他层的具体实施无关。

(4) 方便。分层结构通过把整个系统分解成若干个易于处理的部分，而使一个庞大复杂系统的实现、调试和维护等变得容易。

(5) 开放。系统的开放性是指这个系统可以与世界上任何地方遵从相同的标准。分层可促进标准化工作，每一层功能所提供的服务都有精确说明。

在各种分层方案中，最著名的要数 ISO 颁布的 OSI 模型了。虽然 OSI 模型在实际使用中不及 TCP/IP 流行，但它作为学习的基础却至关重要。或者说，通过 OSI 模型的学习，掌握了协议分层的主题思想，可以应用于以后各种具体技术的分析中。

4.2 OSI/RM

开放系统互联基本参考模型（Open Systems Interconnection Reference Modle，OSI/RM）提供了一个共同的基础和标准框架，并为保持相关标准的一致性和兼容性提供了共同的参考。

20 世纪 70 年代以来，国外一些主要计算机生产厂家先后推出了各自的网络体系结构，但它们都属于专用的。早期，各个公司都有自己的网络体系结构，各公司自己生产的各种设备很容易互联成网，有助于该公司垄断自己的产品。但是，随着社会的发展，不同网络体系结构的用户迫切要求能互相交换信息。为了在更大的范围内建立计算机网络，ISO 在 IBM 公司大/中型机的系统网络体系结构（System Network Architecture，SNA）的基础上，于 1978 年提出了“异种机连网标准”的框架结构 OSI/RM。该模型得到了国际上的承认，成为其他各种网络体系结构依照的标准，大大地推动了网络的发展。

数据封装过程

OSI 模型各层的名称、定义和典型协议如表 4.1 所示。我们还可以拿生活中的交通物流系统和 OSI 模型进行对比。

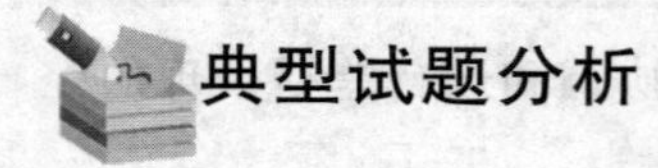

典型试题分析

在分层结构中，(　　) 层是 (　　) 层的用户，又是 (　　) 的服务提供者。

A. n　　　　B. $n+3$

C. $n+1$　　　　D. $n-1$

解析：无论哪一种协议分层模型，都是每一层为其上一层提供服务，而与其他层的具体实施无关。同时，在排序时，以最底层为第一层，依次递增。打个比方：这就像“盖房子”一样，一楼盖在最下方。因此，第 n 层应该是第 $n-1$ 层的用户，同时又是第 $n+1$ 层的服务提供者。

表 4.1 OSI 模型各层的名称、定义和典型协议

	名称	单位	定义	(打比方)	典型协议
7	应用层 (Application)	报文	网络服务与使用者应用程序间的接口	用户要传什么?	HTTP、DNS、SMTP、WWW
6	表示层 (Presentation)	报文	格式转换、加密、压缩	什么模样?如何表示?	ASCII、JPEG、MIDI、MPEG
5	会话层 (Session)	报文	建立、管理和终止会话	什么速率?	SQL、NFS、X Windows
4	运输层 (Transport)	报文 (Segment)	确保端到端的透明传输	选择哪个网络?	TCP、UDP
3	网络层 (Network)	分组 (Packet)	基于网络层地址(如 IP 地址)和网络拓扑,进行路径选择	在这个网络中,选择哪条路线?	IP、X.25
2	数据链路层 (Data Link)	帧 (Frame)	封装成数据帧,差错校验,物理地址的寻址。建立、撤销、标识逻辑链接和链路复用	是否堵车或出错?	PPP
1	物理层 (Physical)	比特 (Bit)	定义 DTE 和 DCE 间的线路功能,建立、维护和取消物理连接	乘汽车?还是乘火车走?	RS232、X.21

4.2.1 物理层

1. 定义

物理层(Physical Layer,PH 或 PL)并不是物理媒体本身,而是利用物理媒体连接的功能描述和执行连接的规程。它实现了连接系统和传输介质,构成物理的传输通路,透明地传送比特流,并为上一层(数据链路层)提供一个二进制流的传输。

物理层是定义的 DTE 和 DCE 间的线路。

数据终端设备(Data Terminal Equipment,DTE):是具有处理和收发数据能力的设备,它可以是一台计算机,也可以是一台 I/O 设备。所谓的"用户环境",就只包括 DTE。

数据电路连接设备(Data Circuit-terminating Equipment,DCE):是实现信号变换和编码、建立、释放物理连接的设备,如与电话线路连接的调制解调器。DCE 虽然处在"通信环境"中,但它和 DTE 均属于用户设施。

在 DTE 与 DCE 之间,既有数据信息传输,也应有控制信息传输,这就需要高度协调地工作,需要制定 DTE 与 DCE 接口标准,即物理接口标准,具体包括以下 4 个特性。

(1) 机械特性。针对接口形状和大小、引脚的数量和排列等问题。

(2) 电气特性。针对接口信号的波形和参数、电压和阻抗的大小及编码方式。

(3) 功能特性。分为数据线、控制线、定时线和地线四类。

(4) 规程特性。执行的先后顺序（时序）。

典型的物理层协议（通信规程）有V系列、X系列、I系列等3种。

(1) V系列。是模拟系列的接口标准，在原有电话网上传输，常用的有V.24、V.25、V.54。

(2) X系列。是数字系列的接口标准，在公共数据网上传输，常用的有X.20、X.21、X.21bis。

(3) I系列。在ISDN上传输。

2. 典型协议列举

RS-232C接口产品实物

以RS-232C为例，这是PC上最常见的通信接口之一。RS是Recommend Standard（推荐标准）的缩写，232为标识号，C表示修改次数。它是由电子工业协会（Electronic Industries Association，EIA）制定的一种标准串行异步传输的标准物理接口。

(1) 机械性。25芯，DTE侧用针式（凸插座），DCE侧用孔式（凹插座）。

(2) 电气性。与CCITT的V.28一致，用－15～－5V表示“1”，用＋5～＋15V表示“0”，－3～＋3V是过渡区。

(3) 功能特性。V.24一致，详见表4.2。

(4) 规程特性。V.24一致。

此外，EIA RS-449、RS-422A、RS-423A、ITU-T X.21、X.21bis等也是常见的物理层接口协议。

表4.2 RS-232C接口信号线功能分配表

接口线类型	针脚号	RS-232C线号	V.24线号	信号线功能说明	信号方向
地线	1	AA	101	保护地	
	7	BB	102	信号地	
数据线	2	BA	103	发送数据	→DCE
	3	BB	104	接收数据	→DTE
控制线	4	CA	105	请求发送（DTE）已准备好	→DCE
	5	CB	106	允许发送（DCE）已准备好	→DTE
	6	CC	107	数据设备（DCE）准备好	→DTE
	20	CD	108	数据终端（DTE）准备好	→DCE
	22	CE	125	振铃指示DCE收到呼叫信号	→DTE
	8	CF	109	载波检测DCE收到载波信号	→DTE
	21	CG	110	信号质量检测	→DTE
	23	CH	111	数据信号速率选择（DTE）	→DCE
	25	CI	112	数据信号速率选择（DCE）	→DTE

续表

接口线类型	针脚号	RS-232C线号	V.24线号	信号线功能说明	信号方向
定时线	24	DA	113	发送信号定时（DTE）	→DCE
	15	DB	114	发送信号定时（DCE）	→DTE
	17	DC	115	接收信号定时（DCE）	→DTE
辅信道线	14	SBA	118	辅信道发送数据	→DCE
	16	SBB	119	辅信道接收数据	→DTE
	19	SCA	120	辅信道请求发送	→DCE
	13	SCB	121	辅信道允许发送	→DTE
	12	SCF	122	辅信道载波检测	→DTE

4.2.2　数据链路层

1. 定义

所谓的数据链路指的是逻辑链路，即在链路上加上实现控制数据传输规程的软硬件。与数据链路对应的是物理链路，指的是一条中间没有任何交换节点的点到点的物理线段。

数据链路层（Data Link Layer，DL）包括以下几个功能。

（1）链路管理（Link Management）。建立、维持、释放链路。

（2）帧同步（Frame Synchronous）。物理层只解决比特同步问题，而数据链路层则要保证帧同步。

（3）差错控制（Error Control）。纠错编码、检错重发。

（4）流量控制（Flow Control）。发送端根据反馈信息，暂停或继发下帧。

（5）透明传输（Transparent Transmission）。

（6）数据和控制信息的识别。

（7）帧装配和分解。

2. 典型协议列举

数据链路层的协议分为面向字符和面向比特两种。

（1）面向字符的协议。

所传输的数据全都是一个个的字符，如ASCII字符。在增加新功能时，需定义新的控制字符，它的兼容性差，实现起来复杂。

串行线路网际协议（Serial LineInternet Protocol，SLIP）是最早使用的数据链路层协议。该协议是Windows远程访问的一种旧工业标准。如Windows 98系统中Modem拨号就是使用的SLIP。

点对点协议（Point to Point Protocol，PPP）是在SLIP的基础上发展起来的，它为点对点连接上传输多协议数据包提供了一个标准方法。例如在ADSL接入方式中，可以通过PPPoE（PPP over Ethernet）等技术，在用户端和运营商的接入服务器之间建立通信链路，既保护了用户方的以太网资源，又完成了ADSL的接入要求。

（2）面向比特。

以位置来定界，先将数据分块，在每块上加启始和终止标志构成帧。数据帧和控制帧均采用统一的格式。

例如，高级数据链路控制协议（High-level Data Link Control，HDLC）。IBM公司在推出的SNA体系结构中的DL层采用了SDLC协议。后来提交ISO，改名为HDLC，后又为其新版本更名为平衡型链路接入规程（Link Access Procedure Balanced for x. 25，LAPB）。

该协议规定了帧的固定格式（见图4.1），例如控制字段C，表示帧类型、编号、命令和控制信息。而帧校验字段FCS，则负责对整个帧的内容进行循环冗余码（CRC）校验。HDLC帧最长可达24B，在差错纠正上采用的是滑动窗口协议。

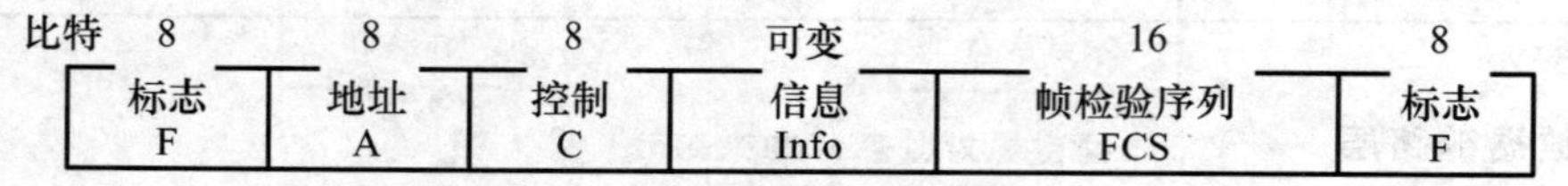

图4.1　HDLC的帧结构

在帧的定界方面，HDLC每一帧的前后都以标志位F为起始。为了区别标准位和其他数据段，推荐使用01111110为标志，并采用零比特填充法确保标准位的唯一性——即在帧的非标准位处，若出现连续5个连1，则无论其后的第6个比特是什么，都由发送端强行在这5个1后面插入一个0。这样一来，接收端收到的信号中，凡是出现6个连1的时候，就一定是代表标志位了。然后由接收端将其他数据段中的5个连1后的那个0去除掉，如图4.2所示。

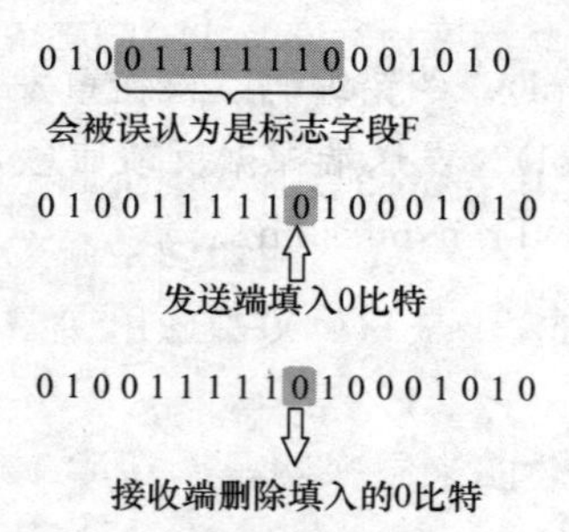

HDLC帧传输过程

图4.2　常见的帧填充方案

4.2.3　其他各层

OSI模型的其他各层，本书将在第5章的各小节分别加以详述，它们分别如下。

第三层，网络层（Network Layer，NT）的功能是：路由选择、差错纠正、流量控制等。它是模型中最为复杂的一层。网络层的典型协议有X.25、网络互联协议（Internet Protocol，IP）等。

第四层，传输层（Transport Layer，TL）可以翻译为运输层。同样是针对点对点的传输，第二层是两交换点（PSN）间的直联链路，不需目的地址；第四层主要是针对两主机间的通信子网（端到端），需目的地址。传输层是高、低层之间衔接的接口。弥补各不同通信子网间的不同，它只存在于通信子网以外的主机中，通信子网中没有传输层。

第五层，会话层（Session Layer，SL），允许不同机器上的用户之间建立会话关系。负责确定如何对文件进行分段，如何插入同步点以便断点续传，选择通信方式、建立、拆除用户间的对话。它可以是一个用户通过网络登录到一个主机，也可以是一个正在建立的用于传输文件的会话。会话层的功能主要有会话连接到传输连接的映射、数据传送、会话连接的恢复和释放、会话管理、令牌管理和活动管理。其典型协议有 RTCP（实时传输控制协议）、SDP（会话描述协议）等。

第六层，表示层（Presentation Layer，PL），负责信息编码格式转换、语法转换、数据加密和压缩，屏蔽不同的数据表达方式。其典型协议有 ASCII、MPEG、EBCDIC 等。

第七层，应用层（Application Layer，AL），是最高的一层，直接面对用户。但应用层针对的并不是用户的各种具体应用，而是为这些应用进程提供通信服务。应用层需要的标准最多的是 Telnet、FTP、SMTP、POP、DNS、HTTP、SIP、WWW 等。以上各层本书将在第 5 章进行详细讨论。

4.3　分组交换的流量和差错控制

在学习完了协议的相关内容之后，先不急于进入数据通信各种网络的学习，而是先来看一些具体的网络底层技术。这样便于后面学习各种网络时，能够更好地描述这些网络之间的区别。

早期的分组交换网络通信中，通信双方不会考虑网络的拥挤情况而直接发送数据。由于终端不知道网络拥塞状况，同时发送数据，往往会导致中间节点阻塞掉包。信息传输中的差错有多种表现形式：失真（Distortion）、丢失（Deletion）、重复（Duplication）、失序（Reordering）。对应的流量和差错控制措施也不仅存在于数据链路层，还存在于传输层，两者有不同的协议：一个是针对帧的传送，另一个是字节数据的传送，但基本原理相近。流量和差错控制示意图如图 4.3 所示。本节将介绍一些属于数据链路层的基本方法。

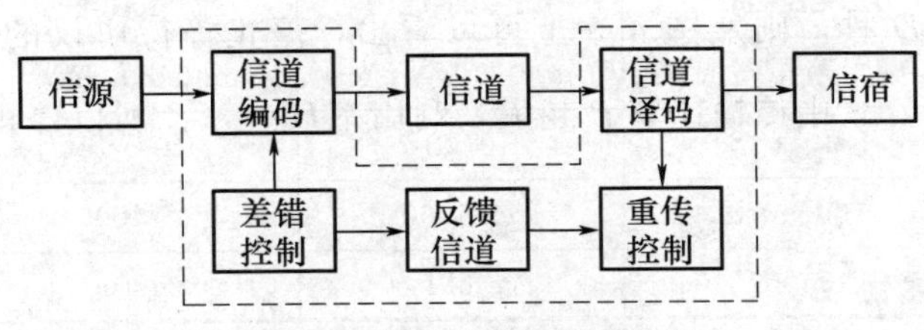

图 4.3　流量和差错控制示意

4.3.1 停止等待协议

停止等待协议（Stop-and-Wait），顾名思义就是每发送一帧都要停下来等待反馈信息。数据帧在链路上的传输情况如图4.4所示。发送速度完全受控于接收端的响应帧。应答帧有两种：ACK，确认帧；NAK，否认帧。

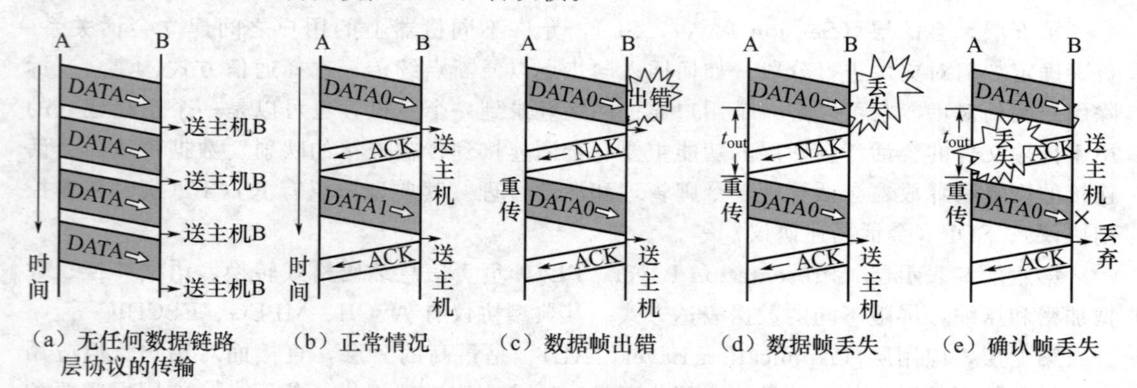

图 4.4 数据帧在链路上的传输情况

停止等待协议常遇到的两个问题及解决方法如下。

(1) 死锁。若发送端迟迟等不到反馈，就会出现死锁。这时，需要设置超时定时器(Timeout Timer)，超时后自动重发。以下是实现过程。

```
send packet (I); (re) set timer; wait for ACK
If (ACK)
     then I+ + ; repeat;
If (NACK or Tmie-out)
     repat;
```

(2) 重复帧。应答为ACK，但该ACK在反馈时丢失了，启动超时重发后，就会出现重复帧。可以通过给帧设定发送序号的方法来解决这个问题。对于停止等待协议来说，只需要两个编号，也就是1bit，其取值为0、1交替出现即可。

优点：比较简单，因而被广泛地应用在分组交换网络中。

缺点：在等待状态下，信道利用率不高。并且，反馈信息增加了网络负担，也影响了传输速度。假设传输数据的长度为 L bit，传输速率为 B b/s，在信道上单程传输耗时 D 秒，即往返需耗时 $2D$ 秒，则从图4.5上可以看出，停止等待协议的信道利用率为 $U\leqslant\frac{L/B}{2D+L/B}=\frac{L}{2BD+L}$。式中传输速率 B 越大，利用率 U 越小。所以停止等待协议不适合高速传输的信道。

4.3.2 自动请求重发协议

自动请求重发协议（Automatic Repeat reQuest，ARQ）的发送端连续发送若干带有序号的数据帧，无须等待响应帧；接收端按序接收数据帧。根据重发策略的不同，分为连

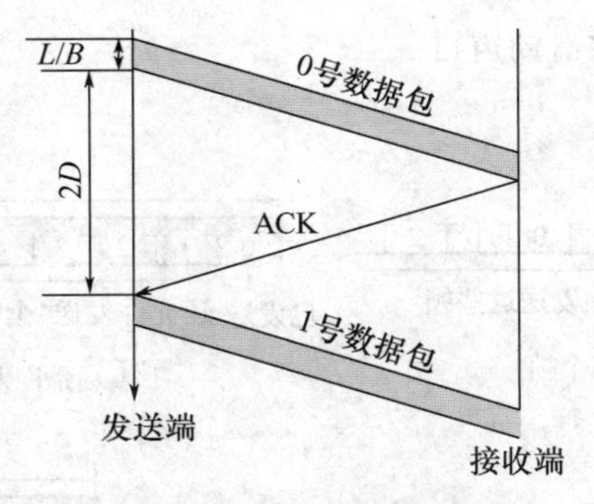

图 4.5　停止等待协议的传输延迟

续 ARQ 和选择 ARQ。

连续 ARQ：采取后退 n 帧的重发（go-back-n）方式。在第 n 帧出错时，接收端发“否认帧”，同时丢弃该帧及之后各帧；发送端重发第 n 帧及之后各帧。

选择 ARQ：只选择重传出错的帧，后面正确接收的帧就先存在收方缓冲区中，等所缺序号的帧收到后，再一并交给主机。这样减少了重传和网络负担，但与此同时要求收方加大缓冲区。因而在早期存储器价格昂贵时应用不多。但如今的存储器变得越来越便宜，因而选择 ARQ 也就越来越受到重视。

混合 ARQ：即使出错也不丢弃，仅重传出错帧中出错的部分，然后将与先前收到的信息进行合并，以恢复报文信息。

在 WCDMA 和 CDMA2000 无线通信中，采用的就是选择性重传 ARQ 和混合 ARQ。

正常传输下的 ARQ 协议、连续 ARQ 协议和选择 ARQ 协议如图 4.6 所示。

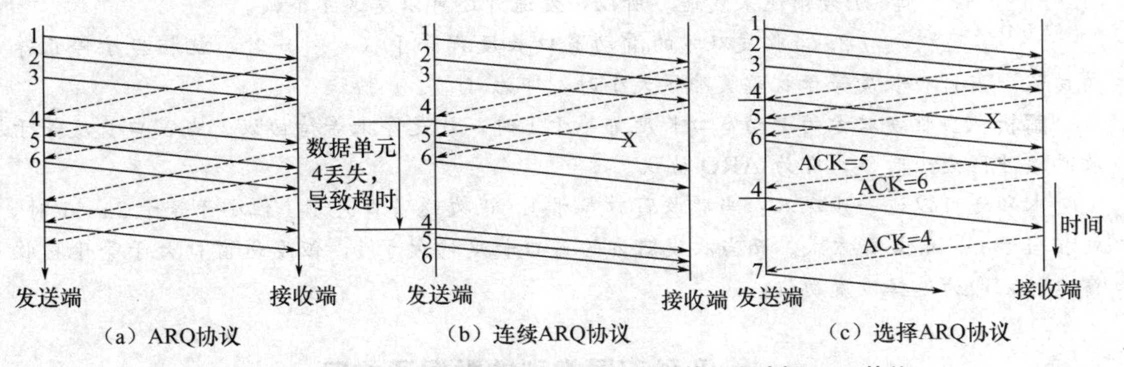

图 4.6　正常传输下的 ARQ 协议、连续 ARQ 协议和选择 ARQ 协议

4.3.3　滑动窗口协议

滑动窗口协议（Slide-Window）的收发双方各拟定一个允许一次性连续发送的多少个帧的最大限度，称为窗口大小。窗口大小多为可变的，发送窗口和接收窗口的长度也可以不相等。滑动窗口协议是在连续收到几个正确的帧后，才对最后一帧发送的信息确认。收到确认帧后，窗口就向前滑动相应格数。其具体原理如图 4.7 所示。

滑动窗口同时也是一种流量控制技术。通过调整发送端窗口大小来改善吞吐量。例如，TCP 协议就是采用动态滑动窗口。

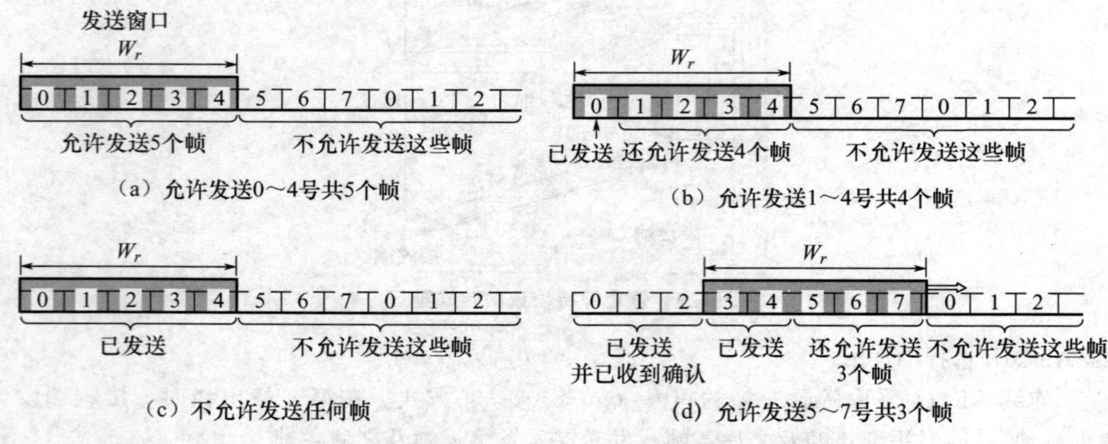

图 4.7 发送端滑动窗口大小为 5 的时候的工作过程

典型试题分析

滑动窗口协议的工作过程

1. 若发送窗口大小为5，在发送 3 号帧并收到 2 号帧的确认帧后，发送方还可发几帧?

解析: 收到第 2 号帧的 ACK，意味着发送窗口从第 3 号帧开始。窗口大小为5，则窗口中应有第 3～7 号帧。其中，正在发送第 3 号帧，则第 4～7 号帧还未发送。所以，发送方还可以发送 4 个帧。

2. 当收发双方的滑动窗口长度都等于（　　）时，就相当于停止等待协议。当窗口长度等于收端缓冲区大小时，即为（　　）协议。

解析: 当收发双方的滑动窗口长度都等于 1 时，就是停止等待协议。当窗口长度等于收端缓冲区大小时候，即为 ARQ 协议。

本题还可以进一步深入：当接收窗口等于 1，而发送窗口大于 1 但小于等于 $2n-1$ 时，就相当于 go-back-n 方式。而当收发双方的窗口长度均大于 1，但发送窗口大于等于接收窗口时，即为选择重发协议。

4.4 几种不同类别的数据通信网

导入案例

电信资产浪费惊人

2006 年，全国政协委员赵金城在记者采访中说："目前我国电信行业内部恶性竞争日益激烈，重复投资、资产闲置造成的国有资产浪费十分惊人。仅以 ISDN（综合业务数字

网，俗称窄带、一线通）资源为例，前几年固网运营企业在全国总投入大约2000万线，但由于ADSL等宽带的使用，目前这2000万线的使用率只有20%。”

赵委员何出此言？ISDN为何物？电信资产浪费为何如此惊人？本章将介绍早期的数据通信方式，掀开ISDN的神秘面纱。

数据通信网（Data Communications Network，DCN）是用于计算机或数据终端（传真、电报等）之间进行通信的网络，它是按一定规约或协议传输数据信息的通信方式。与电话业务比，数据业务有以下4个特点。

（1）计算机直接参与，有较多的机-机、人-机对话，而电话业务主要是人-人之间的通信。

（2）准确性、可靠性较高。

（3）速率高，接续、响应时间快。

（4）时间差异大，突发性强。

早期的数据网络百家争鸣，虽然已经时过境迁，但这些技术对以后出台的技术有着深远的影响。更主要的是，掌握学习数据通信网络的方法，将来才能举一反三、更透彻地学习后面各章节的相关内容。下面就让我们来简单了解一下曾经风靡一时的几种不同类别的数据通信网。

1. 分组交换网

分组交换网PSPDN遵循OSI/ISO，采用X.25协议，速率小于64Kbit/s，优点是线路利用率高，只按信息量或按使用时间来收费，与距离无关。不同速率、不同类型的终端也可互通。1993年，我国建成投产了中国公用分组交换数据网（China Public Packet Switched Data Network，ChinaPAC），这是中国信息产业部经营管理的公用分组交换网，以X.25协议为基础，可满足不同速率、不同型号终端之间、终端与计算机之间、计算机之间及局域网之间的通信。资费比DDN专线便宜，适用于速率低于64Kbit/s的低速应用场合。例如，金卡工程中的POS机（用于商场刷卡消费），由于其业务量小而实时性要求高，就可采用X.25分组网方案。

2. 数字数据网

数字数据网（Digital Data Network，DDN）是一种租用线上网的方式，采用数字信道来传输数据信息。DDN可向用户提供速率在一定范围内可选的异步或同步传输、半固定连接的、端到端的数字信道。DDN由用户环路、DDN节点、数字信道和网络控制管理中心组成。DDN节点主要包括复用及数字交叉连接设备等，其主要任务是通过用户接入系统，把用户的业务复用到中继数字通道，传输到目标节点后，通过解复用把业务传送到目标用户。DDN节点按组网功能区分，可分为用户节点、接入节点和E1节点共3种类型。

DDN一般用于向用户提供专用的数字数据传输信道，或提供将用户接入公用数据交换网的接入信道，也可以为公用数据交换网提供交换节点间用的数据传输信道，包括各种公用数据交换网、各种专用网、无线寻呼系统、可视图文系统、高速数据传真、会议电视、ISDN、帧中继等，都可以选用DDN作为提供中继信道，或用户的数据通信的信道。

例如，金融、证券、外贸、水利、电力、采油、采矿、环保、气象、交通、税务、医疗、烟草、海关等集团用户，公安、教育、银行、邮政等专网，往往都会出于对业务量和稳定性的需求而选择 DDN。利用 DDN 单点对多点的广播业务功能，还可以进行市内电话升位时的通信指挥。我国 DDN 的建设始于 20 世纪 90 年代初，到目前为止，已覆盖全国的大部分地区，拥有不少企业级用户。

DDN 除了应用在有线网络中以外，移动通信网络也利用其已有的基础设施，开展了移动 DDN 业务。首先设置专用的接入点（Access Point Name，APN）。可以是银联无线 POS 机等“特殊行业终端”，即在行业设备上加载内置 SIM 卡的通信模块来实现数据获取、数据定义与解析、数据处理与统计、数据导出等功能；也可以是数据传输单元（Data Transfer Unit，DTU），这是一种专门把 RS-232 等串口数据转为 IP 数据，再通过无线通信网络进行传送的无线终端设备。无线 DTU 首先拨号，获得相应的 IP 地址，并把自己的 IP 地址向注册服务器注册。注册服务器和用户数据中心交换无线 DTU 的 IP 地址和电话号码等信息。然后，数据中心根据无线 DTU 的 IP 地址和无线 DTU 建立无线透明数据通道。同时，由网络管理系统对无线 DTU 进行集中管理。

移动 DDN 支持各种行业应用：最为普通用户熟悉的就是银联无线 POS 机，此外还可以用来实现配电监控、电力抄表、路灯监控、环保监控、水利监控、气象信息采集、交通监控、信用卡实时认证、ATM 无线链路备份，以及远程阅读煤气表和电表等多种应用，如图 4.8 所示。

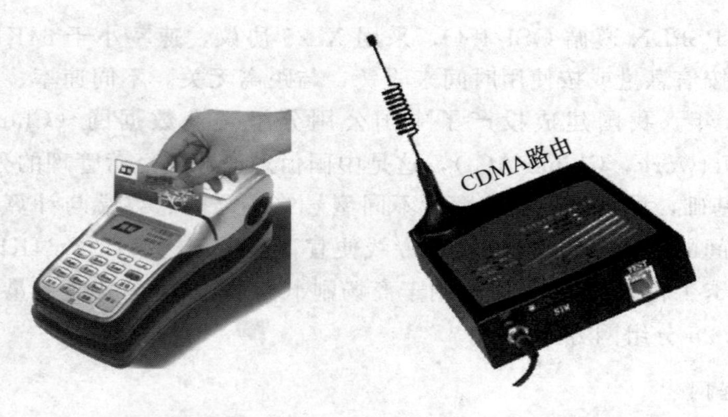

（a）无线POS机　　（b）基于CDMA的DTU

图 4.8　无线 DDN 终端设备之一：无线 POS 机和基于 CDMA 的 DTU

3. ISDN 的概念

早先人们上网需要使用拨号调制解调器，在电话网中，用电话频带来传送数据。此时的电信网实际是各业务网混合组成的叠加网。每个业务网都有各自的拓扑结构、接口标准、编号方案。后来出现了电话综合数字网（Integrated Digital Network，IDN），其网络内部是数字传输，但用户入网接口仍是模拟的。最终在 IDN 的基础上，加上用户线也数字化，演变成为综合业务数字网（Integrated Services Digital Network，ISDN）。1972 年底，CCITT 首次提出 ISDN 的建议。1988 年 CCITT 第 9 次全体会议上，规定了 ISDN 的

基本功能和特征。

1997年中国电信正式开放“一线通”业务，2000年北京电信携上海贝尔和思科公司推出“业务全优惠”，引发了安装、改装ISDN的热潮。当时的电信局推出140元改装费的优惠政策，并免费提供NT1，但用户需自己购买TA适配器。开通ISDN后，用户们最直接的感受就是可以一边上网一边打电话了，不会像之前的拨号上网方式那样上网与电话不可共用。至2001年，仅北京一地的N-ISDN用户总数就达到21.22万个，几年下来，固网运营企业在全国总投入ISDN约2000万线。但是，到了2008年，由于ADSL等宽带的使用，这2000万线的使用率只有20%，其浪费程度触目惊心。

上海贝尔NT1+AL ISDN MODEM和德国DeTeWe公司生产的USB接口的TA设备如图4.9所示。

(a) 上海贝尔NT1+AL ISDN MODEM

(b) 德国DeTeWe公司生产的USB接口的TA设备

图4.9　上海贝尔NT1+AL ISDN MODEM和德国DeTeWe公司生产的USB接口的TA设备

4. 帧中继

帧中继（Frame Relay，FR）又称第二代X.25，或快速X.25、X.25流水线方式。窄带综合业务数字网（Narrow ISDN，N-ISDN）的最大贡献就是帧中继技术。它的产生是建立在光纤等传输技术大大降低了传输差错，并且智能化终端可以差错检验这两方面背景原因下。帧中继在第2层省略了差错纠正功能、流量控制功能，因此减轻了网络的负担。进而把原本由第3层负责的路由功能放到第2层，把原X.25的3层模型简化为只有2层，减少了节点处理时间。X.25的第2层采用LAPB（平衡链路访问规程），而帧中继的第2层采用LAPD（帧方式链路访问规程）。它们都是HDLC的子集。由于没有第3层，帧中继的帧直接通过交换机，也就是说，交换机在帧的尾部还未收到之前，就可以把帧的头部发送给下一个交换机，因而被称为“流水线方式”。一旦出错，网络不负责纠错、立即丢弃，由高层协议发出重传请求，然后由智能化用户端（如计算机）负责重传。

1991年美国第一个帧中继网——Wilpac网投入运行，覆盖了全美91个城市。20世纪90年代初，芬兰、丹麦、瑞典、挪威等国联合建立了北欧帧中继网WordFRAME。1993年后以平均每年300%的速度增长，北美洲、欧洲及亚太地区都各有十多个帧中继运营网络。在我国，杭州电信于1995年借助帧中继技术，使浙江建设银行首次实现了通存通兑。1997年CHINAFRN（中国国家帧中继骨干网，又名中国公用帧中继网）初步建成，覆盖了大部分省会城市，由原邮电部颁布了试运行期间指导性的收费标准。1998年，各省帧中继网也相继建成，许多银行都采用了帧中继方案。但随着技术的高速发展，帧中继不再是业界的宠儿，如杭州电信就在2003年用10兆的光纤网代替了帧中继技术。图4.10所示为一款帧中继测试仪，它可以自动地确定帧中继和在线的设置，也可以模拟网络服务商（NET）来确认接入设备（例如路由器或帧中继接入设备的设置是否正确），还可以用来监测帧中继的服务质量。

图4.10 帧中继测试仪

5. ATM技术

宽带综合业务数字网（Broadband ISDN，B-ISDN）最大的贡献是异步转移模式（Asynchronous Transfer Mode，ATM）。这里所谓的“异步”，指的是收发端不同步，由插、删空信元来协调。ATM属于快速分组交换（Fast Packet Switching，FPS）及信元（Cell）中继方式。信元是一种特殊的传输单位，它的长度是固定的。根据I.361建议中的规定，ATM信元长度固定为53字节（5字节信头＋48字节净负荷＝53字节，即53×8bit＝424bit）。ATM采取的是通过信头中存储的逻辑信道标志来描述单向路由的寻址过程。信头中具有相同的虚信道标识（Virtual Channel Identifier，VCI）的信元流构成了同一条VC，多条VC汇聚从一条VP。相同虚路径标识（Virtual Path identifier Identifier，VPI）的就属于同一条VP。需要改变路径时，只需由ATM层负责修改信头中的VPI和VCI数值即可。物理实现较简单，可由硬件直接完成。

帧中继测试仪

同步转移模式和异步转移模式

ATM曾经盛极一时，凭借其高QoS保证和弹性扩容的优势，在企业、银行等各个行业中大面积应用。2000年前后，江苏省、山东省及各县级的电力系统主干通信网纷纷采用ATM技术作为组网方案。2002年，上海贝尔凭借ATM解决方案赢得了上海莘庄至闵行轻轨交通线传输子系统项目。2004年，中国民航以ATM技术为核心，以高速数字电路和数据卫星网络为传输干线，对原有数据网进行改造，建成了一个以民航现有体制为基础的层次化网状结构，实现了覆盖民航所有机场、具有电信级可靠性和可用性的基础网络平台，能同时提供包括ATM业务、IP业务、电路仿真、局域网互联、程控电话交换机互连等多种业务接入。ATM在民航通信中的作用一直发挥到现在。2005年，无线ATM（WATM）接入技术被应用在军事通信网中。同时，在3G移动通信网络传输上ATM也多有应用。

但是近年来，随着IP网的发展和成本的降低，IP技术成为大势所趋。尽管为了适应IP带来的挑战，上述各种网络都纷纷出台了不少与IP技术的融合模式，但依旧逃不过逐渐被计算机IP技术替换的命运。

4.5 局域网

计算机网络按规模大小可以分为以下3类。

(1) 广域网（Wide Area Network，WAN）。几百千米。

(2) 城域网（Metropolitan Area Network，MAN）。几十千米。

(3) 局域网（Local Area Network，LAN）。十米至一千米。

本节我们由近及远，首先学习 LAN，将 WAN 部分放到第 5 章讲述。

4.5.1　局域网的定义和特点

由于 LAN 范围小，常仅限于一个部门或一个建筑，在 0.1～25km 以内。因此一般不需租用电话线，而是直接建立专用通信线路。LAN 的协议模型中增加了“第 0 层”，专门针对传输媒体和拓扑结构作出说明。同时也使得 LAN 中的数据传输速度高、误码率低。

LAN 的协议模型中，最高只到第 2 层。作为一种网络，通常应能提供 1～3 层的功能，但 LAN 特许在最低 2 层实现 1～3 层的服务功能。一些原本属于第 3 层的功能，如差错控制、流量控制、复用、提供面向连接的或无连接的服务，在第 2 层已用带地址的帧来传送数据，不存在中间交换，不要求路由选择，因此无须第 3 层。局域网参考模型与 OSI/RM 的对比如图 4.11 所示。

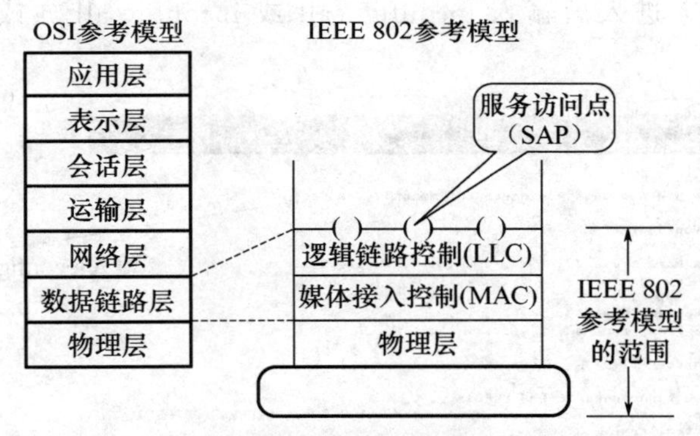

图 4.11　局域网参考模型与 OSI/RM 的对比

LAN 将第 2 层细分为上下两个子层。

(1) 逻辑链路控制（Logical Link Control，LLC）子层。屏蔽了 LAN 的不同类型，与传输媒体无关，是高层协议与任何一种 MAC 子层之间的标准接口。LLC 子层看不见下面的局域网，如图 4.12 所示。

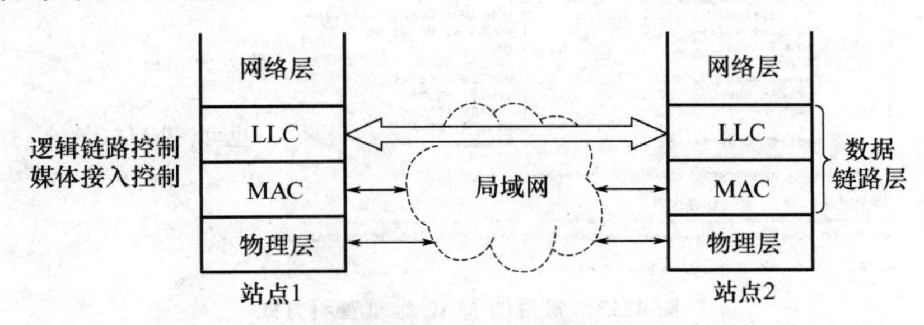

图 4.12　局域网参考模型与 OSI/RM 的对比

(2) 媒体访问控制 (Medium Access Control, MAC) 子层。体现其 LAN 的类型，实现帧寻址、识别、校验。

4.5.2 MAC 层的地址

MAC 层的地址，又译为物理地址、硬件地址。它是一种物理地址，是全球唯一的用来表示互联网上每一个站点的适配器地址，或称网卡标识符。MAC 地址用来定义网络设备的位置，每一块网卡的 MAC 地址都是唯一且固化在网卡上的。就好比人的身份证，每个人的身份证号码都是全国唯一的。

除了网卡，路由器、手机、网络智能电视、平板电脑以及各种专业设备包括 EPON、ONU、EOC、交换机等都有自己的 MAC 地址。

MAC 地址共有 12 位 16 进制数 (即 6 个字节，也就是 48bit)，其中，前半部分 (即前 6 位 16 进制数，也就是高位 24bit) 是由 IEEE 的注册管理机构 RA 负责给不同厂家分配的厂商标识 (OUI)；后半部分是由各厂家自行指派给其生产的网卡的标识 (NIC)。

可以通过以下方式单击查看到本机的 MAC 地址：单击“开始”按键，再单击“运行”按键，输入 cmd，进入后输入 ipconfig /all 或 ipconfig- all 亦或 getmac，如图 4.13 所示。

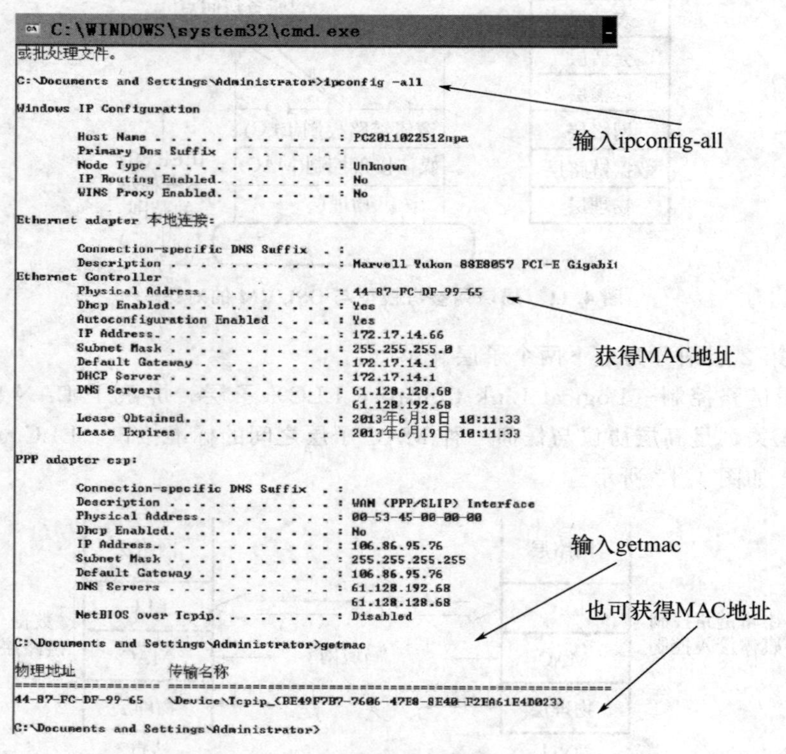

图 4.13 常用的 MAC 地址查看方式

局域网是支持广播方式的通信，当一个站点发送数据时，一个网段内的所有站点都会收到此信息。但只有发往本站的帧，网卡才进行处理，否则就简单地丢弃。因此 MAC 地址也有 3 种类型：单播（unicast）帧 I/G=0；广播（broadcast）帧 I/G=1；多播（multicast）帧全 1，即 FF-FF-FF-FF-FF-FF。

IP 地址与 MAC 地址本身并不存在着绑定关系，因此，在网络管理中 IP 地址盗用现象经常发生。这不仅对网络的正常使用造成影响，同时由于被盗用的地址往往具有较高的权限，因此也对用户造成了大量的经济损失和潜在的安全隐患。为此，网络管理工作人员可以在代理服务器端分配 IP 地址时，通过配置交换机或路由器将 IP 地址（端口）与网卡的 MAC 地址进行捆绑。例如在有的校园网中，同学的笔记本计算机换到另外一个宿舍就无法上网了。

在网络中，往往是多种技术并存，不同的技术都有自己的编制方式。MAC 地址与 IP 地址的转换方式，将在第 5 章的“ARP 协议”小节再介绍。同时，光有地址的区分是不够的，各个信源发送的信息还需信道的传输才能到达目的地址。而信道的资源是有限的，因此需要一套有效的信道访问技术。

4.5.3　信道访问技术

信道访问技术又称媒体访问技术，其中的“访问”一词是指引起主、客体之间的信息相互交换或者系统状态改变的主、客体交互行为。在共享式公共信道中，有可能多个站点同时请求占用信道，而最终只能有一个站点可以分配到资源，这种选择方式就称为信道访问技术。常见的信道访问技术如表 4.3 所示。

表 4.3　常见的信道访问技术

访问特征			使用技术
静态	预约式		FDM，TDM，CDM
动态 ATDM	受控选择式	集中控制	轮询
		分散控制	令牌
动态 ATDM	随机争用式	不监听	ALOHA
		带监听	CSMA

下面选择几种常见的信道访问技术加以介绍。

1. 选择（轮询）技术

选择（轮询）技术包括轮叫轮询［Roll-call Polling，图 4.14(a)］和传送轮询［Hub Polling，图 4.14（b)］。在这种访问方式中，主机按顺序逐个询问各站是否有数据要发送。其传送时延较大，较为浪费资源。

2. 令牌访问技术

令牌访问技术是在环路中设置一个特殊的帧，称为“令牌”。令牌沿路逐站传递，只有获得令牌的站才有权发送信息。最常使用是环形拓扑结构，称为令牌环网（Token

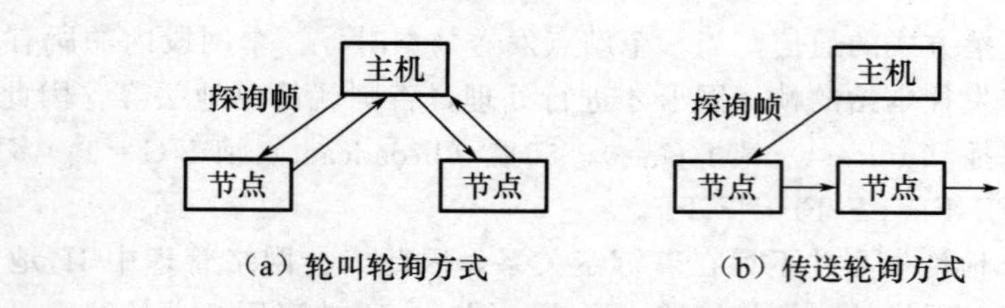

(a) 轮叫轮询方式　　(b) 传送轮询方式

图 4.14 轮叫轮询方式和传送轮询方式

Ring)。允许设置多个令牌。

1972 年，J. R. Pierce 在令牌环的基础上研制成功了时隙环（Slotted Ring)，最著名的时隙环是剑桥环，于 1974 年由英国剑桥大学研制成功。时隙环的主要优点是简单；其主要缺点是因时隙中含有较多的管理开销而浪费了带宽，当环路上只有少数站要求传输数据时，就会造成许多空时隙在环路上作毫无意义的循环。

3. ALOHA 协议

ALOHA（Additive Link On-Line HAwaii System）协议的基本工作原理如表 4.4 所示：不监听，直接发，冲突停止，等待一随机时间，重发。

多个站点同时向一个信道发送信息，称为冲突（或碰撞）。当信号发生冲突时，会产生严重的失真，因此需要退避等待。但 ALOHA 协议没有在发送前进行检测（又名监听)，所以冲突的概率较大，只适用于总线流量较低的情况。

ALOHA 协议是 20 世纪 70 年代初，美国夏威夷大学为计算机之间的数据信息传输与交换设计的一种地面分组广播通信方式，1973 年被用于卫星通信系统。它可进一步细分为纯 ALOHA 协议、时隙 ALOHA、选择拒绝 ALOHA、预约 ALOHA 方式 R，具有捕获效应的 ALOHA（C-ALOHA）等多种模式。

表 4.4 几种争用技术对比

名　称	原　理	使用网络	冲突概率
ALOHA	不监听，直接发，冲突停止，随机延迟后重发	流量较低	大
CSAM	先听后发，冲突停止，随机延迟后重发	流量居中	中
CSMA/CD	先听后发，边听边发，冲突停止，随机延迟后重发	流量较高	小

扩展阅读

若按部就班地进行首字母缩写，该协议应缩写为 ALOLH 才对。但 aloha [ə'ləuhɑː] 恰好是夏威夷人见面打招呼的用语，所以就以此命名了。

4. 载波监听多路访问

载波监听多路访问（Carrier Sensing Multiple Access，CSAM）的工作原理可以归纳为先听后发，冲突停止，随机延迟后重发。

载波监听多路访问名字中的“载波监听”是用来表明检测总线上信号存在与否的一种技术手段。在网络上的每个站在发送数据之前，先要检测总线上是否有其他站正在发送数据：如果有，就暂时不发送数据，以免发生冲突。名字中的“多路访问”（又称“多点接入”），是指多个计算机连接到同一根总线上。因此，网中是不存在集中控制的节点的。

它可进一步细分为以下几步。

(1) 非坚持 CSMA。监听到忙，停止监听，延迟再监听。

(2) 1 坚持 CSMA。监听到忙，继续监听，直至空闲，就发送。相当于概率 $P=1$ 的特例。

(3) P 坚持 CSMA。监听到忙，继续监听，直至空闲，然后以 P 概率发送，以 $(1-P)$概率延迟时间再监听。

5. 带冲突检测的载波监听多路访问

带冲突检测的载波监听多路访问（Carrier Sense Multiple Access/Collision Detection，CSMA/CD）在 CSMA 的基础上增加了冲突检测功能。其工作原理可以归纳为先听后发，边听边发，冲突停止，随机延迟后重发。

带冲突检测的载波监听多路访问名字中的“冲突检测”指计算机边发送数据，边检测总线上信号电压的变化情况。当几个站同时在总线上发送数据时，总线上的信号电压摆动值将会增大（互相叠加）。当一个站检测到的信号电压摆动值超过一定的门限值时，就认为总线上至少有两个站同时在发送数据，表明产生了发送冲突。于是该站点将立即停止发送，并发冲突码，其他站点都会接收到阻塞信号。通过检测可以大大提高介质的利用率，但仍然无法完全避免冲突。CSMA/CD 算法流程图如图 4.15 所示。

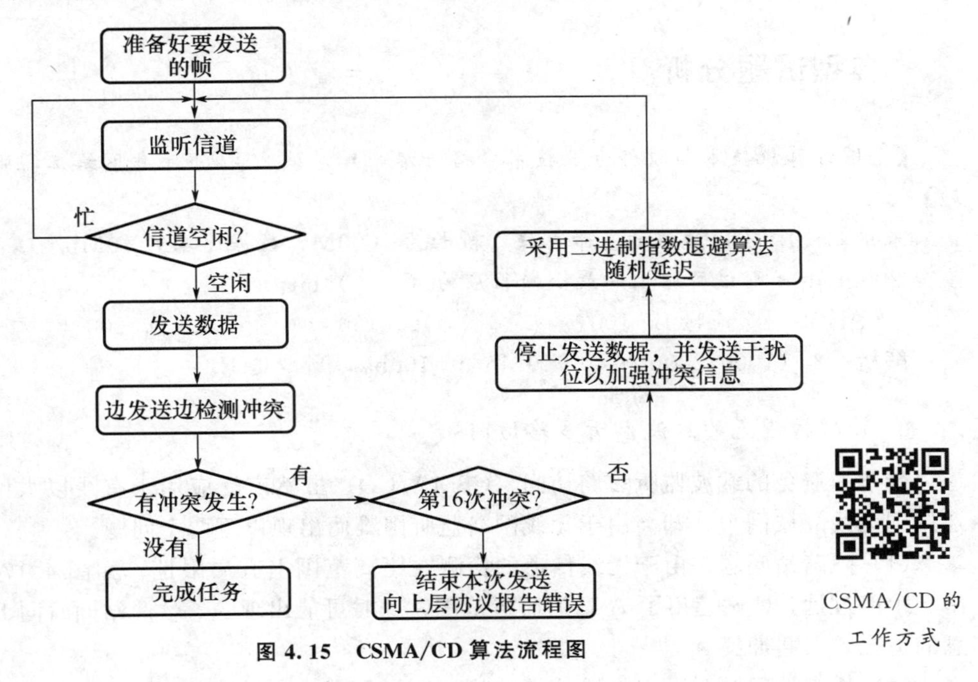

图 4.15　CSMA/CD 算法流程图

CSMA/CD 的工作方式

下面我们来计算一下 CSMA/CD 算法的信道竞争用期（简称争用期）：假设最先发送数据帧的站，在发送数据帧后，至多经过时间 2τ（两倍的端到端往返时延）就可知道发送的数据帧是否遭受了碰撞。这个端到端的往返时延 2τ 就称为争用期，或碰撞窗口。在争用期这段时间里，如果一直没有检测到碰撞，就能肯定本次发送不会发生碰撞了。CSMA/CD 争用期如图 4.16 所示。

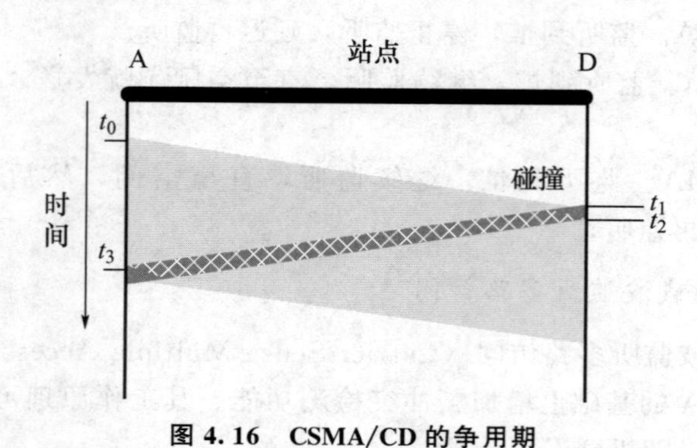

图 4.16　CSMA/CD 的争用期

假设一个局域网取 $2\tau=51.2\mu s$ 为争用期的长度。以网速为 10Mb/s 的以太网为例，在争用期内就可发送 512 bit，即 64 字节。网络在发送数据时，若前 64 字节没有发生冲突，则后续的数据就不会发生冲突。如果发生冲突，就一定是在发送的前 64 字节之内。由于一检测到冲突就立即中止发送，这时已经发送出去的数据一定小于 64 字节。因此以太网就规定最短有效帧长为 64 字节，凡长度小于 64 字节的帧都是由于冲突而异常中止的无效帧。

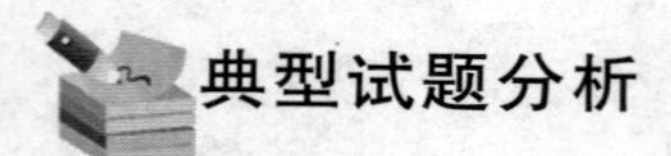

典型试题分析

【全国计算机技术与软件专业技术资格（水平）考试 2017 下半年网络工程师上午第 57 题】

采用 CSMA/CD 协议的基带总线，段长为 1000M，数据速率为 10Mb/s，信号传播速度为 200m/μs，则该网络上的最小帧长应为（　　）bit。

A. 50　　B. 100　　C. 150　　D. 200

解析：2×(1000/200m/μs)×10Mb/s=100bit，所以选 B。

6. 带碰撞避免的载波监听多路访问

带碰撞避免的载波监听多路访问（CSMA/CD）虽然广泛应用于有线以太网中，但若运用到无线局域网中，却会由于无线网络监听困难而出现以下两个问题。

（1）隐蔽站问题。由于无线信道的检测在距离范围上有局限性，如图 4.17(a) 所示，由于距离过远，C 站超出了 A 站的监听范围，此时可能出现 A、C 两站同时向 B 站发送信息的情况，引起冲突。

（2）暴露站问题。由于无线信道的检测判别困难，如图 4.17(b) 所示，图中的 A 站

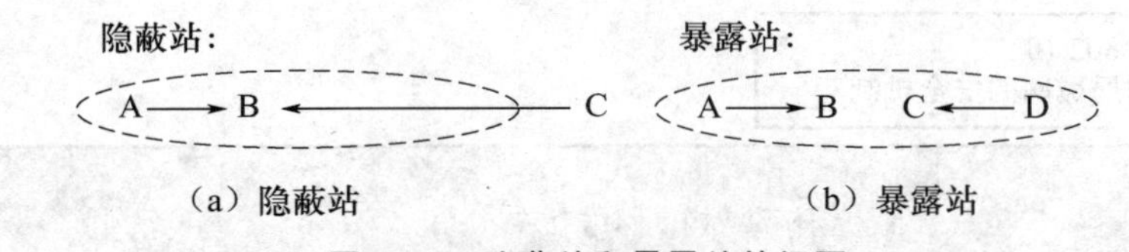

图 4.17　隐蔽站和暴露站的问题

可能会将 D 站对 C 站发送的信息误以为是对 B 站发送的，因而产生不必要的等待。

因此，无线局域网中需要进一步改进为 CSMA/CA（CSMA with Cllision Avoidance）的信道访问方式。这一种具有预约功能的技术，利用 RTS-CTS 握手（Handshake）程序来确保不会出现碰撞。其工作流程分为以下 5 个步骤。

① 检测介质是否空闲。监测方式与 CSMA/CD 不同，CSMA/CD 是通过电缆中电压的变化来检测的；而 CSMA/CA 采用能量检测（ED）、载波检测（CS）和能量载波混合检测三种检测信道空闲的方式。

② 检查结果若是介质为空闲，则送出请求发送（Request To Send，RTS）信号。RTS 信号包括发射端的地址、接收端的地址、下一笔数据将持续发送的时间等信息。

③ 接收端收到 RTS 信号后，将响应短信号 CTS（Clear To Send）。RTS-CTS 封包都很小，也就是无效开销很小。

④ 当发射端收到 CTS 包后，随即开始发送数据包。

⑤ 接收端收到数据包后，将以包内循环冗余校验（CRC）的数值来检验包数据是否正确，若检验结果正确，接收端将响应 ACK 包，告知发射端数据已经被成功地接收；当发射端没有收到接收端的 ACK 包时，将认为包在传输过程中丢失而一直重新发送包。

这些不同的信道竞用方式各有优劣，不同的组网方案会有不同的选择。下面介绍局域网常见的组网标准，它们都是由国际标准化组织 IEEE 802 制定的。

4.5.4　IEEE 802.3 以太网

电气与电子工程师学会 IEEE 中的 802 委员会，是专门研究局域网各种标准的，统称为 IEEE 802.x，如图 4.18 所示。

802.x 系列协议中，最著名的一个局域网组网方案便是以太网（Ethernet）。这是一种基带局域网规范，使用总线型拓扑结构和 CSMA/CD 技术，是当今局域网中最通用的协议标准。以太网在很大程度上取代了其他各种二层标准，如令牌环网、FDDI 和 ARCNET。

以太网最早由罗伯特·梅特卡夫（Robert Metcalfe）在施乐公司工作时提出。1977 年，罗伯特·梅特卡夫等获得了“具有冲突检测的多点数据通信系统”的专利，标志着以太网的诞生。1979 年，罗伯特·梅特卡夫创建了 3COM 公司，并促成了 DIX1.0 的发布（DIX 即 DEC/Intel/Xerox，3 家公司联合研发）。1981 年，3COM 公司交付了第一款 10Mbit/s 的以太网卡（Network Interface Card，NIC），又名以太网适配器（Network Adaptor）。1982 年，基于 DIX2.0 的 IEEE 802.3 CSMA/CD 标准获得批准，以太网从众多局域网技术的激烈竞争中胜出。

以太网有多种帧结构，最早出现的也是最常用的是 DIX2.0 帧结构，如图 4.19 所示，

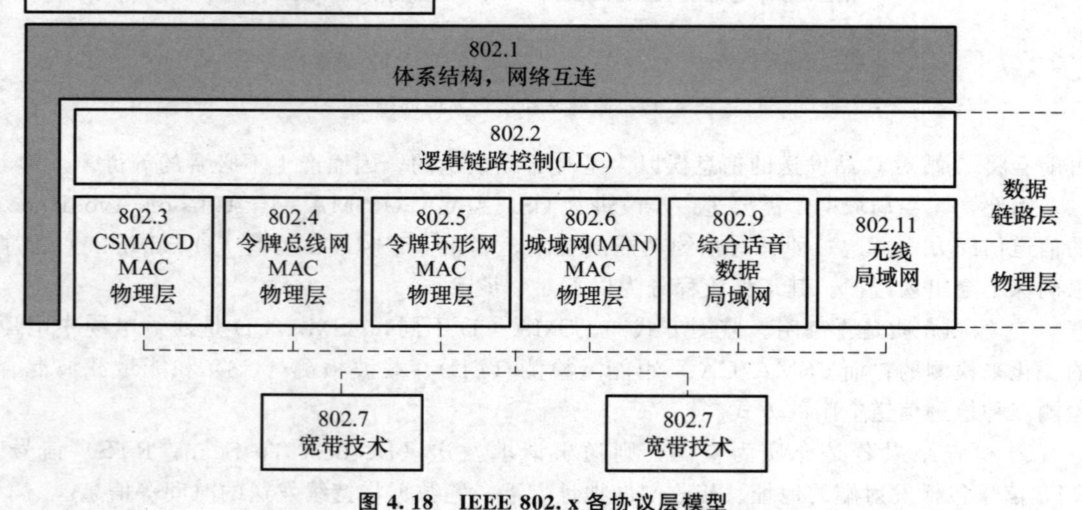

图 4.18　IEEE 802.x 各协议层模型

字节 7	1	6	6	2	46～1 500	4
前导码	帧首定界符	目的地址	源地址	类型	数据区PAD	帧检测序列

图 4.19　以太网 DIX2.0 帧结构

分为以下几个部分。

(1) 前导码。7 字节，采用“1、0”间隔的方式，即 1010…10，作用是在收发两端建立起位同步。

(2) 帧首定界符。1 字节，1010 1011，表示一实际帧的开始，以使接收器对实际帧的第一位定位。

(3) 目的地址。6 字节，表示帧企图发往目的站的地址。

(4) 源地址。6 字节，发送该帧站的地址。

(5) 类型。2 字节，说明高层使用的协议可以是 IP 协议，也可以是 NOVELL 的 IPX 协议。

(6) 数据区 PAD。46～1 500 字节，是网络层来的分组数据。若用户数据不足 46 字节，则用“0”码填充凑足 46 字节。

(7) 帧检验序列。4 字节，采用 CRC 冗余检测码，检测范围为除前导码、帧首定界符和帧检测序列以外的所有帧的内容。

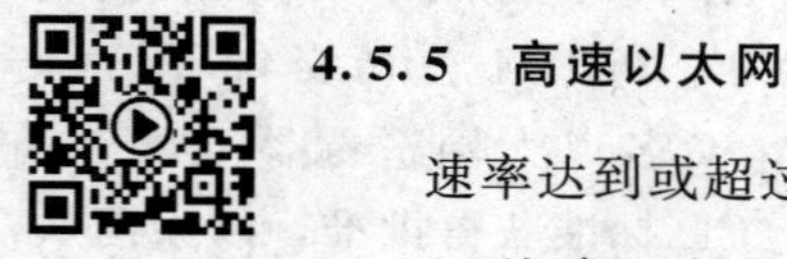

以太网及其接口

4.5.5　高速以太网

速率达到或超过 100Mb/s 的以太网，统称为高速以太网。

1. 快速以太网

1995 年，IEEE 802.3u 定义了快速以太网 (Fast Ethernet，FE)，其最普

通的形式为 100BaseT。其中，100 表示 100Mbit/s，Base 代表基带（Broad 代表宽带），T 表示双绞线。

工业以太网

快速以太网放弃总线型而改用星型拓扑，可在全双工方式下工作而无冲突发生，此时不需要使用 CSMA/CD 协议。但在半双工方式下依旧使用 CSMA/CD 协议。帧间时间间隔从原来的 9.6μs 改为 0.96μs。

快速以太网兼容性好，10BaseT 只需更换一张网卡，再配上一个 100Mbit/s 的集线器就可直接升级到 100Mbit/s，原有的软件和拓扑结构无须改变，100BaseT 网卡能自动识别 10Mbit/s 和 100Mbit/s。

快速以太网是以太网发展的一个里程碑，确立了以太网技术在桌面的统治地位。

表 4.5 所示为三种不同的物理层标准。

表 4.5　三种不同的物理层标准

	100Base-X		100Base-T4
	100Base-TX	100Base-FX	
传输介质	两对屏蔽或 五类非屏蔽双绞线	两根光纤	两对三类非屏蔽双绞线
信道编码	4B/5B	4B/5B	8B/6T
数据速率	100Mbps	100Mbps	100Mbps
最大网段长度	100m	100m	100m
网络范围	200m	400m	200m

2. 千兆、万兆以太网

1998 至 1999 年，IEEE 先后建立了 802.3z 和 802.3ab 千兆位以太网工作组。千兆以太网仍然用 CSMA/CD，并兼容传统以太网。在半双工方式下使用 CSMA/CD 协议（全双工方式不需要使用 CSMA/CD 协议）。与 10BASE-T 和 100BASE-T 技术向后兼容。通过千兆以太网，局域网技术从桌面延伸至校园网及城域网。表 4.6 所示为千兆以太网的物理层。

表 4.6　千兆以太网的物理层

网络名称	1000Base-X			1000Base-T
	1000Base-SX	1000Base-LX	1000Base-CX	
传输介质	光纤，850nm	光纤，1310nm	短距离屏蔽铜缆	4 对超五类 UTP
信道编码	8B/10B	8B/10B	8B/10B	4D-PAM5
数据速率	1000Mbps	1000Mbps	1250Mbps	1000Mbps
最大网段长度	100m	125m	100m	100m

2002 年获批了万兆以太网，即 802.3ae 10G 以太网。常见的有 10GBASE-X 和 10GBASE-T。10G 以太网还保留了 802.3 标准规定的以太网最小和最大帧长，便于升级。

只是不再使用铜线而只使用光纤作为传输媒体。10Gbps 以太网只工作在全双工方式，因此没有争用问题，也不使用 CSMA/CD 协议。

3. 40/100 吉比特以太网

标准 IEEE802. 3ba，第一次在同一个以太网标准中存在两种不同的速率。40Gbps 主要针对本地服务器计算、存储等应用，100Gbps 则主要针对核心和汇接应用。40/100GE 只支持全双工工作模式，能够支持光传送网 OTN，仍然使用 802. 3 标准的以太网帧格式。表 4. 7 所示为 40/100 吉比特以太网的主要物理层规范。

表 4. 7　40/100 吉比特以太网的主要物理层规范

物理层	40GE	100GE	距离
背板	40GBase-KR4	100GBase-KR4	1m
双同轴电缆（twinax cable）	40GBase-CR4	100GBase-CR10	7m
双绞线	40GBase-T		30m
多模光纤	40GBase-SR4	100GBase-SR10	100m
单模光纤	40GBase-LR4	100GBase-LR4	10km
单模光纤（超长距离）	40GBase-ER4	100GBase-ER4	40km

4. 5. 6　虚拟局域网

虚拟局域网（Virtual Local Area Network，VLAN）IEEE 802. 1q 标准把一个物理的二层网络划分成多个小的逻辑网络，每个小的逻辑网络都是一个独立的广播域。属于同一 VLAN 的成员仍然可以在二层实现通信，而不同 VLAN 的成员则不能在二层直接通信。同时，广播帧、未知目的帧的洪泛都被交换机限定在一个 VLAN 之内，增强了网络连接的灵活性和安全性。虚拟局域网与物理位置无关，如图 4. 20 所示。它是局域网给用户提供的一种服务，而并不是一种新型局域网。

虚拟局域网协议允许在以太网的帧格式中插入一个 4 字节的标识符，称为 VLAN 标记（Tag），用来指明发送该帧的工作站属于哪一个虚拟局域网。VLAN 的帧格式如图 4. 21所示，每一个 VLAN 的帧都有一个明确的标识符。

VLAN 有 3 种端口，分别如下。

(1) Access 端口。只能属于一个 VLAN，该 VLAN 就是该端口的 Native VLAN，该端口连接的链路上传输的帧是标准的以太网帧。

(2) Trunk 端口。属于多个 VLAN，该端口连接的链路上传输的帧是 Tag 帧。

(3) Hybrid 端口。可以属于多个 VLAN，可以接收和发送多个 VLAN 的报文。

Access 端口和 Trunk 端口的工作方式如图 4. 22 所示。

VLAN 有 4 种划分方式：基于端口、基于 MAC 地址、基于协议 VLAN 和基于子网的划分方式。下面给出了一个基于端口划分的 VLAN 在宽带接入设备华为 MA5600 上的配置过程。

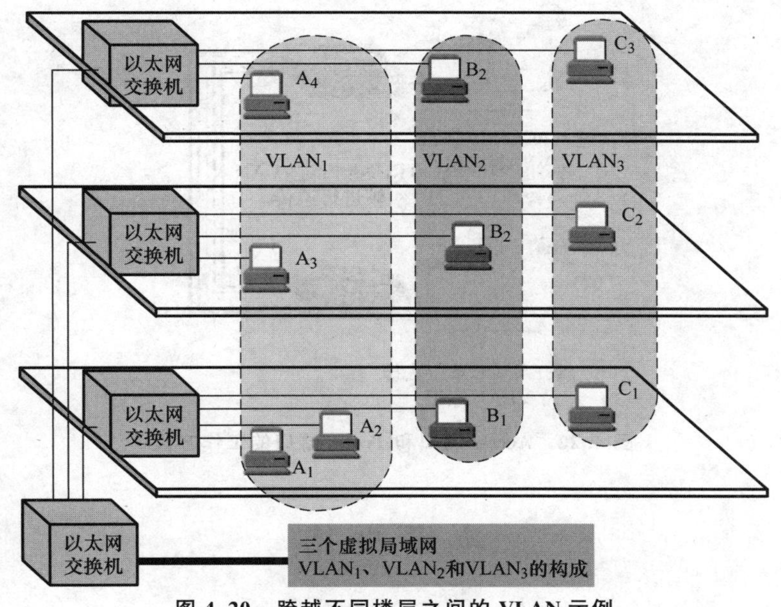

图 4.20　跨越不同楼层之间的 VLAN 示例

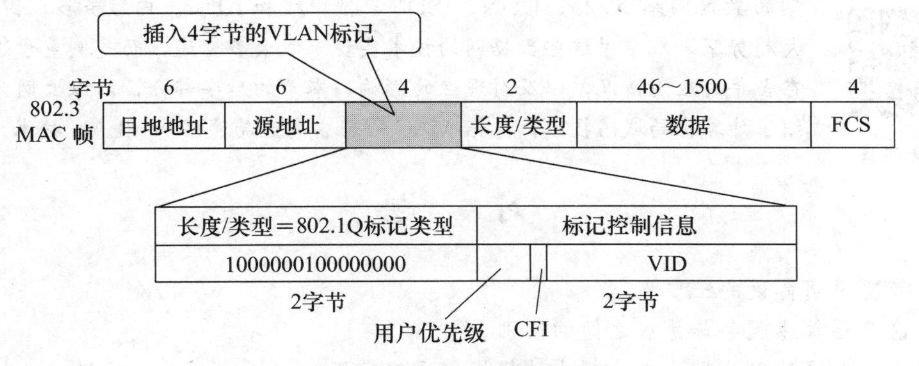

图 4.21　VLAN 的帧格式

```
config                          //从特权模式进入全局模式
vlan 8 smart                    //新建 VLAN,值为 8,类型为 SMART
interface vlanif 2              //进入 VLAN8 接口配置模式
ip address 129.9.1.5 24         //给 VLAN8 接口配置 IP 地址
quit                            //退出 VLAN 配置模式
multi-service-port vlan 8 adsl 0/0 0 vpi 0 vci 35 rx-cttr 1 tx-cttr 1
//使 VLAN8 包含 0 号 ADSL 端口(填需要接入的设备号码,可填写多个)
interface adsl 0/0              //进入 ADSL 接口配置模式
deactivate  0                   //去激活 ADSL 的 0 号端口(填需要接入的设备号码)
activate 0 profile-index 1002
//用系统自带的 1002 号速率模板激活 ADSL 的 0 号(填需要接入的设备号码)端口
quit                            //退出 ADSL 接口配置模式
```

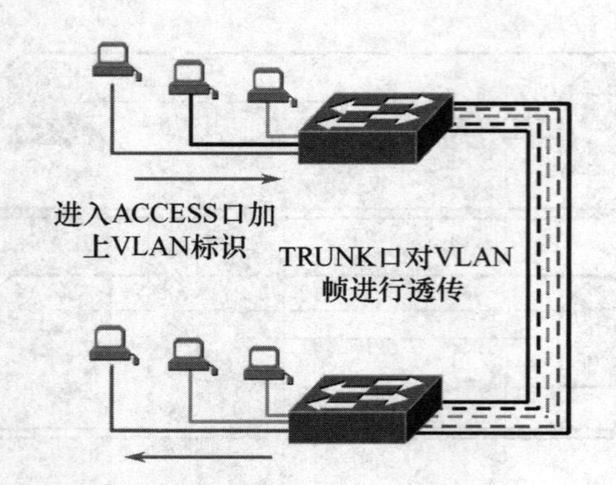

图 4.22 Access 端口和 Trunk 端口的工作方式

本章小结

本章首先介绍了通信协议的概念和 OSI 分层模型；然后介绍了数据业务特点，以及早期的数据网络 X.25、DDN、ISDN、帧中继和 ATM。内容虽多，但在 IP 的大趋势下，本章对这些数据网的技术实现未做太多赘述，而是侧重于这些技术在当年的应用情况，以及对现在的影响；本章的后半部分，以以太网为主，介绍了计算机局域网技术，包括 MAC 地址、高速局域网和 VLAN 技术。

拓展阅读

习　题

1. 简要说明协议的三要素。
2. 请简要叙述服务与协议之间的区别。
3. 为什么要采用分层的方法解决计算机的通信问题?
4. 请简要说明 OSI 分为几层。
5. 请描述一下通信的两台主机之间通过 OSI 模型进行数据传输的过程。
6. “各层协议之间存在着某种物理连接，因此可以进行直接通信。”这句话对吗?
7. 分组交换网的基本结构包括几部分?
8. 简述局域网的设计目标。
9. 简述以太网的含义、分类和特点。

第 4 章在线答题

第5章 网络互联与 Internet

学习目标

了解计算机网络的概念、结构和接入方式
掌握 IPv4 和 IPv6 的地址设置以及 TCP 和 UDP 协议的特点
理解 TCP/IP 协议簇中的一些常见协议
掌握各层常见的网际互联设备
了解应用层的一些常见协议
了解互联网的安全保障技术

本章知识结构

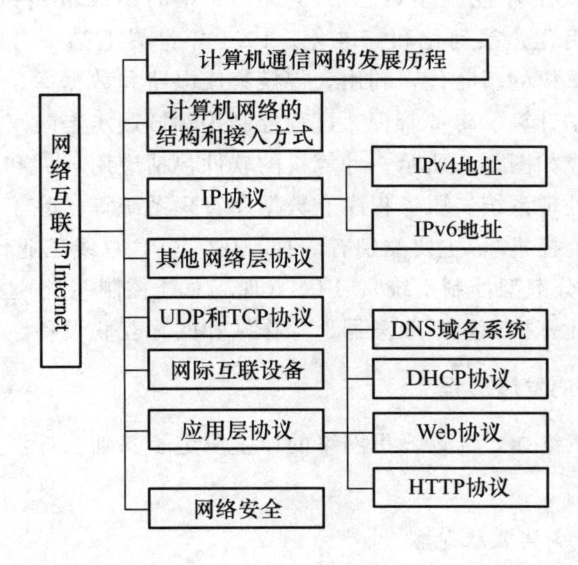

导入案例

图 5.1　四位并称为“因特网之父”的杰出人物

谁是因特网之父

1999 年，Internet 30 年诞辰纪念盛典时，会议组织者一并请来四位都曾被媒体称作“因特网之父”的杰出人物，这一珍贵的镜头，永远定格在互联网络的史册中。图 5.1 中左起分别为：劳伦斯·罗伯茨（Lawrence Robers）、罗伯特·泰勒（Robert Kahn）、伦纳德·克兰罗克（Leonard Kleinrock）和温顿·瑟夫（Vinton Cerf）。

在具备了数据网络的相关知识之后，本章将介绍当下最为热门的一种通信应用——计算机网络。请同学们在学习的过程中，时刻对比计算机网络和电话网络之间的差异，并思考是什么导致二者走上了不同的发展模式。

5.1　计算机通信网概述

计算机（computer）俗称“电脑”。1944 年，冯·诺依曼提出了计算机的基本结构和工作方式，1946 美国军方在宾夕法尼亚大学定制了世上第一台电子计算机 ENIAC。1946—1958 年的电子管数字机体积大、速度慢。1958—1964 年的晶体管数字机，出现了操作系统、高级语言，并进入工业控制领域。1964—1970 年的集成电路数字机，能完成文字、图像处理，走向了通用化、系列化和标准化。1971 年世界上第一台微处理器在美国硅谷诞生，开创了微型计算机的新时代，利用大规模集成电路和数据库、网络管理和面向对象语言等，计算机从科学计算、事务管理、过程控制等领域逐步走向家庭。

计算机的硬件组成如图 5.2 所示。计算机的软件包括应用软件和系统软件。系统软件包括操作系统、语言处理系统、服务程序、数据库管理系统等。除了个人计算机，还有工业控制计算机（简称工控机），主要类别有 5 种：IPC（PC 总线工业计算机）、PLC（可编程控制系统）、DCS（分散型控制系统）、FCS（现场总线控制系统）及 CNC（数控系统）。还有用于网络的网络计算机，包括服务器、工作站和网际互联设备。

5.1.1　计算机通信网的发展历程

为数众多的计算机终端，为计算机网络的产生奠定了基础。计算机网络的发展经历了 4 个阶段。

1. 第一代：远程终端联机阶段

20 世纪 60 年代初，多重线路控制器（Multilane Controller，又称为面向终端的计算

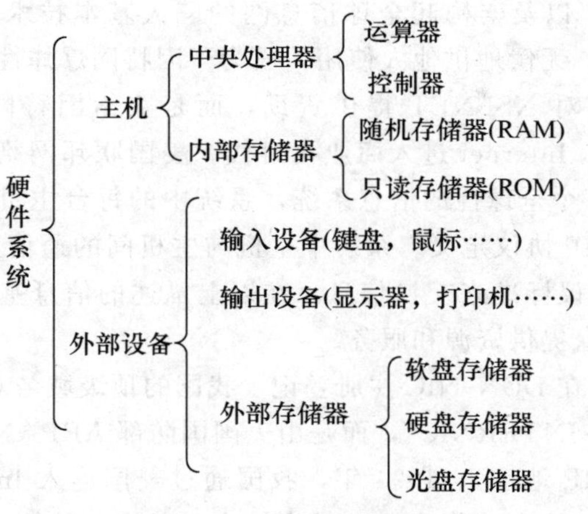

图 5.2　计算机的硬件组成

机网）诞生，它是用一台中心计算机来为所有用户服务的模式。后来又出现了前端处理机，分工完成全部的通信任务，而让主机专门进行数据处理，提高了主机的效率。

2. 第二代：计算机网络阶段

1961 年，伦纳德·克兰罗克（Leonard Kleinrock）在其博士论文中最早用排队论证明了分组交换网络的优越性。1969 年美国国防部高级研究计划署（Advanced Research Project Agency，ARPA）因军事目的，实验成功了第一个分组交换网。当时仅有 50Kbit/s，互联了分布在加州大学洛杉矶分校、斯坦福大学等 4 个高校的节点。20 世纪 70 年代末，ARPA 开始了一个称为 Internet 的研究计划，其研究成果就是 TCP/IP。1983 年被作为因特网的诞生时间，TCP/IP 成为 ARPANET 的标准协议。所有使用 TCP/IP 的计算机都能利用互联网相互通信，且 TCP/IP 所有的技术和规范都是公开的，任何公司都可以利用它来开发兼容的产品。1990 年，ARPA 退役，“国家科学基金网”（NSFNET）和“高级网络服务网”（ANSNET，是 IBM、MCI 和 MERIT 三家公司联合成立的）先后成为美国的 Internet 主干网。

3. 第三代：互联网阶段

1974 年，斯坦福大学的两位研究员温顿·瑟夫（Vinton Cerf）和罗伯特·康恩（Robert Kahn）发表了互联网络的“四项基本原则”。

（1）小型化、自治。各种网络可以自行运行，当需要互联时不必在其内部再进行修改。

（2）尽力而为的服务。互联网络提供尽力而为的服务，如果需要可靠的通信，则由发送端通过重传丢失的报文来实现。

（3）无状态路由器。互联网络中的路由器不保存任何现行连接中已经发送过的信息流状态。

（4）分散化的控制结构。在互联网络中不存在全局性的控制机制。

1989 年，蒂姆·本尼斯李（Tim Berners-Lee）在欧洲粒子物理实验室主持研制出万维网（WWW）的原型，以及架构起全球信息网的三大基本技术——http、html、URL，并将全部技术公之于世，无偿地供他人使用，成为了因特网爆炸性发展的导火索。

1995年，NSF不再对NSFNET提供资助，而是交给因特网服务提供者（Internet Service Provider，ISP），Internet进入商业化时代。美国联邦网络委员会为Internet下了如下定义：Internet是一个全球性的信息系统，系统中的每台主机都有一个全球唯一的主机地址，地址格式通过IP协议定义。系统中主机与主机间的通信遵守TCP/IP协议标准，或是其他与IP兼容的协议标准来交换信息。在以上描述的信息基础设施上，利用公网或专网的形式，向社会大众提供资源和服务。

我国于1990年正式在DDN-NIC注册登记了我国的顶级域名CN（当时尚未正式成立“国际互联网络信息中心INTERNIC”，而是由美国国防部ARPANET网络中心DDN-NIC负责分配全球的域名和IP地址）。1994年，我国通过美国连入Internet的64K国际专线开通，实现了与Internet的全功能连接，成为接入Internet的第71个国家。同年，中国科学院计算机网络信息中心完成了CN服务器的设置，结束了CN服务器一直放在国外的历史；还设立了国内第一个WEB服务器，推出中国第一套网页。1995年，中国电信在京沪两地开通了64K接入美国的专线，并通过电话网、DDN专线及X.25网等方式，开始向社会提供Internet接入服务。1996年中国公用计算机互联网（CHINANET）全国骨干网开通，全国范围的公用计算机互联网络开始提供服务。

中国互联网

4. 第四代：国际互联网与信息高速公路阶段

20世纪80年代起至今，高速网络技术开始改变人们对网络的使用习惯。

5. “互联网＋”时代

“互联网＋”是指传统产业互联网条件下的“在线化”和“数据化”。“在线化”是指商品、人和交易行为转移到网上的行为。“数据化”是指这些行为变成流动的数据，并且可用来做分享并利用。“互联网＋”行动计划将重点促进云计算、物联网、大数据为代表的新一代信息技术与现代制造业、生产性服务业等的融合创新，充分发挥互联网在生产要素配置中的优化和集成作用，将互联网的创新成果深度融合于经济社会各领域之中，提升实体经济的创新力和生产力，形成更广泛的以互联网为基础设施和实现工具的经济发展新形态。

5.1.2 计算机网络的结构和接入方式

计算机网络按逻辑功能可分为以下两级子网结构（图5.3）。

（1）资源子网＝终端＋软件＋数据库，是所有端节点，包括它们所有的设备，以及连接这些节点的链路的集合体。

（2）通信子网，实现传输、转接、加工、变换等功能。

1. TCP/IP结构

计算机网络使用的是TCP/IP体系结构。它是一个协议族，TCP和IP是其中两个最重要的且必不可少的协议，故用它们作为代表命名。TCP/IP结构被形容为“两头大中间小的沙漏计时器”。因为其顶层和底层都要许多各式各样的协议，IP 位于所有通信的中心，是唯一被所有应用程序所共有的协议。

TCP/IP 体系结构比 OSI 模型更简便、更流行，是一个被广泛采用的互联协议标准，它与 OSI 的对应关系如图 5.4 所示。

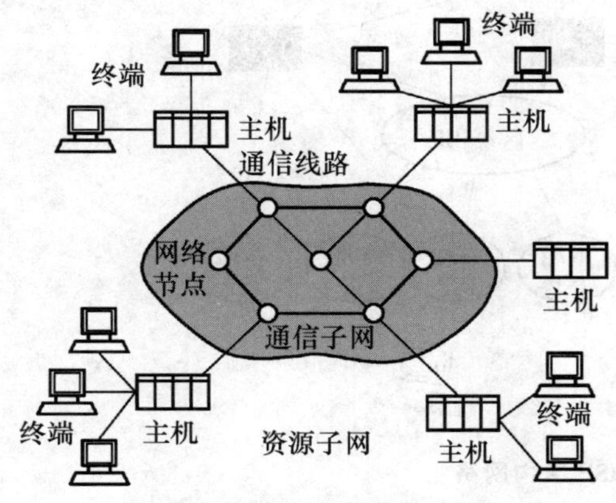

图 5.3　资源子网和通信子网

OSI参考模型		TCP/IP参考模型	
7	应用层	4	应用层
6	表示层		
5	会话层		
4	传输层	3	传输层
3	网络层	2	互连层
2	数据链路层	1	网络接口层
1	物理层		

图 5.4　TCP/IP 体系结构与 OSI 的对应关系

2. 计算机网络的接入方式

家庭用户或单位用户要接入互联网，可通过拨号上网、ADSL、光纤宽带、无线接入等各种方式连接到 ISP，由 ISP 提供互联网的入网连接和信息服务，完成用户与 IP 广域网的高带宽、高速度连接。

ISP（Internet Service Provider）是互联网服务提供商，是经国家主管部门批准的正式运营企业。ISP 的类型可以粗略分为三个层次的 ISP。

英国电信在中国获得 ISP 全国性牌照

第一层：骨干 ISP。网络覆盖全国/提供国际接入，例如中国电信、AT&T、Sprint、NTT 等。

第二层：区域 ISP。连接 1 个或多个第一层 ISP，也可能与其他第二层 ISP 直接互联。

第三层：本地 ISP。这是最后一跳网络（接入网），是高层 ISP 的客户。

除了各级 ISP 之外，还有互联网交换点（Internet exchange point，IXP，有时也简写成 IX）协助解决网络路由问题。IXP 负责不同网络之间互相通信的交换点，采用 Ethernet 等方式组建可管理的两层网络，提供 ISP 之间的点对点对等直连。

IXP 最早在欧洲兴起，欧洲由于国家小而分散，因此 IXP 比较多。位于阿姆斯特丹的 AMS-IX 是全球最大的 IXP 交换中心之一，而位于德国法兰克福的 DECIX、伦敦的 LINX、美国的 Phoenix-IX 都是吞吐量极大的活跃 IXP。由环球互联与数据中心提供商 Equinix 公司运营的 EQIX，在美国各大城市及新加坡等地均有设点。亚洲区域最主要的 IXP 是日本的 IPIX、新加坡的 SOX。我国主流电信运营商之间以直连为主，腾讯、阿里、百度等公司通过采用边界网关协议 BGP 协议与运营商实现网络互联。国内知名的第三方 IXP 有位于上海驰联公司的 We IX、中国互联网服务商联盟 CNISP、蓝汛公司的CHN-IX。

多层次 ISP 结构网络如图 5.5 所示。

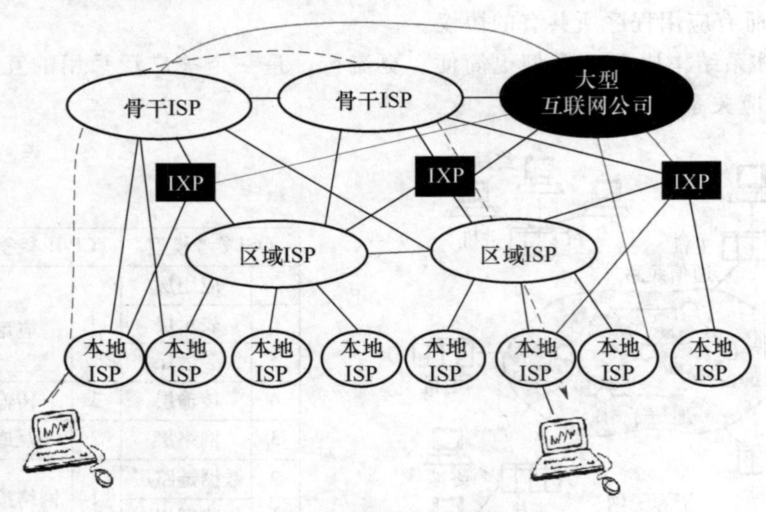

图 5.5 多层次 ISP 结构网络

5.2 IP 协 议

互联网网际协议（Internet Protocol，IP）是网络层的主要协议，其主要功能是无连接数据报传输、路由选择和差错控制。IP 数据包（IP Datagram）由首部和数据两部分组成。首部的前一部分是固定长度，共 20 字节，是所有 IP 数据包必须具有的。在首部的固定部分的后面，是一些可选字段，长度是可变的。IP 数据包的格式如图 5.6(a) 所示。通过拦截查看网络数据包内容（通过 Wireshark 等工具进行抓包 Packet Capture），可以看到一个实际的 IP 数据包发送过程，如图 5.6(b) 所示。IP 数据包每个字段的具体含义如下。

(1) 版本号 Version。占 4bit，本小节只讨论 IPV4 的情况，此处即 $(0100)_2$。

(2) 首部长度 HLen。占 4bit，记录的是 IP 数据包头部的长度，而非总长度，单位为 4 字节。因此，如果 IP 分组的首部长度不是 4 字节的整数倍时，就必须用后面的“选项部分 Options”加以填充，确保是 4 字节的整数倍。HLen 最小的取值是 $(0101)_2$，即十进制的 5，表示该分组的首部长度为 5 * 4＝20（字节）。HLen 的最大取值为 $(1111)_2$，即十进制的 15，所以首部长度的上限是 15 * 4＝60（字节）。虽然有时可能不够用，但可以尽量减少开销。

(3) 服务类型 TOS。又名区分服务（Differentiated Services，DS），占 8bit。只有在使用区分服务时，这个字段才起作用，用来获得更好的服务。可以指示最小延迟、最大吞吐量、最高可靠性、最低成本等属性。

(4) 总长度 Total Length：占 16bit，是首部和数据之和的总长度，单位为字节。因此数据包的最大长度为 $2^{16}-1=65535$（字节）。

(5) 标识 Identification：占 16bit，是 IP 存储器中计数器的数值。每产生一个数据包，该数值就加 1。这个“标识”并不是序号，因为 IP 是无连接服务，数据包不存在按序接收

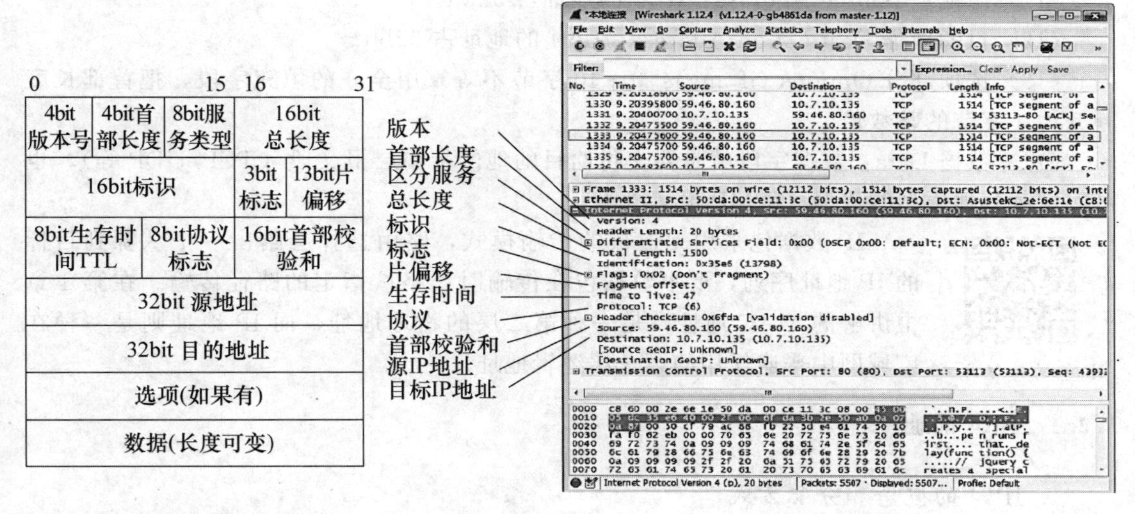

（a）IP数据包首部的格式　　　　（b）抓包查看

图 5.6　IP 数据包首部的格式和抓包查看

的问题。但是，在 IP 层下面的每一种数据链路层都有自己的帧格式，其中数据字段的最大长度称为最大传送单元（Maximum Transfer Unit，MTU）。封装成帧时，此三层数据包的总长度不能超过二层 MTU 的值。若超过，就必须分片，此时这个标识字段的值就被复制到所有的数据包中。接收端重装时，具有相同标识字段的各个数据包片段，就能正确地重装成原来的数据包。

（6）标志 Flag：占 3bit。标志字段中间的一位记为 DF（Don't Fragment，即“不能分片”）。只有当 DF=0 时才允许分片。最低位记为 MF（More Fragment）。MF=1 即表示后面“还有分片”的数据包。MF=0 表示这已是若干数据包片中的最后一个。

（7）片偏移 Offset：占 13bit。当长分组需要分片时，片偏移记录了每一片在原分组中的位置，单位为 8 字节。因此，除了末分片，前面其他分片的长度必须是 8 字节的整数倍。

（8）生存时间 TTL（Time To Live）：占 8bit，即最大数值是 $2^8-1=255$。TTL 记录了剩余跳数，即该数据包在网络中最多还可经过几个路由器。由发出数据包的源点设置这个字段，每经过一个路由器，在转发数据包之前就把 TTL 值减 1，直至减少到 0，就丢弃这个数据包，不再转发。若把 TTL 的初始值设为 1，就表示这个数据包只能在本局域网中传送。这样就避免了无法交付的数据包无限制地在因特网中兜圈子。

（9）协议字段 Protocol：占 8bit，指出此数据包携带的数据使用的是何种协议，以便使目的主机的 IP 层知道应将数据部分上交给哪个处理进程。例如，取值 1 表示是 ICMP 协议，IGMP 的代码是 2、TCP 的代码是 6、UDP 的代码是 17。

（10）首部检验 Checksum：占 16bit。采用“互联网检验和”算法，只检验数据包的首部，不检验数据部分。这是因为数据包每经过一个路由器，路由器都要重新计算一下首部检验和一些字段（如生存时间、标志、片偏移等都可能发生变化）。不检验数据部分可减少计算的工作量。

(11) 源地址 Source Address：IPv4 的地址占 32bit。

(12) 目的地址 Destination Address：IPv4 的地址占 32bit。

(13) 选项部分 Options (if any)：0～40 字节不等。用全 0 的填充字段，把首部长度补齐为 4 字节的整数倍。

(14) 数据 Data：数据字段就是要交付给目的地的传输层报文段（TCP/UDP 等），也可以承载其他类型的数据（ICMP 报文段等）。

IP 包的传送方式

IP 数据包采用无连接的传输模式，路由选择会给出一个从源到目标的 IP 地址序列，要求数据包在传输时严格按指定的路径传输。在第 4 章中讲解的 MAC 地址，是一种第二层的物理地址，而 IP 地址则是一种在广域网中普遍使用的第三层逻辑地址。

5.2.1 IPv4 地址

1. IPv4 的概念和分配方式

IP 地址是 IP 协议提供的一种地址格式，它为 Internet 上的每一个网络和每一台主机分配一个网络地址，以此来屏蔽物理地址的差异。打个比方：IP 地址就像房屋上的门牌号，就像电话网络里的电话号码。它是运行 TCP/IP 协议的唯一标识，网络中的每一个接口都需要有一个 IP 地址。若一台主机安装了两块网卡、每个网卡连接一个不同的网络，则这两个网卡须各自拥有一个 IP 地址，称为“双宿主设备”。

IP 地址先后出现过多个版本，但多只存在于实验与测试论证阶段，得到实际使用的只有 IPv4 和 IPv6。其中，IPv4 地址是由 32 位二进制数表示的。为了方便记忆，采用“点分十进制”的书写方式：即把 32 位二进制数用小数点隔成 4 段，每段 8bit，再转换成十进制书写出来。

例如，“中国教育科研网”的网址是 1100 1010.1111 1111.0.0010 0100，记为 202.255.0.36。

IPv4 协议制从 1983 年开始部署，最初由全球互联网数字分配机构（Internet Assigned Numbers Authority，IANA）按“先申请、先分配”的方式，负责管理与分配全球的 IPv4 地址资源。后来 IANA 不再直接对用户发放 IPv4 地址，而是仅负责把 IP 地址分配到全球 5 个地区的 RIR（互联网络信息中心，其中亚太区的 RIR 是 APNIC）。RIR 再向地方注册机构、国家互联网注册机构以及 ISP 分配地址。而最终用户可以从 ISP 处获得 IP 地址。

IP 地址的分类和表示有 3 种形式：分类的 IP 地址、划分子网、无分类编址 CIDR。

2. 分类的 IP 地址

传统的 IP 地址是分类的地址，分为 A、B、C、D、E 五类，由网络号和主机号两部分组成。

(1) 网络标识。同一个物理网络上的所有主机都用同一个网络标识。

(2) 主机标识。网络上的每个主机（包括工作站、服务器、路由器等），都有一个主机标识与其对应。

网络号和主机号的总和始终为 32bit，按两者各自所占不同的比例和不同的用途，划分出 A～E 五种地址类型，由 IP 地址的第 1 个 8 位组的值来确定。若不分类，从理论上

讲，IPv4 可编址 1600 万（≈2^{24}）个网络、40 亿台主机；但采用了 A、B、C 等分类编址的方式后，可用的主机地址数目只有 24.9 亿个了。A～E 类网络的分配情况如表 5.1 所示。

表 5.1 中，不仅 D、E 类地址不分配给日常使用，而且即使在 A、B、C 类地址中，也并不是所有的 IP 地址都能分配给网络中的设备。有以下一些地址不能分配。

(1) 网络地址/全 0 地址：主机号全为 0 的 IP 地址用来指该网络本身。如图 5.7 所示，从局域网外部看，任何发往上部图框中的主机的数据，目的网络都是 198.150.11.0。只有数据到达该局域网之后，才进行主机位的匹配。

(2) 广播地址/全 1 地址：主机号全为 1 的地址保留作为广播地址，表示将向网络中的所有设备发送该数据。在图 5.7 中，假设传来一个目的地址为 198.150.11.255 的数据包，则意味着该网络中的每台主机（198.150.11.1～198.150.11.254）都会读取该数据。

表 5.1　分类的 IP 地址

类型	二进制首位	二进制表示下的范围	十进制表示下的范围	网络标识：主机标识	网络个数	网内容量	用途
A	0	0000 0000.0.0.1～ 0111 1111.1111 1111. 1111 1111.1111 1110	0.0.0.1～ 126.255.255.254	1∶3	2^7-2 $=126$	$2^{8+8+8}-2$ $=16777214$	超大型网络
B	10	1000 0000.0.0.1～ 1011 1111.1111 1111. 1111 1111.1111 1110	128.0.0.1～ 191.255.254	2∶2	$2^{8+6}-1$ $=16383$	$2^{8+8}-2$ $=65534$	中型网络
C	110	1100 0000.0.0.1～ 1101 1111.1111 1111. 1111 1111.1111 1110	192.0.0.1～ 223.255.255.254	3∶1	$2^{8+8+5}-2$ $=2097150$	2^8-2 $=254$	小型网络
D	1110	1110 0000.0.0.1～ 1110 1111.1111 1111. 1111 1111.1111 1110	224.0.0.1～ 239.255.255.254	不分网络地址和主机地址			多点播送
E	1111	1111 0000.0.0.1～ 1111 1111.1111 1111. 1111 1111.1111 1110	240.0.0.1～ 255.255.255.254	不分网络地址和主机地址			保留给将来的搜索、实验和开发

(3) 循环测试：127.0.0.0～127.255.255.255 是用作循环（loopback，又称环回）测试用的保留地址。这个号段永远不会出现在任何网络上，因为这不是一个网络地址，而是用来测试 TCP/IP 以及本机进程间的通信。当任何程序使用环回地址作为目的地址时，计算机上的协议软件直接处理数据，而不会把通信量发送到任何网络。其中，127.0.0.1 指本机地址，意味着该信息将通过自身的接口发送后返回，可用来测试端口状态。

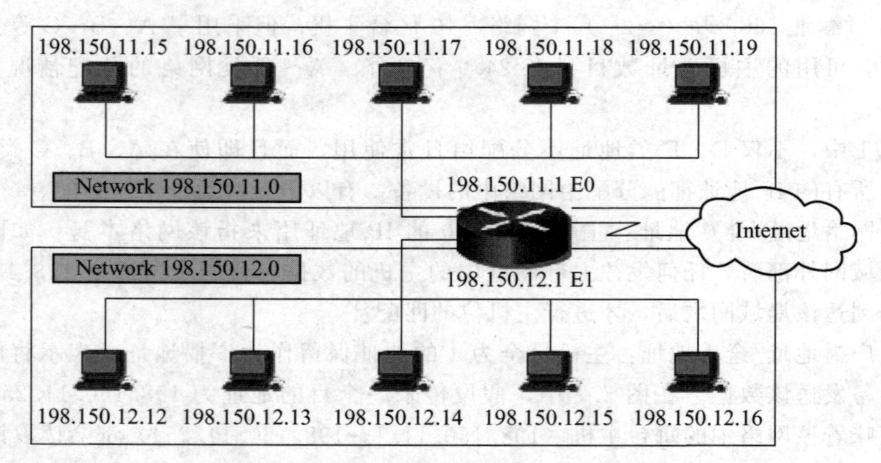

图 5.7　某网络的 IP 地址

(4) 其他保留地址：0.0.0.0～0.255.255.255 是用作表示所有的 IP 地址的保留地址，169.254.0.0～169.254.255.255 是用作自动获取 IP 地址失败时的保留地址。如果某人将计算机设置为 DHCP 模式（将在 5.6 节介绍该协议），而又没找到可用的 DHCP 服务器，就将分配一个以 169.254 开头的临时 IP 地址。

(5) 私有地址：如果一个 LAN 是一个不连接到 Internet 上的内部网，那么它可以任意使用有效地址。否则，就需要用到专用的私有地址。IPv4 协议拨出了 3 块地址空间作为私有地址，如表 5.2 所示。私有地址也不能直接用于 Internet，路由器收到的若是私有地址的分组，会将其丢弃。需要在专用网的出口路由器或防火墙上增加网络地址转换（Network Address Translator，NAT）功能，按地址转换表，将专用网络地址（如企业内部网 Intranet）转换为公用地址（如互联网 Internet）。NAT 路由器还需查看和转换传输层的端口，其操作没有严格的层次关系。例如，某学校的教务系统地址为 192.168.200.200，在校园网以外的地方是无法登录的；在校园网内时，需断开连接到外网的“宽带连接”，但保持连接局域网的“本地连接”才能登录。通过 NAT，内网中的大量私有地址，在访问互联网时可以共享公共的对外 IP 地址。这就大大地拓展了 IPv4 的使用效率。

表 5.2　私有地址

类　别	地址段	网络数
A	10.0.0.0～10.255.255.255	1
B	172.16.0.0～172.31.255.255	16
C	192.168.0.0～192.168.255.255	256

3. 划分子网

互联网是一个有层次的结构，由各式各样的网络构成，各个主网之下，又有可能划分成多个子网，每个子网上都有许多主机。因此，IP 地址除了按 A/B/C 类不同的类型划分出不同位数的主网络号以外，还需要标明该主机属于该主网下的哪个子网络。各单位的主

网号是无权自行设定的，需通过申请分配得到，但子网的划分则可由各单位部门自行设定。在同一子网内的主机之间，可以直接通信；而不同子网之间，则有可能需要使用路由器或网关等网际互联设备才能实现互联。正如一个单位无权决定自己在所属城市的街道名称和门牌号，但可以自主决定本单位内部的各个办公室编号一样。

这种子网设定，就需要用到子网掩码（Subnet Mask，又名网络掩码、地址掩码、子网络遮罩）。RFC 950 文件对 IP 地址的子网掩码分配策略进行了定义。利用子网掩码可以把大的网络划分成子网。

扩展阅读

因特网标准草案（Request for Comments，RFC）是由 IETF 发布的请求注解，享有“网络知识圣经”之美誉。各专业机构在提出或开发了某个标准之后，就在互联网上公开一份 RFC，经过大量的论证和修改，最终由标准化组织定夺是否采用。例如，RFC791 定义了 IP 协议，RFC793 定义了 TCP，RFC2616 定义了 HTTP 1.1，RFC2460 定义了 IPv6。中国内陆第一个被认可为 RFC 文件的是 1996 年清华大学提交的“适应不同国家和地区中文编码的汉字统一传输标准 RFC1922”。

子网掩码的格式和 IP 地址一样（见图 5.8），用 32bit 的“点分十进制”来表示。但其特殊之处在于，子网掩码由一连串的 1 加上一连串的 0 组成。子网掩码不能单独存在，必须结合 IP 地址一起使用，它有以下两个含义。

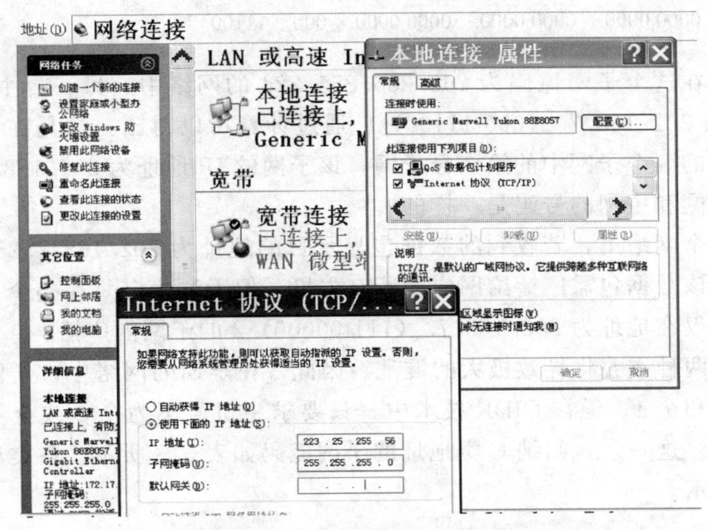

图 5.8　在 windows 系统上设置 IP 地址和子网掩码

（1）IP 地址中，对应子网掩码中“全 1”的位置，即网络标识部分，包括主网和子网两个号码。在寻址时，通过子网掩码对 IP 地址进行“与（AND）”运算，即“全 1 得 1，不全 1 得 0”，就可得到网络标识部分。

（2）IP 地址中，对应子网掩码中“全 0”的位置，即某子网内，主机的号码。

在寻址时，先将子网掩码取反，再将其和IP地址进行“与”运算，即可得到该子网中的主机地址。

例如，某网络的子网掩码为255.255.255.224，其中某台主机的IP地址为202.168.7.156。则由子网掩码中前27bit为“1”可得：该主机所属的网络号总共有27bit。将IP地址与子网掩码进行“与”运算可得子网地址为202.168.7.128。

	1100 1010. 1010 1000. 0000 0111. 100	11100	(即IP地址 202.168.7.156)
∧	1111 1111. 1111 1111. 1111 1111. 111	00000	(即子网掩码 255.255.255.224)
	1100 1010. 0101 0000. 0000 0111. 100	00000	(即子网号码 202.168.7.128)

同时，从该IP地址是一个C类地址可以得出：前24bit是主网络号，即202.168.7.0。

由此可见，27bit的网络号中，最后的3bit为子网号，则该主网最多可以划分 $2^3=8$ 个子网。该主机属于其中的第 $(100)_2$ 号即第 $(4)_{10}$ 号子网。

再由子网掩码中后5个bit为“0”可得：该子网内的主机号总共有5bit，即该子网中最多可有 $2^5-2=30$ 个主机终端。

若将子网掩码取反，再将其和IP地址进行“与”运算，即可得到该子网中的主机地址为11100，这是该子网中的第28号主机。

	1100 1010.	1010 1000.	0000 0111.	100	11100	(即 202.168.7.156)
∧	0000 0000.	0000 0000.	0000 0000.	000	11111	(子网掩码取反)
	0000 0000.	0000 0000.	0000 0000.	000	11100	

又如，还是在这个子网掩码为255.255.255.224的网络中，另一台主机的IP地址为202.168.7.28及202.168.7.$(000\ 11100)_2$。通过计算可以得出：这是在202.168.7.0号主网下，划分成的8个子网中的第0号子网，该子网的IP地址为202.168.7.0。细心的同学会发现：该子网和主网的号码是一样的。

同时，在这个网络里，若收到的数据包显示目的地址为202.168.7.255，则只能得出末尾的全1表示该数据包需广播给网内的所有主机。但无法确定是在整个202.168.7.0主网内广播，还是仅在地址为202.168.7.（111 00000）2的子网内广播。

以前，以上两种重叠将导致极大的混乱。因此，在早期的网络中，子网号和主机号都不允许使用全0和全1。但在CIDR技术中，只要求主机号不为全0或全1即可，而对子网号不再做要求。这一来，归纳C类地址的子网掩码如表5.3所示。各类地址的默认子网掩码如表5.4所示。

表5.3 C类地址的子网掩码

二进制形式	十进制形式	子网数	用户数
1111 1111.1111 1111.1111 1111.1111 1110	255.255.255.254	不存在	/
1111 1111.1111 1111.1111 1111.1111 1100	255.255.255.252	64	2
1111 1111.1111 1111.1111 1111.1111 1000	255.255.255.248	32	6

续表

二进制形式	十进制形式	子网数	用户数
1111 1111. 1111 1111. 1111 1111. 1111 1000	255. 255. 255. 240	16	14
1111 1111. 1111 1111. 1111 1111. 1111 0000	255. 255. 255. 224	8	30
1111 1111. 1111 1111. 1111 1111. 1100 0000	255. 255. 255. 192	4	62
1111 1111. 1111 1111. 1111 1111. 1000 0000	255. 255. 255. 128	2	126
1111 1111. 1111 1111. 1111 1111. 0000 0000	255. 255. 255. 0	不划分	254

表 5.4　默认子网掩码

A类地址	255. 0. 0. 0
B类地址	255. 255. 0. 0
C类地址	255. 255. 255. 0

4. CIDR 技术

传统的 ABC 类地址分类法带来了如下一些问题。

(1) C 类网络，容量太小，不受用户青睐；B 类地址，大小合适，却又不够用；A 类地址，太大，一般的用户不需要，而且 A 类地址的数目更少。

(2) 浪费太大。小规模独立网络，即使使用 C 类地址也有过多的闲置地址。

(3) 子网的划分方式，只能拆分网络，而不能合并网络。

(4) 主干网上的路由表中的项目数急剧增长。主干网路由器必须跟踪每一个 ABC 类网络，有时建立的路由表长达 1 万个条目。若照此下去，很快就会达到路由表的极限（路由表理论上最多不能超过 6 万条）。

解决上述问题的方法就是构造超网——无类型域间选路（ClasslessInter-DomainRouting，CIDR）。CIDR 使用了网络前缀法和路由聚合技术。

① 网络前缀法：CIDR 取消了 IP 地址的分类结构，改用网络前缀法（又名斜线记法）。它的书写格式是“IP 地址/前缀”。前缀表示的就是：该地址中，前面有多少 bit 是网络地址位。前缀数值范围在 13～27。

② 路由聚合：只要地址是连续的（即拥有相同的高位、网络地址数目是 2n），路由器就可以把多个传统的网络聚合到 1 个 CIDR 网络地址块中，生成一个更大的网络（Super netting，超网），即“路由聚合”。超网中的主机数量少则 32 个，多则可达 50 万个以上。而这一来，地址块就可以成群地分配了。

原来的 A 类地址，可以很方便地表示成前缀为“/8”，B 类地址就相当于成“/16”，C 类地址相当于“/24”。例如：某单位有 1000 台主机，在传统的 ABC 类地址的分配方式下，申请 B 类地址会产生很大的浪费，所以通常会选择申请 4 个 C 类地址段。这一来，路由器就需要为 4 个 C 类网络广播地址，这就增大了路由表条目。

假设这 4 个 C 类地址为 210. 31. 224. 0～210. 31. 22. 0，则：

第一个C类：210.31.224.0/24即：　1101 0010. 0001 1111. 1110 0000. 0000 0000
第二个C类：210.31.225.0/24即：　1101 0010. 0001 1111. 1110 0001. 0000 0000
第三个C类：210.31.226.0/24即：　1101 0010. 0001 1111. 1110 0010. 0000 0000
第四个C类：210.31.227.0/24即：　1101 0010. 0001 1111. 1110 0011. 0000 0000

由于它们是连续的，通过 CIDR 路由聚合后，合并为前缀为“/22”（相当于掩码为 255. 255. 252. 0）的一个地址段。路由器只要广播带有“/22”的网络前缀的地址即可，这就大大缩减了路由表大小。

典型试题分析

1. 假设有一组 C 类地址为 192. 168. 8. 0～192. 168. 15. 0，如果用 CIDR 将这组地址聚合为一个网络，其网络地址和子网掩码应该为（　　）。

A. 192. 168. 8. 0/21　　B. 192. 168. 8. 0/20
C. 192. 168. 8. 0/24　　D. 192. 168. 8. 15/24

解析：为方便起见，我们可以只把点分十进制中有所变化的那一的段换算成二进制：把已知条件中的 192. 168. 8. 0 记为 192. 168. $(0000\ 1000)_2$. 0，把 192. 168. 15. 0 记为 192. 168. $(0000\ 1111)_2$. 0。

由此可见，这一批地址的前 21 个 bit 都是相同的，第 22～24 个 bit 可以从 000～111 连续取值完所有数值。因此，可以路由聚合为 192. 168. 8. 0/21，选 A。

2. 某校园网的地址是 202. 100. 192. 0/18，要把该网络分成 30 个子网，则子网掩码应该是（　　），每个子网可分配的主机地址数是（　　）。

A. 255. 255. 200. 0……32　　B. 255. 255. 224. 0……64
C. 255. 255. 254. 0……510　　D. 255. 255. 255. 0……512

解析：C

(1) 30 个子网需要至少 5bit 子网号。

(2) 由于是 CIDR 前缀法，本题无须辨别首位 202 是否属于 C 类地址，只需根据“/18”即可判断出前 18bit 为主网号。

(3) 子网掩码中的“1”表示所有的网络号，包括主网号和子网号。所以共有 18＋5＝23 (bit) 网络号。即 1111 1111. 1111 1111. 1111 1110. 0000 0000，转换为十进制为 255. 255. 254. 0。

(4) 剩下的 32－23＝9 (bit) 为主机号。原本可有 $2^9=512$ 种取值方式，但其中“全 0”和“全 1”两种情况不允许分配给主机，因而主机数只有 512－2＝510 个。

5. 2. 2　IPv6 地址

1. IPv6 的优势

当 IPv4 诞生时（1983 年），接入互联网的计算机还不到 10 万台，谁也想不到 30 年后会以数十亿计。因此在 IPv4 地址的容量编排上并没有预留足够的空间。2010 年之前，世界上每天都有近 200 万个 IPv4 地址被申请走。终于，在 2011 年，IANA 举行了一场特别

的新闻发布会，宣布IPv4地址池中仅剩下最后5个A级的网络地址块，将不再按申请顺序，而是被平均分配到全球5个地区的地区互联网注册中心（Regional Internet Registry，RIR）。这标志着43亿个地址已经全部分配给RIR，人均拥有IPv4地址数量仅为一半多一点。2011年，APNIC（亚太互联网络信息中心）在全球5个RIR中率先宣布其拥有的IPv4资源已分配告罄。全世界互联网都急需从IPv4向IPv6大转型。

IPv6协议制定于1995年，1999年各RIR开始分配IPv6地址。2011年6月8日，ISOC组织赞助了首次全球级别的IPv6测试，Google、Facebook等多家知名机构参与并大获成功，被取名为“World IPv6 Day”。2013年，随着中国三大电信运营商的IPv4地址数即将正式告罄，IPv4向IPv6转变已再无退路。2019年发布的《中国IPv6发展状况》白皮书中显示：全球IPv6用户数6亿多户，占互联网用户的15%，其中3亿户为印度用户。我国已申请IPv4地址超3.8亿个，IPv6地址5万多块（/32），IPv6活跃用户数1.3亿户，与全球平均水平相近。预计未来五年，全球IPv6用户占比将达到70%以上。

从IPv4到IPv6，不仅仅是网络技术的巨变，还将带来网络生态的质变。未来十年中，各种各样物联网的智能终端（如智能家电、手机、PDA、传感器、网络摄像头及RFID标签等），不仅将对IP地址资源产生巨大的需求，也将对IP服务性能提出更高的要求。这些只能由IPv6来满足和实现。与传统的IPv4相比，下一代网络技术IPv6拥有以下6个方面的优势。

（1）充足的地址空间。

（2）简化的报头。

（3）方便的路由：IPv4为了解决地址不够用的问题，想出子网划分、地址块切碎等各种办法来延长IPv4的寿命，这些小块地址分布在全球各个角落，很难找到，还使路由表总数达到几十万条。为了处理数量庞大的路由表，核心服务器需要很强的CPU和内存，成本高，也增加了延迟。而IPv6地址结构大，其地址分配一开始就遵循聚类原则（Aggregation），容易形成有效的地址汇聚。在路由表中仅用一条记录（Entry）就能表示一片子网，大大减小了路由表的长度，提高了速度。所以，IPv6仅用很小的路由表（几千条路由表地址）就能做到对全球主要地区的地址分布覆盖。

（4）更高的安全性：IPv6用户可以对网络层数据进行加密，并对IP报文进行校验。

（5）其他技术优势：IPv6支持自动配置（Auto Configuration），这是对DHCP协议的改进和扩展，使得网络尤其是局域网的管理更加方便和快捷。IPv6还增加了增强的组播功能，支持流媒体，为服务质量控制提供了良好的网络平台。

（6）更多的发展机会：IPv4的地址资源在发展之初就被美国人全面操盘；而在IPv6的发展上，我国基本与全球同步，因此更应该加速发展，争取主动。中国工程院院士、推进IPv6规模部署专家委员会主任邬贺铨曾经强调：“IP地址从某种意义上来说，是像国土资源一样重要的战略资源！”

2. IPv6地址语法

IPv4地址在DNS中作为A级记录存储，共32bit即4字节，能够表示43亿个IP地址，采用“点分十进制”；而IPv6地址作为AAAA记录存储，共128bit即16字节，将提供3.4×10^{38}

个地址，比 IPv4 多 40 亿倍，被形容为“能让地球上的每一粒沙子拥有一个 IP 地址!”。

（1）常规写法。

IPv6 通常采用“冒分十六进制”，即用冒号隔成 8 段，每段 16bit 即 2 字节，采用 4 个十六进制的字符表示。

（2）零压缩法。

IPv6 允许把连续多组的 0，省略地写成两个冒号。

例如，Facebook 分配的子网地址 2a03:2880:2110:3f03:face:b00c::，由于总共应有 8 段，而这里只写出了 6 段，因此可推算出两个冒号之间省略了 2 段全 0，完整的写法应该是 2a03:2880:2110:3f03:face:b00c:0:0:。

也正由于此，IPv6 只能略写一次，否则无法推算出两个冒号之间省略了多少个 0。

（3）混合写法。

还可以仅把高位的 6 段用 IPv6 的格式记录，而低位的 32bit 依旧用 IPv4 的方式记录。写成 x：x：x：x：x：x：d.d.d.d 的模式。

例如：::ffff：192.168.89.9 等同于 0000：0000：0000：0000：0000：ffff：c0a8：5909，而 ::192.168.89.9 是 0000:0000:0000:0000:0000:0000:c0a8:5909 的另外一种写法。

（4）IPv6 地址前缀长度表示法。

互联网之父 VintCerf 宣布启动 IPv6

IPv6 在 128bit 的地址位中统一开辟了 16bit 位来表示子网号码，如表 5.5 所示。

末尾的 64bit，可以方便地与 48 位 MAC 地址映射以及将来的 64 位 MAC 地址映射，并且可以看出 IPv6 的容量巨大。通常情况下，无论是网络号还是网内主机号的数量，都已经足够使用了。但若有需要，也可以使用子网掩码来改变子网号和主机号的位数。

此时，采用“/位数”的格式表示，位数用十进制表示。

表 5.5 IPv6 的格式

位数（按从高到低位顺序排列）	48 位	16 位	64 位
用途	网络前缀	子网号	主机号
容量	$2^{48}=2.8\times10^{14}$	$2^{16}=65536$	$2^{64}=1.8\times10^{19}$

例如，主机地址为 11AC:0:0:CA20:123:4567:89AB:CDEF，子网掩码为 11AC:0:0:CA20::/60。这就表示此地址的前 60 位是网络号部分，也就是说子网号只有 12 位，另外 4 位借出来，和末尾的 64 位一起表示网内的主机号。

典型试题分析

1. IPv6 地址 0:0:0:9000:0009:0:0:0 表示正确的是（　　）。

A. ::9000:0009:　　　　B. ::9000:0009:0:0:0

C. 0:0:0:9:9::　　　　D. ::9000:0009::

解析：本题选 B。“::”的省略方式在 IPv6 中只能使用一次，否则无法推算出两个冒

号之间省略了多少个0，所以AD选项均是错误的。“0009”可以缩写成“9”，但“9000”不可以缩写成“9”，所以C选项也是错误的。只有B选项是正确的。

2. IPv6地址前缀的表示方法中，对于60bit的前缀52000000003（十六进制），以下表示方法（　　）是非法的。

A. 52::30:0:0:0:0/60

B. 52:0:0:30::/60

C. 52:30:0:0:0:0/60

D. 52:0000:0000:30:0000:0000:0000:0000/60

解析：本题选C。首先，D选项是该子网掩码完整的书写形式。“52”与“30”中间的8个0可以省略的写为“:0:0:”，即B选项。或进一步省略为“::”即A选项。但C选项中写的是“52:30”，只有一个“:”号，不表示省略，所以C选项是错误的。

（5）IPv6的特殊地址。

① 单播、组播和泛播：IPv6不再使用广播地址，而改为如表5.6所示3种类型。

② 环回地址：用作本机循环测试的环回地址，在IPv4中是127.0.0.1，在IPv6中是“::1”。

③ 未指定地址：前8bit为全0的地址，被保留用作特殊地址，包括128bit全为0的地址，写成“::”，名为“未指定地址”。例如，当一个主机从网络第一次启动时，发出配置信息请求，此时由于还尚未申请到地址，源地址中就填入“::”。

表5.6　单播、组播和泛播

名称	作用	格式	举例	含义和注解
单播 Unicast	标识单个接口	链路本地单播地址，以PE80开头		在负载均衡场景下，多个接口也可以使用同一个单播地址
组播/多播 Multicas	把分组发送到拥有该地址标识的一组接口上，这些接口有可能属于不同的节点	以FF0x开头，即前8bit为全1，其数量占了所有IPv6空间的1/256	FF01::1	发送给一个节点上连接的，本地范围内，所有接口
			FF02::1	发送给一个链路上连接的，本地范围内，所有接口
			FF01::2	发送给一个节点上连接的，本地范围内，所有路由器
			FF02::2	发送给一个链路上连接的，本地范围内，所有路由器
			FF05::2	发送给一个站点上连接的，本地范围内，所有路由器
			FF02::1	取代了IPv4中各类广播地址
泛播/任播 Any cast	在拥有该地址标识的一组接口中，根据路由协议，计算出距离最近的一个接口，把分组只发送到这一个接口上			在形式上与单播地址无法区分开，所以被分配在正常的单播地址空间以外。一个泛播地址中的每个成员，必须显式地加以配置，以便识别泛播地址

3. IPv6的头部

IPv6的数据包首部共40字节，包括7个部分，如图5.9所示。

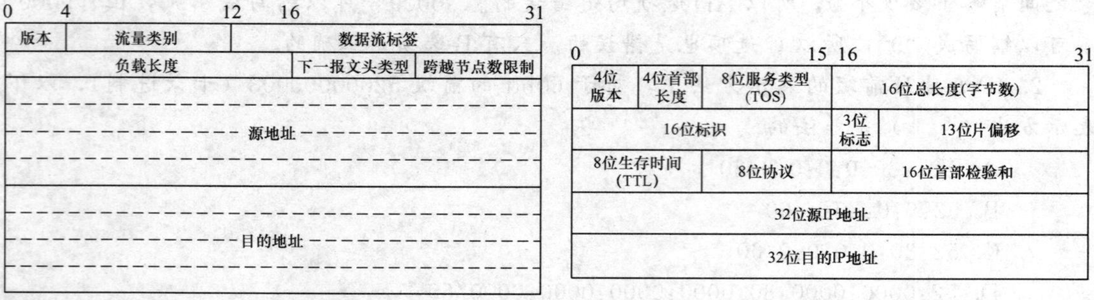

0–3	4–11	12–15	16–31
版本	流量类别	数据流标签	
负载长度		下一报文头类型	跨越节点数限制
源地址			
目的地址			

(a) IPv6的数据包首部

0			15 16	31
4位版本	4位首部长度	8位服务类型(TOS)	16位总长度(字节数)	
16位标识			3位标志	13位片偏移
8位生存时间(TTL)		8位协议	16位首部检验和	
32位源IP地址				
32位目的IP地址				

(b) IPv4的数据包首部

图 5.9 IPv4 的数据包首部与 IPv6 的数据包首部对照

(1) 版本字段。含义和长度与 IPv4 相同。

(2) 流量类别字段。其目的在于为发起节点和中间路由器指明此 IPv6 分组传输服务级别或优先级别。

(3) 数据流标签字段。长度为 20bit,是发起节点制定对分组流的处理方式的机制。

(4) 负载长度字段。IPv6 将可选部分放入用户数据(Payload)部分,由分组头中 8bit 的"下一个报文头"字段来指明在用户数据中紧跟 IPv6 分组头固定部分之后的扩展分组头的类别。

(5) 下一个报文头类型标志符。指明紧跟在 IPv6 分组头后面的扩展分组头或 IP 层之上的协议类型。

(6) 跨越节点数限制字段。类似于 IPv4 中的 TTL。

(7) 源地址/目的地址。由 4 字节增加为 16 字节。

为了便于比较,本书将图 5.6 中 IPv4 的 20 字节首部,也再次附在一旁。可以看出,IPv4 里的报头类型较多,内容较丰富,都要求用软件控制,带来的开销比较大;IPv6 报头结构简化,适合用硬件处理转发,可以提高服务质量,缩短延时。

4. 从 IPv4 到 IPv6 的过渡机制

IPv4 并不会马上消失,在很长一段时间里,两种地址将并行存在,特别是在企业内网中。当今大多数操作系统都同时支持两种地址,并优先选择 IPv6 连接。向 IPv6 过渡,只能采用逐步演进的方法,IPv6 必须后向兼容。常见的演进技术有双协议栈和隧道封装协议。

(1) 双协议栈技术(DualStack)。

双栈技术是所有过渡技术的基础,在物理平台和传输层协议都不变的情况下,仅仅把网络层改成同时包含 IPv4 和 IPv6 两种。根据目的地址的类型来灵活地启用或关闭节点的 IPv4/IPv6 功能。不过,该方案要求所有节点都支持双栈,增加了改造和部署难度。

(2) 隧道技术(Tunneling)。

随着 IPv6 网络的发展,出现了许多局部的 IPv6 网络,但是这些 IPv6 网络需要通过 IPv4 骨干网络(即隧道)相连。将这些局部的"IPv6 孤岛"相互联通可以使用隧道技术。它对网络的其他部分没有要求,容易实现,是 IPv4 向 IPv6 过渡初期最易采用的技术。

路由器将IPv6的数据分组封装入IPv4时，不修改原IPv6的首部和有效载荷，仅在IPv6数据包前面插入一个IPv4的包头。这样一来，里面的包头，包含着端对端的IPv6源/目的地址；外面的包头，包含着隧道入/出口的IPv4地址。IPv6协议包就可以穿越原有的IPv4网络，而无须对原IPv4网络做任何修改和升级。隧道技术只要求在隧道的入口和出口处进行封装和解封，可以配置在边界路由器之间，也可以配置在边界路由器和主机之间。但是，隧道两端的节点都必须同时支持IPv4和IPv6协议栈，不能实现IPv4主机与IPv6主机的直接通信。

IPv6隧道的种类有多种，包括手工配置隧道、6to4/6in4自动隧道、多协议标记交换（MPLS）隧道等。

5.3 其他网络层协议

网络层除了最主要的IP协议以外，还有一些其他的网络层协议。例如与IP协议配套使用的4个协议：地址解析协议（Address Resolution Protocol，AkP）、互联网控制消息协议（Internet Control Message Protocol，ICMP）、多协议标签交换（Multi-Protocol Label Switching，MPLS）和互联网组管理协议（Internet Group Management Protocol，IGMP）。本节挑选其中的几个来介绍。

5.3.1 地址解析协议

地址解析协议负责将第三层的IP地址映射到第二层的MAC地址上。打个比方：IP地址就如同一个职位，而MAC地址则好像是去应聘这个职位的人，职位既可以让甲坐，也可以让乙坐。同理，IP地址对网卡也不做要求：更换网卡时，无须更换IP地址；而转换网络时，只需更新IP地址，无须更换网卡。

网络中一个主机要和另一个主机进行直接通信，必须要知道目标主机的MAC地址，这个过程分为两个部分：首先，源主机要向网络所有设备发送ARP请求包；然后，目标主机要向源主机发送ARP回复包。不过，ARP在工作时只“使用”ARP条目，不“验证”条目是否正确。在“运行”对话框中输入“cmd”指令，然后可以对ARP条目进行查看、添加、删除等操作，如图5.10所示。

(1) 查看ARP条目。输入“arp－a”指令，按Enter键。

(2) 添加ARP条目。输入“arp－s　主机的IP地址　主机的MAC地址”指令。

“ARP欺骗”就是通过伪造IP地址和MAC地址的对应关系来实现，攻击者只要持续不断地发出伪造的ARP响应包，就能更改目标主机ARP缓存中的ARP条目，造成网络中断或数据的丢失。而预防ARP欺骗最常见、有效的方法就是添加ARP静态条目来绑定地址。

(3) 删除ARP条目。输入“arp－d”指令，就可将ARP表全部清空。

对ARP条目的删除，只是暂时清空了ARP数据库，在计算机下次试图进行通信时，会自动生成，所以不用担心删除ARP条目会造成什么不良的后果。

与ARP协议对应的是“反向ARP协议”（RARP）。RARP协议是由硬件地址来查找

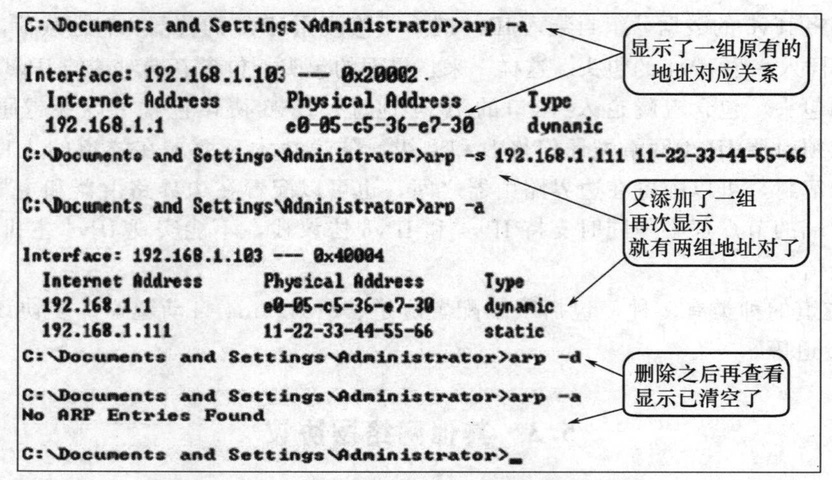

图 5.10 在 cmd 中查看、添加和删除 ARP 条目

如何检测并防御局域网 ARP 攻击

逻辑地址。源端发送一个本地的 RARP 广播，声明自己的 MAC 地址，并请求 RARP 服务器分配一个 IP 地址。本地网段上的 RARP 服务器收到请求后，检查其 RARP 列表，查找该 MAC 地址对应的 IP 地址。如果有，就发送一个响应数据包给出 IP 地址；如果没有，就不响应，表示初始化失败。

5.3.2 互联网控制消息协议

互联网控制消息协议是 TCP/IP 协议簇的一个子协议，被认为是 IP 层的一个组成部分，它传递差错报文以及其他需要注意的信息返回给用户进程。ICMP 不能独立使用，也不是必须的，它只是 IP 的补充。ICMP 的报文是封装在 IP 数据包中传送的，此时 IP 数据包首部的“协议字段”取值为 1（IP 首部参见图 5.6）。

ICMP 报文的格式如图 5.11 所示。其中类型和代码栏的不同取值，代表了不同的含义。例如类型 3 表示不可达：类型 3 代码 0 表示网络不可达，类型 3 代码 1 表示主机不可达，类型 3 代码 3 表示端口不可达。而类型 0 代码 0 表示回送回答，类型 8 代码 0 表示回送请求，两者则成对被 ping 命令使用。

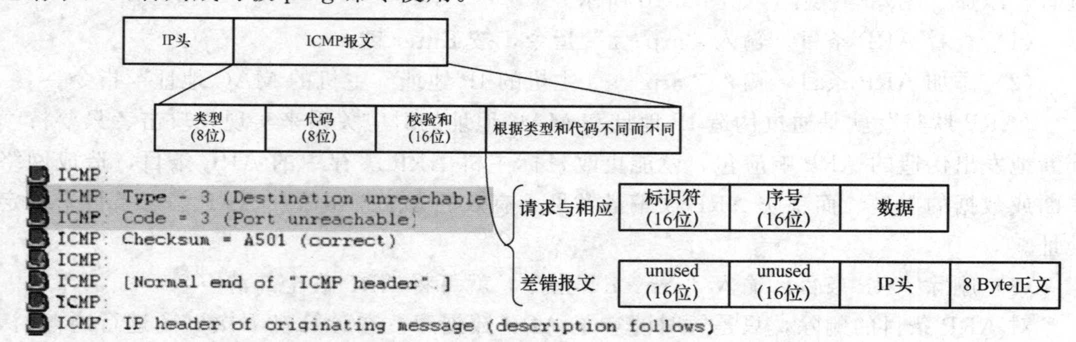

图 5.11 ICMP 报文格式和抓包列举

Ping 回显应答报文抓包如图 5.12 所示。

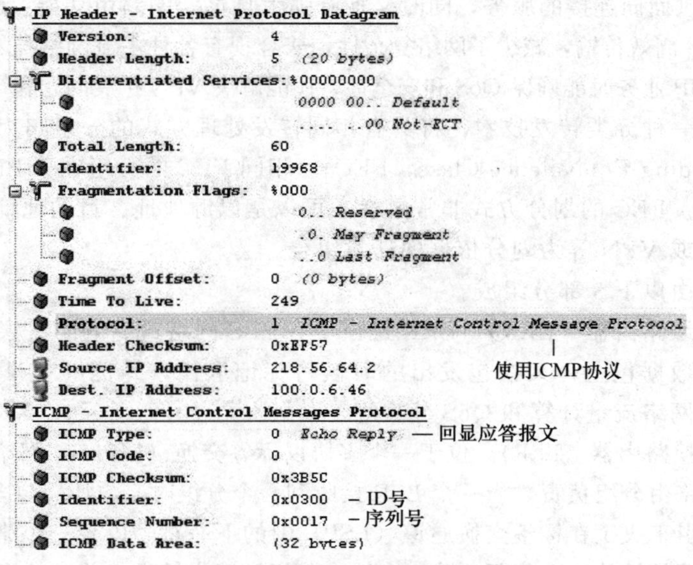

图 5.12　Ping 回显应答报文抓包

ICMP 有“差错通知”和“信息查询”两种功能，并要求接收端必须返回 ICMP 应答消息给源端。ICMP 最著名的一个应用——ping 命令如图 5.13 所示，正是用来发送 ICMP 回送请求消息给接收端的。如果源端在一定时间内收到应答，则认为该接收端可达。如果两台主机之间 ping 不通，则表明这两台主机不能建立起连接。

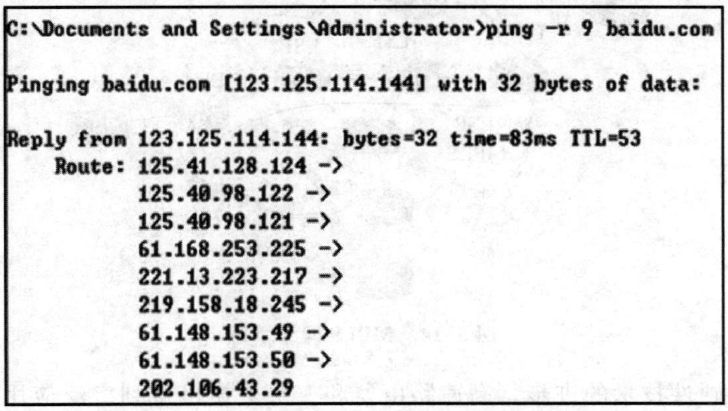

```
C:\Documents and Settings\Administrator>ping -r 9 baidu.com

Pinging baidu.com [123.125.114.144] with 32 bytes of data:

Reply from 123.125.114.144: bytes=32 time=83ms TTL=53
    Route: 125.41.128.124 ->
           125.40.98.122 ->
           125.40.98.121 ->
           61.168.253.225 ->
           221.13.223.217 ->
           219.158.18.245 ->
           61.148.153.49 ->
           61.148.153.50 ->
           202.106.43.29
```

图 5.13　在 cmd 中 ping 某常用网址的截图

IP 协议的配套协议有 4 个，除了上述 ARP、RARP、ICMP 之外，还有互联网组管理协议。主机与本地路由器之间使用 IGMP 来进行通信。主机需要说明自己属于哪个组播小组，组播组成员之间也需要交互信息。

5.3.3　多协议标签交换

20 世纪末，受硬件的限制，路由器转发速率不高，于是有了 ATM 等高速转发技术。后来又提出了结合了 ATM 和 IP 两者优势的 MPLS 技术。MPLS 也是用短而定长的标签来封装组，为网络层提供面向连接的服务，同时又拥有强大且灵活的路由功能。MPLS 技术利用标签引导数据高速、高效传输，减少了网络复杂性，兼容现有各种主流网络技术，大大降低了网络成本，在提供 IP 业务时能确保 QoS 和安全性，还能解决 VPN 扩展问题和维护成本问题。

MPLS 作为一种分类转发技术，将具有相同转发处理方式的分组归为一类，称为转发等价类（Forwarding Equivalence Class，FEC）。相同 FEC 的分组在 MPLS 网络中将获得完全相同的处理。FEC 的划分方式非常灵活，可以是以源地址、目的地址、源端口、目的端口、协议类型或 VPN 等为划分依据的任意组合。

MPLS 网络由以下 3 部分组成。

(1) 标记边缘路由器（LER)。LER 是位于 MPLS 网络边缘的第三层路由设备，是将标记加到进来的数据包上，又在包发出的时候将标记取消，并能够提供增值的第三层服务，如安全性、网络流量计算和 QoS 分类等。

(2) 标记交换路由器（LSR)。位于一个多协议标签交换（MPLS）网络的中间。它为转换这个标签用于路由分组负责。当一个 LSR 接收到一个分组时，它使用包含在此分组头部的标签作为一个索引来决定在标签交换通道（LSP）中的下一跳，以及一个来自查寻表分组相应的标签。旧的标签被从这个头部移除，在这个分组被路由转发之前被替换为新的标签。

(3) 标签分发协议（LDP)。是 MPLS 体系中的一种主要协议。在 MPLS 网络中，两个标签交换路由器（LSR）必须用在它们之间或在通过它们转发流量的标签上达成一致。

图 5.14 所示为 MPLS 网络示意。

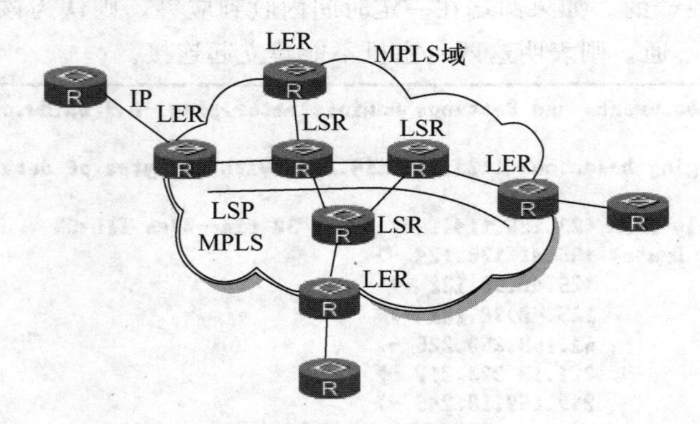

图 5.14　MPLS 网络示意

不过，随着硬件技术的进步，高速路由器和三层交换机得到广泛应用，MPLS 提高转发速度的初衷已经没有意义。但是，MPLS 支持多层标签和面向连接的特点，使得其在虚拟专网（Virtual Private Network，VPN)、流量工程（Traffic Engineering，TE)、QoS 等方面得到广泛应用，同时也是从 IPv4 向 IPv6 过渡的众多推动技术之一。

5.4　UDP 和 TCP 协议

第四层传输的数据单元是应用段（Segment)，描述了进程（Process）之间的通信，并为

端到端提供了可靠的传输。传输层常见的协议有面向连接的 TCP 和无连接的 UDP 两种。

1. 用户数据报协议（User Datagram Protocol，UDP）

UDP 是一种无连接、不可靠、无拥塞控制、不应答的传输方式。UDP 的首部只有 8 个字节（TCP 首部 20 字节），因此更加简单、高效，适合较短的信息，以及一些对报文丢失不敏感却把速率看得比准确率更重要的应用，如传输语音或影像。还有那些能自己代替 TCP 进行排序、流量控制的应用程序。常见的应用层协议，有的采用 TCP 协议，有的采用 UDP 协议，如表 5.7 所示。图 5.15 和图 5.16 所示分别为 UDP 报文段格式和访问某常用网址的 DNS 解析抓包。

表 5.7　常见应用的端口号和传输层协议

端口号	传输层协议	应用层协议
20	TCP	FTP（数据信道）
23	TCP	telnet
25	TCP	SMTP
53	TCP＋UDP	DNS
68	UDP	DHCP（客户端）
80	TCP	HTTP
110	TCP	POP3
161	UDP	SNMP
5060	SIP	会话初始协议

0　　15　16　　31

16bit 源端口	16bit 目的端口
16bitUDP 长度	16bitUDP 校验和
数据	

图 5.15　UDP 报文段格式

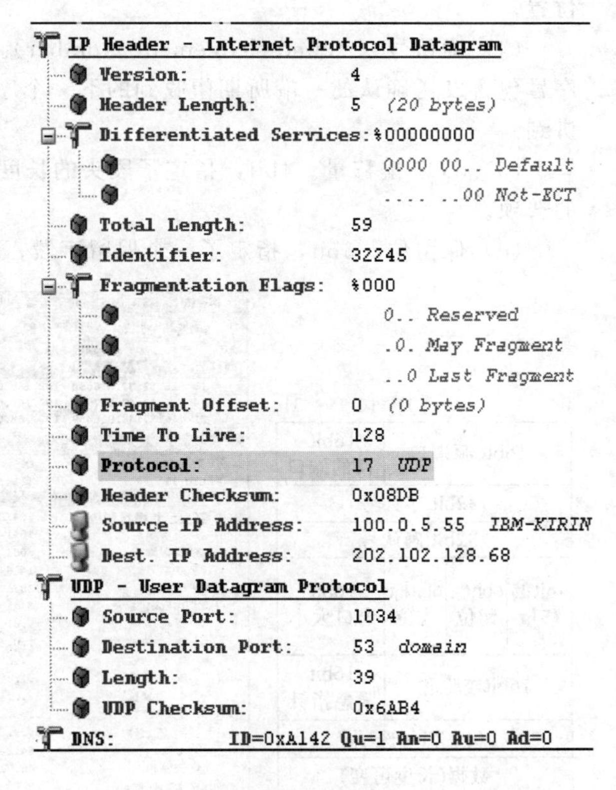

图 5.16　访问某常用网址的 DNS 解析抓包

典型试题分析

主机可以 ping Web 服务器，但不能执行 HTTP 请求，因为（　　）。

A. ACL 阻塞了端口 23　　B. ACL 阻塞了所有端口

C. ACL 阻塞了端口 80　　D. ACL 阻塞了端口 443

解析：本题选 C。ACL 全称 Access Control List，是访问控制列表；而 HTTP 协议如表 5.7 所示，对应的端口号为 80，故选 C。

2. 传输控制协议（Transport Control Protocol，TCP）

TCP提供面向连接且可靠的传输，确保传输是无错、按序的。TCP在建立连接时，采用“三次握手”方式，防止已失效的连接请求突然又传到接收端。TCP数据段格式首部有20字节，如图5.17所示，包括以下11个部分。

（1）源端口（Source Port）。16bit，指定了发送端的端口。

（2）目的端口（Destination Port）。16bit，指定了接受端的端口号（常见应用对应的端口号如表5.7所示）。

（3）序列号（Sequence Number）。32bit，指明了该数据段在即将传输的段序列中的位置。

（4）确认号（Acknowledgement Number）。32bit，规定成功收到段的序列号，确认序号包含发送确认的一端所期望收到的下一个序号。其具体应用，将在“三次握手”小节讲到。

（5）TCP偏移量。4bit，指定了段头的长度。段头的长度取决于段头选项字段中设置的选项。

（6）保留位。6bit，指定了一个保留字段，以备将来使用。

（a）TCP数据段格式

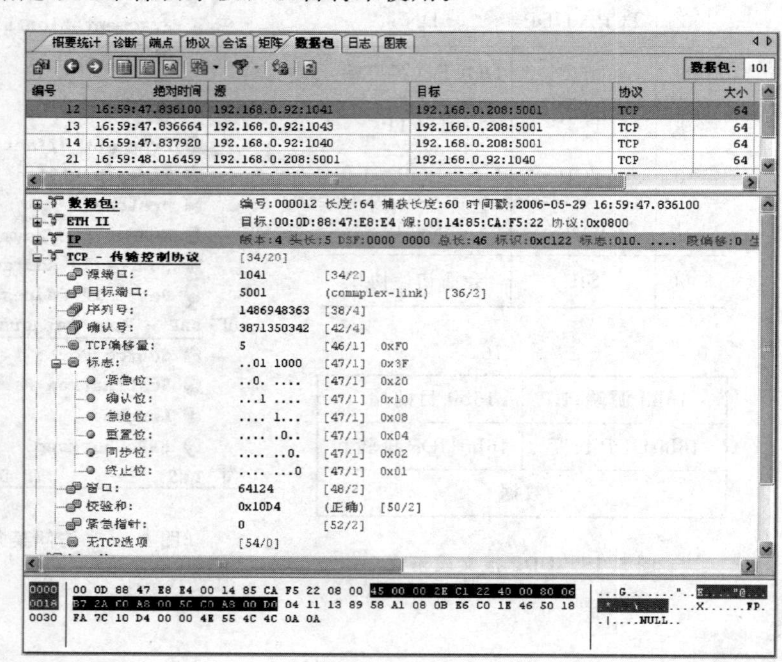

（b）数据抓包软件截图

图5.17 TCP数据段格式和数据抓包软件截图

（7）标志位。6bit，从左到右分别为URG、ACK、PSH、RST、SYN、FIN，用于建立/拆除连接的过程中，详见表5.8。

表 5.8　TCP 建立/拆除连接使用字段

字段缩写	全　　称	中 文 名	含　　义
URG	Urgent	紧急指针	为 1，表示某一位需要被优先处理
ACK	Acknowledgement	确认响应	确认号是否有效，一般置为 1
PSH	Push	推送比特	提示接收端立即从缓冲区把数据读走
RST	Reset	复位重置	对方要求重新建立连接
SYN	Synchronous	同步序列号	请求建立连接，并设定序列号初始值为 1
FIN	Finish	关闭连接	数据发送完毕后，希望断开连接

(8) 窗口大小（Window Size）。16bit，指定关于发送端能传输的下一段的大小的指令。

(9) 校验和（Checksum）。16bit，校验和包含 TCP 段头和数据部分，用来校验段头和数据部分的可靠性。

(10) 紧急指针（Urgent Pointer）。16bit，指明段中包含紧急信息，只有当 URG 标志置 1 时紧急指针才有效。

(11) 可选项。0 或 32bit 指定了公认的段大小、时间戳、选项字段的末端，以及选项字段的边界选项。

3. TCP 的三次握手和四次挥手机制

TCP 是可靠的连接服务，采用三次握手（Three Times/Way Handshake）来确认建立一个连接，建立可靠的通信信道，确保通信双方都确认自己与对方的发送与接收机能正常，防止无效的建立申请。TCP 还通过四次挥手来拆除连接，三次握手建立连接和四次挥手释放连接如图 5.18 所示。按 TCP 首部中的 6bit 标志位从左到右的顺序分别如下。

(1) 第一次握手。源端发送一个报文，其 SYN=1。随机产生一个用于发端的序号，假设是 seq number $=x$。收端接收到该报文，由 SYN=1 猜测源端可能要建立 TCP 请求，但不确定（因为也可能是源端乱发了一个报文给自己）。但是收端可以确定源端发送通路正常。

(2) 第二次握手。收端若同意建立连接，则发送一个报文：SYN=1，ACK=1。随机产生一个用于收端的序号，假设是 seq number$=y$。ack number$=x+1$ 表示源端发的 x 号报文已经确认了，提示接下来源端应该传送 $x+1$ 号了。源端收到这个报文后，源端就知道收端是支持 TCP 的，且理解了自己要建立连接的意图。

(3) 第三次握手。源端收到后，先检查报文里的各参数是否正确。然后源端再发送一个报文：ACK=1，其序号是 seq number$=x+1$。ack number$=y+1$ 提示接下来收端应该传送$y+1$ 号了。收端收到后，确认各参数正确之后，双方就确认了自己和对方都是收发正常的。

完成三次握手，源端与收端开始传送数据，后面源端发出的报文，序号按着 $x+1$ 顺序依次使用；收端发出的报文，序号按着 $y+1$ 顺序依次使用，

在释放连接的时候，由于 TCP 连接是全双工的，因此每一个方向都必须单独进行关

闭。这就需要四个回合才能完成拆线，所以称为四次挥手。

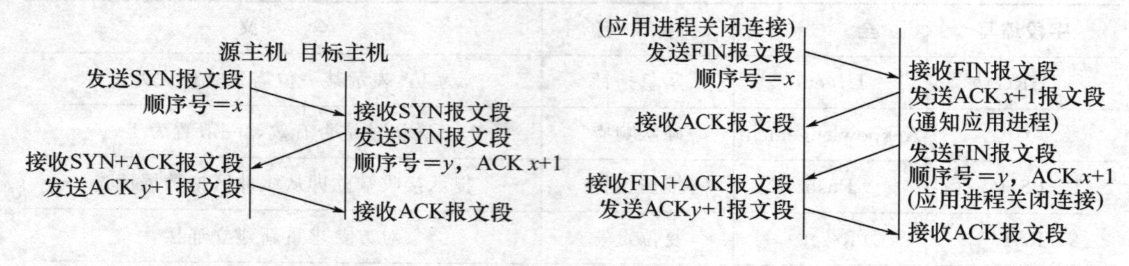

(a) 三次握手建立连接　　　　(b) 四次握手释放连接

图 5.18　三次握手建立连接和四次挥手释放连接

(1) A 端发完毕后，进入“主动关闭”状态：发送一个报文，FIN=1，序号延续 A 之前传输的前一个数据的序号，假设轮到 seq number=x 了。

(2) B 端收到后，发回一个 ACK=1，序号延续 B 之前传输的前一个数据的序号，假设轮到 seq number =n 了，ack number=x+1。此时 A 端停发，但 B 端还可以发送，称为半关闭状态。

三次握手和四次挥手协议

(3) B 端进入“被动关闭”状态：发送一个 FIN=1，ACK=1 的报文。由于从第二次到第三次挥手之间，B 端又发送了一些数据，因此报文序号继续延续，假设又往后轮到 seq number=y 了，ack number 依旧是 x+1。

(4) A 端发回 ACK=1 的报文确认。并将确认序号为 seq number=x+1，ack number=y+1。

图 5.19 是四次挥手终止连接的一个实例。若长时间不再浏览网页，服务器 44 号机（61.135.152.44）就发出第一次挥手如图 5.19(a) 所示：将 FIN 置 1，seq number=2573611649，发给客户端 22 号机(100.0.5.22)。第二次挥手如图 5.19(b) 所示：22 号机发回一个确认，其 ack number =2573611650。第三次挥手如图 5.19(c) 所示：22 号机将 FIN 置 1，seq number=69409574 发给 44 号机。第四次挥手如图 5.19(d) 所示：44 号机发回一个确认，其 ack number =69409575，至此 TCP 连接彻底关闭。

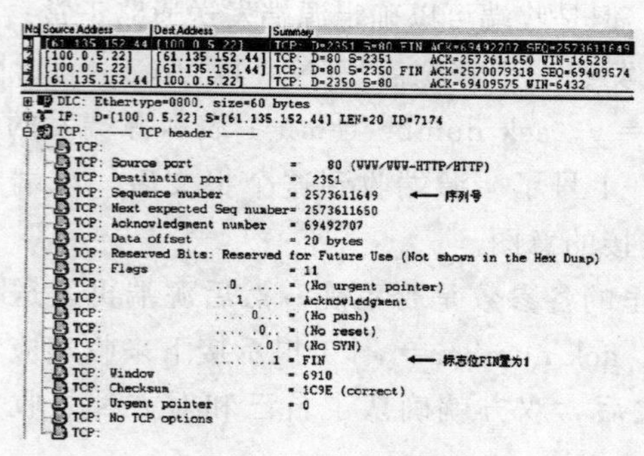

(a) 1次握手

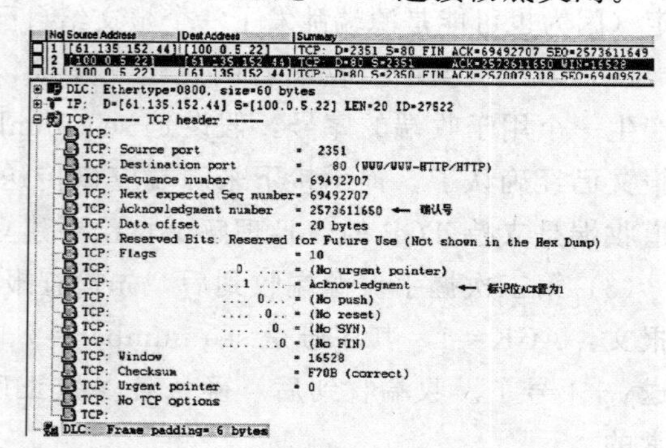

(b) 2次握手

图 5.19　四次挥手终止连接实例

```
No Source Address   Dest Address      Summary
   [100.0.5.22]     [61.135.152.44]   TCP: D=80 S=2351          ACK=2573611650 WIN=16528
   [100.0.5.22]     [61.135.152.44]   TCP: D=80 S=2350 FIN ACK=2570079318 SEQ=69409574
   [61.135.152.44]  [100.0.5.22]      TCP: D=2350 S=80          ACK=69409575 WIN=6432

DLC: Ethertype=0800, size=60 bytes
IP:  D=[61.135.152.44] S=[100.0.5.22] LEN=20 ID=27524
TCP: ----- TCP header -----
  TCP:
  TCP: Source port                  =  2350
  TCP: Destination port             =    80 (WWW/WWW-HTTP/HTTP)
  TCP: Sequence number              = 69409574      ← 序列号
  TCP: Next expected Seq number= 69409575
  TCP: Acknowledgment number        = 2570079318
  TCP: Data offset                  = 20 bytes
  TCP: Reserved Bits: Reserved for Future Use (Not shown in the Hex Dump)
  TCP: Flags                        = 11
  TCP:               ..0. .... = (No urgent pointer)
  TCP:               ...1 .... = Acknowledgment
  TCP:               .... 0... = (No push)
  TCP:               .... .0.. = (No reset)
  TCP:               .... ..0. = (No SYN)
  TCP:               .... ...1 = FIN             ← 标志位FIN置为1
  TCP: Window                       = 17302
  TCP: Checksum                     = 1F26 (correct)
  TCP: Urgent pointer               = 0
  TCP: No TCP options
  TCP:
```

（c）3次握手

```
No Source Address   Dest Address      Summary
2  [100.0.5.22]     [61.135.152.44]   TCP: D=80 S=2351          ACK=2573611650 WIN=16528
3  [100.0.5.22]     [61.135.152.44]   TCP: D=80 S=2350 FIN ACK=2570079318 SEQ=69409574
4  [61.135.152.44]  [100.0.5.22]      TCP: D=2350 S=80          ACK=69409575 WIN=6432

DLC: Ethertype=0800, size=60 bytes
IP:  D=[100.0.5.22] S=[61.135.152.44] LEN=20 ID=31202
TCP: ----- TCP header -----
  TCP:
  TCP: Source port                  =    80 (WWW/WWW-HTTP/HTTP)
  TCP: Destination port             =  2350
  TCP: Sequence number              = 2570079318
  TCP: Next expected Seq number= 2570079318
  TCP: Acknowledgment number        = 69409575      ← 确认号
  TCP: Data offset                  = 20 bytes
  TCP: Reserved Bits: Reserved for Future Use (Not shown in the Hex Dump)
  TCP: Flags                        = 10
  TCP:               ..0. .... = (No urgent pointer)
  TCP:               ...1 .... = Acknowledgment    ← 标识位ACK置为1
  TCP:               .... 0... = (No push)
  TCP:               .... .0.. = (No reset)
  TCP:               .... ..0. = (No SYN)
  TCP:               .... ...0 = (No FIN)
  TCP: Window                       = 6432
  TCP: Checksum                     = 499C (correct)
  TCP: Urgent pointer               = 0
  TCP: No TCP options
  TCP:
DLC: Frame padding= 6 bytes
```

（d）4次握手

图 5.19　四次挥手终止连接实例（续）

5.5　网际互联设备

市面上组网方式繁多，要想将各台独立的网络设备互相连接起来，就需要使用一些中间设备/系统，称为中继（Relay）系统。常见的网际互联设备见表 5.9。

表 5.9　常见的网际互联设备

<table>
<tr><td rowspan="2">4</td><td rowspan="2">传输层</td><td>网守 Gatekeeper</td></tr>
<tr><td>网关 Gateway</td></tr>
<tr><td rowspan="2">3</td><td rowspan="2">网络层</td><td>路由器 Router</td></tr>
<tr><td>三层交换机 Switch</td></tr>
<tr><td rowspan="3">2</td><td rowspan="3">数据链路层</td><td>二层交换机 Switch</td></tr>
<tr><td>网桥 Bridge</td></tr>
<tr><td>网卡 Lnterface Card</td></tr>
<tr><td rowspan="2">1</td><td rowspan="2">物理层</td><td>中继器 Repeater</td></tr>
<tr><td>集线器 Hub</td></tr>
</table>

下面按照从下至上的顺序来分层学习各层所对应的网际互联设备。需要说明的是，我们在学习的时候，这些各具其名的互联设备，根据教学需要，是按理论上来定义它们的相关功能的；而在实际生活中，生产厂家往往会根据用户的需求，增加或减少某些项功能，并根据市场的需要而不是书面的规范而命名。这也从另一个方面凸显了标准统一和规范化管理的重要性。

5.5.1 中继器和集线器

1. 中继器（Repeater）

每种传输媒介均有最大的传输距离（如细缆 185m，粗缆 500m），超过长度，信号会衰减过大。这时就需要添加中继器来补偿信号衰减，以增加时延为代价，放大信号，延伸网络可操作的距离。从理论上讲，中继器的使用是无限的，网络也因此可以无限延长。事实上是不可能的，因为网络标准中都对信号的延迟范围作了具体的规定，中继器只能在此规定范围内进行有效的工作，否则会引起网络故障。

一般情况下，中继器两端连接的是相同的媒体，有的中继器也可以完成不同媒体间的转接，甚至将有线传输改为无线传输。但中继器不处理信号，不区分信号帧是否失效，不能过滤网络流量，常见的中继器如图 5.20 所示。

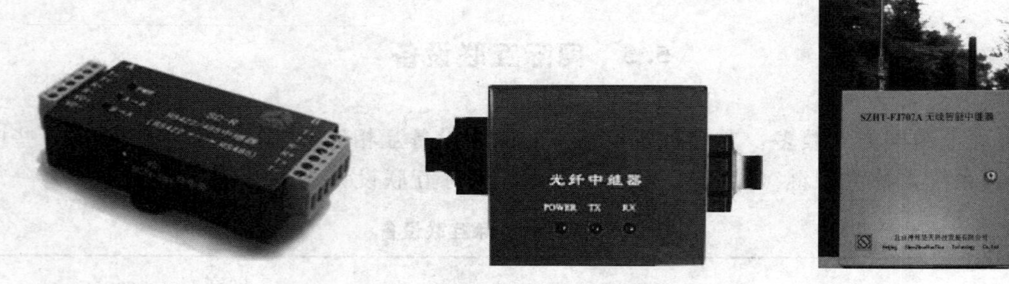

图 5.20　几种常见的中继器

2. 集线器（Hub）

集线器，其单词 Hub 本意是“中枢或多路交汇点”。它既不放大信号，也不具备协议翻译的功能，而仅仅是起到动态分配频宽的作用，只改变了以太网的物理拓扑。图 5.21 所示为集线器的工作模式。

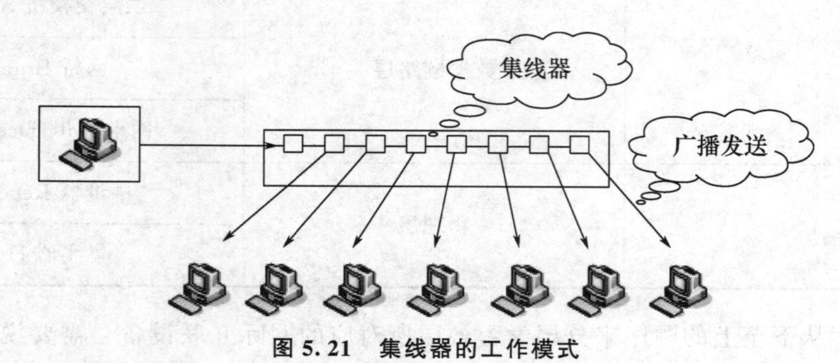

图 5.21　集线器的工作模式

在令牌环中，起 Hub 作用的称为 MAU（多站访问单元）。早期的 Hub 通常只是为了以优化网络来布线结构，简化网络管理。相当于一种特殊的中继器，是一个能互联多个网段的转接设备。也可将几个集线器级联起来。

集线器是半双工方式，采用广播的工作模式。当集线器某个端口工作时，其他所有端

口都能收听到信息，只是非目的地网卡自动丢弃了不是发给它的信息包。但有时，某些网络设备损坏后会不停地发送广播包，从而导致“广播风暴”，使网络通信陷于瘫痪状态。集线器的工作方式无法抑制广播风暴，且安全性差。

5.5.2　网卡、网桥和二层交换机

1. 网卡（Integrated LAN Card，NIC）

网卡又称网络适配器，是局域网中连接计算机和传输介质的接口。计算机在最初设计时根本没有考虑资源共享，网络功能是零。计算机内部是通过主板上的I/O总线并行传输的，而网络则是通过网线等介质串行传输的。两者的数据率也不尽相同。以太网网卡和服务器及时地弥补了计算机的这个不足，解决了计算机的联网问题。

网卡并不是独立的自治单元，它本身不带电源，而是必须使用所插入的计算机的电源，并受该计算机的控制。起到了数据帧的封装/解封、收/发、链路管理、编/译码、传输介质物理连接和电信号匹配、速率调整、串行/并行转换等作用。

网卡的接口类型分为粗缆（AUI）、细缆（BNC）和双绞线（RJ-45）接口。按工作对象的不同可以分为服务器网卡、普通工作站网卡。随着集成度的不断提高，不少网卡已经集成在了主板上。无线上网出现以后又有了无线网卡。常见网卡如图5.22所示，左起分别为独立网卡、集成在计算机主板上的网卡、USB接口网卡和无线网卡。

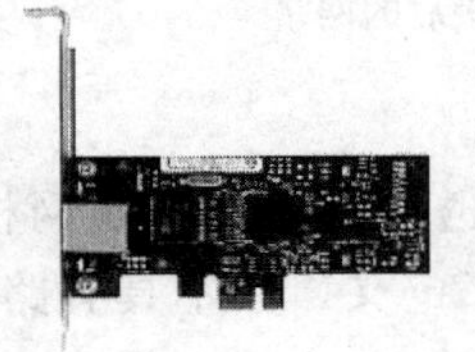

（a）独立网卡

（b）集成在计算机主板上的网卡

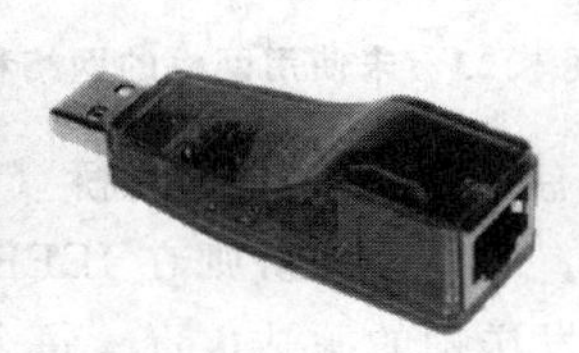

（c）USB接口网卡

（d）无线网卡

图5.22　独立网卡、集成在计算机主板上的网卡、USB接口网卡和无线网卡

2. 网桥（Bridge）

中继器只是放大信号，而对这些信号的内容毫不在意。网桥（又名桥接器）却像一个聪明的中继器，可以根据信息内容来进行寻址、选择路由、帧过滤、隔离网络等。

网桥实现帧过滤功能的过程如下。

（1）先有一个学习（Self-Learning）的过程，即先在所有端口广播，这时目标地址的主机会响应并发回一个信息包，网桥就自动记录下这个端口的地址，直至建立起一张完整的地址表。

（2）然后进行过滤（Filtering），即比较信息包的目的地址与源地址是否属于同一个网段。若相同，则不再把数据转发到网络的其他网段。

（3）如若目的地址与源地址不同，则进行格式转换，并在地址表中查找目的站。

（4）若能找到就按地址转发（Forwarding），即该数据会直接发到这个端口，而不再广播。所以有人把这种工作方式称为“一次广播，多次单播”。

(5) 若查找不到，则表明该节点位置不明确，网桥就采用广播方式，向除该端口以外的桥的所有端口转发此帧，直至找到目的地址，并在地址表中增加一条记录。

(6) 若广播后发现这个目的地址不在该网络内，则这个帧会在整个网络中无限次地循环下去，这就容易引起广播风暴。为此，可以在每个网桥中引入生成树算法，但这样一来又增加了网络延时。

采用以上方式，网桥可将网络划分成多个网段，并隔离出安全网段，防止其他网段用户非法访问。这种隔离属于物理隔离，和防火墙使用的逻辑隔离方式不尽相同。

网桥采取存储转发的方式，在执行转发前先接收帧并进行缓冲，由此也会引入更多的时延。网桥不提供流控功能，所以需要足够的存储空间，否则在流量较大时可能过载，从而造成帧的丢失。网桥对传输速率的影响可以用图 5.23 的例子来说明：假设图 5.23(a) 是一个 10Mbit/s 数据传输率的以太网，其上连接 10 个站。那么，在理想状态下每个站的平均数据传输率为 1Mbit/s。若通过网桥连接后成为图 5.23(b) 所示的结构时，每个站的实际有效数据传输率变为 1～2Mbit/s。

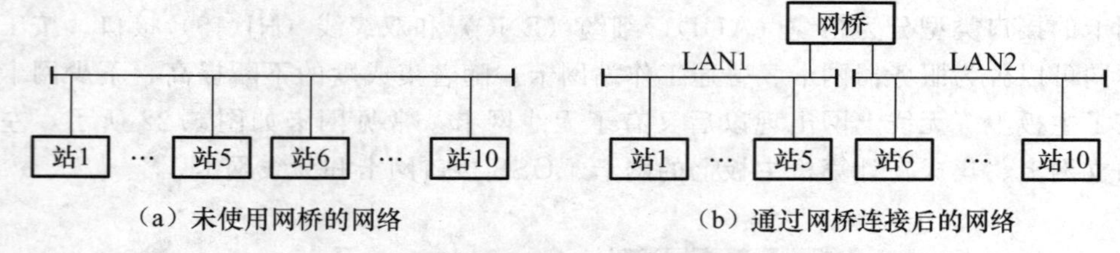

(a) 未使用网桥的网络　　(b) 通过网桥连接后的网络

图 5.23　未使用网桥的网络和通过网桥连接后的网络

常见的网桥可分为有线网桥和无线网桥（图 5.24)，也可分为透明网桥、转换网桥、封装网桥和源路由网桥。源路由网桥则在 IEEE 802.5 标准中给出了定义，其不具有路由选择功能，路由选择由发送帧的源站负责。每个工作站都有一张路由选择表，表中列出了由本站所经网络和网桥的站址。传输时，源站以广播的方式向目的站发“发现帧”，以此确定路径，带回路径信息，然后择优选择。

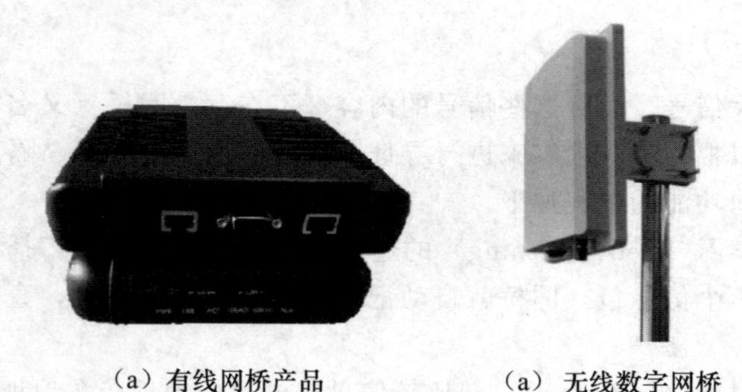

(a) 有线网桥产品　　(a) 无线数字网桥

图 5.24　常见的有线网桥产品（左图）和无线数字网桥（右图）

透明网桥在 IEEE 802.1 网桥标准中有所说明，“透明”是指交换机对接收到的帧仅仅根据目的地址转发，而不对帧做任何修改，用户并不知道中间是否经过了交换机，每个透

明网桥都自己制定路由选择表。“透明”亦指这类交换机是即插即用的，不需要网络管理员和用户的干预，实现“零配置”。透明网桥的工作流程如图 5.25 所示，可以简单归纳为“基于源 MAC 地址进行学习，基于目的 MAC 地址进行转发。

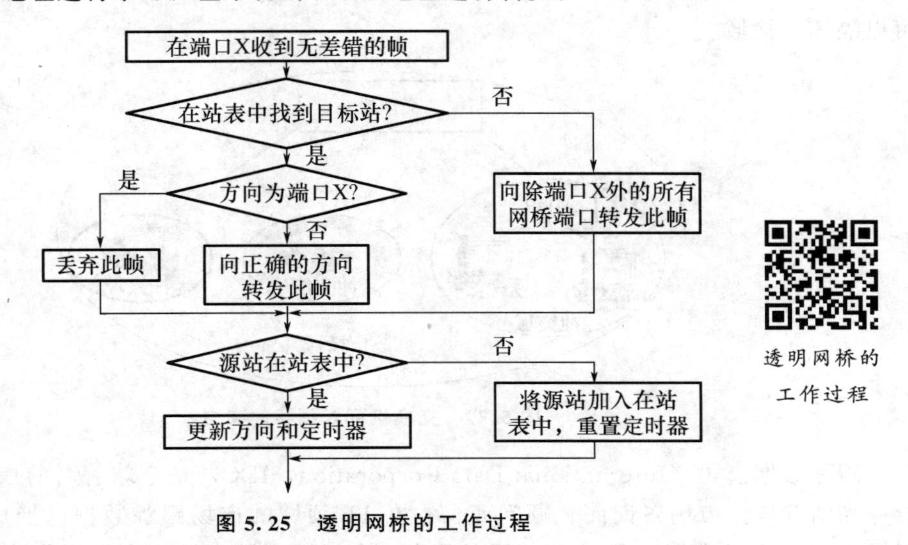

图 5.25　透明网桥的工作过程

3. 二层交换机（Switch）

二层交换机是一种在通信系统中自动完成信息交换功能的设备，其外形和集线器没什么分别，相当于集线器的升级换代产品。它比网桥能连接的网段更多，比集线器能够提供更多的网络管理信息。

交换机至少工作在第二层，以 MAC 地址（网卡等设备的硬件地址）进行寻址，不但可以对数据的传输做到同步、放大和整形，还可以过滤短帧、碎片以及对封装数据包进行转发等。家庭和小型局域网使用的基本都是纯二层交换机。随着交换机的价格下调，逐步占据了集线器的市场，在中小规模的局域网组网中已经基本都使用交换机了。

多台交换机之间可以采用级联或堆叠技术。级联（Uplink）后两台交换机之间是上下级关系。级联得越多，性能下降得就越多。堆叠（Stackable）交换机又分树型级联、平行级联、交叉线级联和堆叠方式，如图 5.26 所示。

（a）树型级联　（b）平行级联　（c）交叉线级联　（d）堆叠方式

图 5.26　堆叠交换机

交换机还可以解决冲突域的问题。冲突域（Collision Domain）是指在同一个冲突域中的每一个节点都能收到所有被发送的帧。同一冲突域里的两台主机，若同时发送信息，就会发生冲突。广播域（Broadcast Domain）是指若某一设备向其他设备发送广播数据，这个数据所能广播到的范围。HUB不能隔离冲突域和广播域；而交换机则可以隔离冲突域。但交换机还不能解决广播域的问题，如图5.27所示，要用到路由器或划分VLAN才可以隔离广播域。

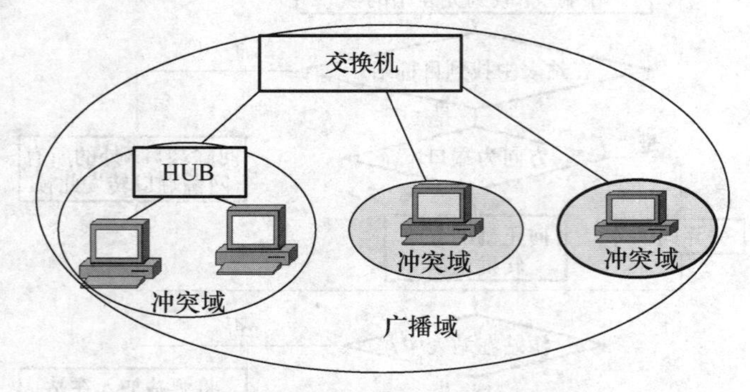

图5.27　交换机可以隔离冲突域

国际数据公司（International Data Corporation，IDC）是全球著名的信息技术、电信行业和消费科技市场咨询商、顾问商，它在IT领域的市场跟踪数据已经成为行业标准。根据IDC公布的数据（图5.28）可以看出，全球以太网交换机市场增长稳健，2019年第一季度思科以太网交换机占全球市场的53.7%，华为占18.9%。

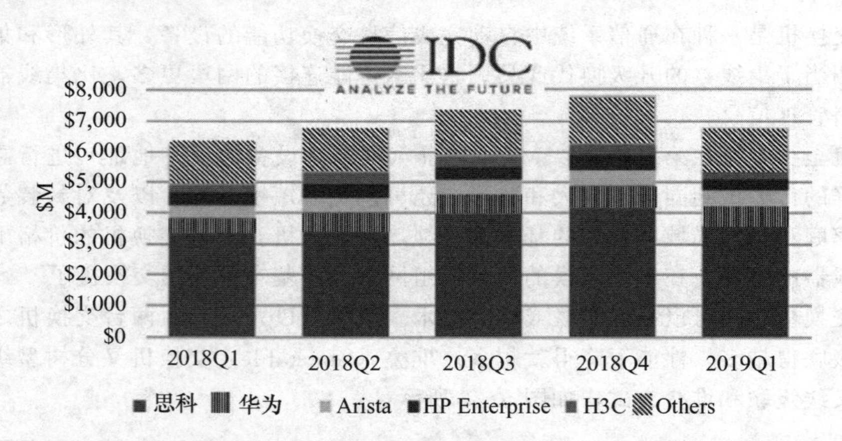

图5.28　IDC公布的2018—2019年第一季度全球以太网交换机市场份额

5.5.3　路由器和三层交换机

1. 路由器

1984年，美国斯坦福大学的一对教师夫妇使学校里互不兼容的多个计算机联在一起，设计了“多协议路由器（Access Gateway Server）”，并在硅谷成立了思科（Cisco）公司。这种“多协议路由器”就是如今被喻为“网络交警”的路由器。现在，各种不同档次的路由器产品已成为实现各种骨干网内部、网间互联及骨干网与互联网互联互通业务的主力军。可以说路由器构成了 Internet 的骨架，它的处理速度是网络通信的主要瓶颈之一，它的可靠性则直接影响网络互联的质量。因此，路由器技术始终处于核心地位，其发展历程和方向成为整个 Internet 研究的一个缩影，如图 5.29 所示为多协议路由器和常见的无线路由器。

（a）多协议路由器　　（b）常见的无线路由器

图 5.29　多协议路由器和常见的无线路由器

路由器的四大功能包括：动态选择最短路径、协议转换、流量控制和分段和组装。由于路由器工作在第三层（网络层），比网桥更了解整个网络的状态和拓扑，因此可以根据信道的情况，自动地、动态地选择并设定路由，以最佳路径（即最短路径）按先后顺序发送信号。其路由选择的过程如下。

（1）第一个路由器从数据包中提取目的主机的 IP 地址，然后计算目的主机所属网络的网络地址。

（2）如果目的主机所属网络的网络地址与路由器直接相连的网络地址匹配，则直接在该网络进行投递（封装、物理地址映射、转发数据）。

（3）如果不是，则查看路由表，看其中是否包含到达目的主机的 IP 的路由（图 5.30 为某路由器的下一跳路由表）。

（4）若路由表中没有该地址，则按默认路由进行数据包的转发。

（5）若路由表中有该地址，就根据路径表由软件计算出最佳路径。通常最佳路径会包含多个路段，经由多个路由器。第一个路由器只将数据包转发到指定的下一跳地址的第二个路由器处。

（6）第二个路由器用同样的方式，将数据帧转发给第三个路由器。经多次转发，在到达最后一站路由器时，发现该 IP 地址就在此路由器所连接的网段上，于是将该数据帧直接交给目的节点。

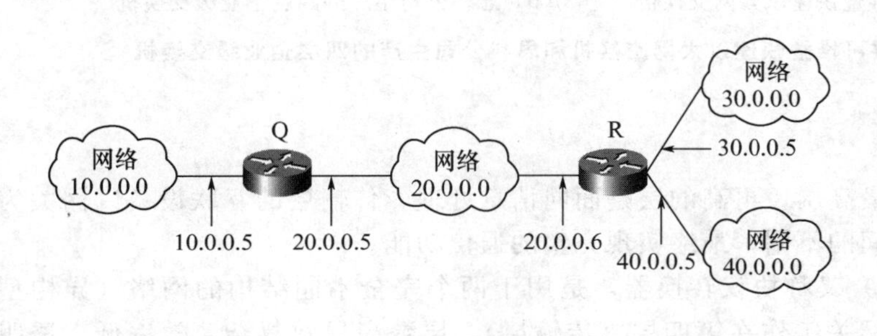

目的网络	下一跳地址
10.0.0.0	20.0.0.5
20.0.0.0	直接投递
30.0.0.0	直接投递
40.0.0.0	直接投递
其他网络	20.0.0.5

图 5.30　某路由器的下一跳路由表

路由器和其他二层互联设备的区别在于，交换机只能识别MAC地址，MAC地址是物理地址，而且采用平面式的结构，因此不能根据MAC地址来划分子网。而路由器识别IP地址，可以非常方便地划分子网，也能支持VLAN间路由。

网桥不具有流量控制功能。交换机之间只能有一条线路，不允许回路，使得数据集中在一条通信线路上，不能进行动态分配，以平衡负载。而路由器之间却可以有多条通路来平衡负载（将信息包分片或者将信息包排序分别发送到多条通路），提高网络的可靠性。

2. 三层（四层）交换机

随着现在局域网组件规模的增大，致使VLAN迅速普及，三层交换机也出现在很多公司的网络中。三层交换机可以简单地理解为“基于硬件的路由器（具有部分路由器功能）＋二层交换机”，三层交换机可以通过路由缓存来记忆路由，使得需要路由的信息包只路由一次，以后再有发送同一目标的包就依靠“记忆”直接转发，实现了“一次路由，多次交换”的功能。三层交换机的最重要目的是加快大型局域网内部的数据交换。对于数据包转发、IP路由等规律性的过程由硬件高速实现，而像路由信息更新、路由表维护、路由计算、路由确定等功能，由软件实现。因此可以说，三层交换机具有“路由器的功能、交换机的性能”。硬件结构上，三层交换机更接近于二层交换机，只是针对三层路由进行了专门设计，这就是它称为“三层交换机”而不称为“××路由器”的原因。

24口三层可堆叠快速以太网交换机

后期又出现了四到七层交换机，具备可以过滤数据包、识别数据包的内容等更加智能化的功能。图5.31的照片展示了三层以太网交换机和四层企业级交换机的产品外观。

（a）24口三层可堆叠快速以太网交换机

（b）思科公司生产的四层企业级交换机

图5.31　24口三层可堆叠快速以太网交换机和思科公司生产的四层企业级交换机

5.5.4　网关

传输层是面向通信的最高层，再高的层是面向信息处理。传输层的互联设备以网关为主，可以弥补各通信子网间的不同，最终实现完整的通信功能。

网关（Gateway，GW）又称协议转换器，是用于两个完全不同结构的网络（异构型网络）的网际互联设备。网关工作在第四层（传输层），层数高导致复杂、效率低、透明性弱，一般只能进行一对一的转换协议，或是少数几种特定应用协议转换。网关按功能可以分为3类：协议网关、应用网关、安全网关。例如，Ethernet网与IBM SNA（一种大型计算机主机网络）或者电话网络和Internet的互联，就需要用到网关。图5.32列举了几种用于不同场合的网关。

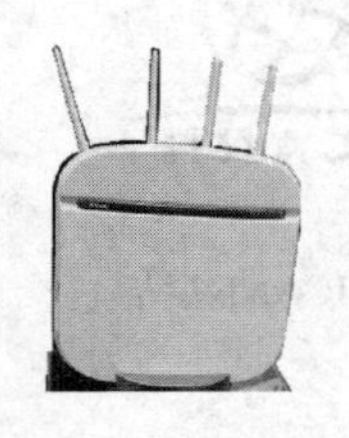

（a）5GNR增强型家用网关

（b）VoIP多用户接入网关

（c）企业级开线VPN安全网关

图5.32　5GNR增强型家用网关、VoIP多用户接入网关及企业级无线VPN安全网关

5.6　应用层协议

应用层为用于通信的应用程序和用于消息传输的底层网络提供接口，由于它直接面对用户，是网络应用得以实现的地方，因此应用层的协议很多，涉及网络应用的方方面面。

5.6.1　DNS域名系统

1. DNS域名系统的概念

在浏览器的地址栏里，输入http：//218.241.97.42/和输入http：//www.cnnic.net.cn（中国互联网络信息中心网站）所得到的结果是一样的。前者是IP地址，它虽然能被机器直接读取，但作为一串数字，不容易被人们记住。于是，人们将自己的网站改为好记的英文名字，称为“域名”。然后，利用域名系统（Domain Name System/Service，DNS），将域名和IP地址对应起来。

DNS始于1983年，保罗·莫卡派乔斯（Paul Mockapetris）在RFC1034/1035上发布了DNS草案，1987年修订过一次之后，就基本没有再改动过。1985年某美国公司注册了世界上首个“.com”域名。1993年Internet出现WWW协议，域名开始吃香。如今的DNS域名解析，不仅是因特网的一项核心服务，还具有像品牌、商标一样重要的识别作用。

若想查询某域名对应的IP地址，可以在“开始-运行”中输入“cmd”指令，进入后输入“nslookup＋空格＋域名”指令，就可以得到对应的IP地址，或者输入“ping＋空格＋域名”指令，也可以看到来自对应IP地址的回复，如图5.33所示。若还想查询域名的所有者等其他相关信息，可以通过WHOIS协议来向服务器发送查询请求。该协议能从存放已注册域名的详细信息的数据库中，返回域名所有人、域名注册商、注册时间、注册地点、联系电话等信息。有不少网站（例如百度）应用都提供该查询服务。

互联网名称与编号分配机构（The Internet Corporation for Assigned Names and

```
C:\Windows\system32\cmd.exe
Microsoft Windows [版本 6.1.7601]
版权所有 (c) 2009 Microsoft Corporation。保留所有权利。

C:\Users\hjj>nslookup www.pup6.com
服务器:  68.192.128.61.cq.cq.cta.net.cn
Address:  61.128.192.68

非权威应答:
名称:    www.pup6.com
Address:  114.112.58.142
```

(a) nslookup命令

(b) ICANN徽标

图 5.33　nslookup 命令和 ICANN 徽标

中国互联网络信息中心宣传片

Numbers，ICANN）是一个非营利性的国际组织。负责全球互联网的根域名服务器和域名体系、IP 地址及互联网其他码号资源的分配管理和政策制定。它通过共享式注册系统（Shared Registry System，SRS）确保域名的注册过程是开放式公平竞争的，并通过 InterNIC（国际互联网络信息中心）网站，提供互联网域名登记服务的公开信息。

我国的国内域名为“.cn”，由 CNNIC（中国互联网络管理中心）发放与注册登记。可以通过 WHOIS 协议来向服务器发送查询请求。2017 年起施行的《互联网域名管理办法》（工业和信息化部第 43 号令），要求域名必须实名注册。截至 2019 年 6 月，我国 IPv4 地址数 33892 万个；IPv6 地址 41079 块（/32），域名总数超 4800 万个。其中“.cn”域名总数为 2185 万个，位居国家和地区顶级域名首位。国际出口带宽数为 8946570Mbps，网站数量为 523 万个，“.cn”下网站数量为 326 万个，较 2017 年底增长 3.4%。如图 5.34所示可查询到已注册域名的详细信息。

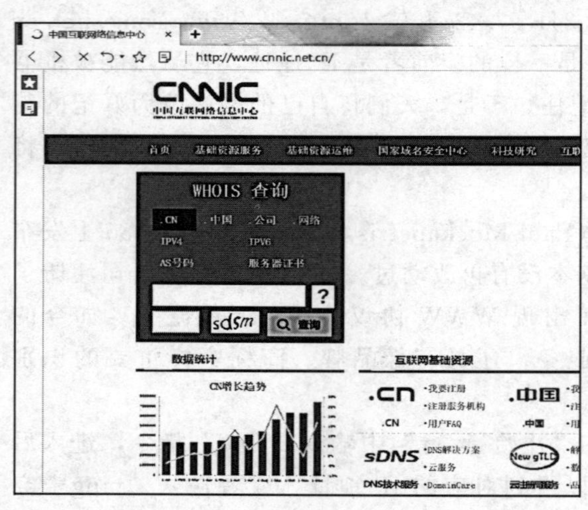

(a) CNNIC应用

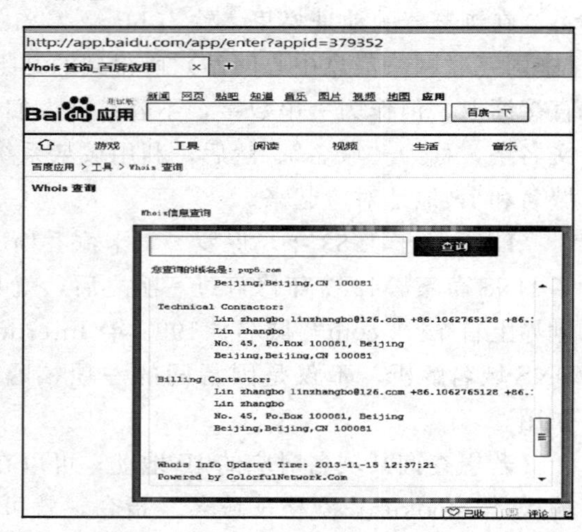

(b) 百度应用

图 5.34　用 CNNIC 或百度应用都可查询到已注册域名的详细信息

2. DNS 域名设置

DNS 实际上是一个分布式数据库，用来完成 IP 地址和域名之间的映射。它就好比一

个自动的电话号码簿，用户可以直接拨打文字形式的名字来代替数字形式的号码地址。DNS域名一般由3个部分组成，如表5.10所示，每个部分都允许使用英文、中文等多国文字、数字和表示间隔的“.”号。域名不区分大小写、不能以“.”开头、也不能有空格或其他符号。域名总长度的上限是253个字符，国际域名长度（包括.com和.net等后缀占4个字符）不能超过67个字符，国内域名不能超过26个字符。

表5.10　域名一般由3个部分组成

组成部分名称	前缀	标号	后缀
例	www	pup6	net

域名最右边的后缀是顶级域名（共250个放在13个根域名服务器上），然后依次为二级域名、三级域名，如图5.35所示。

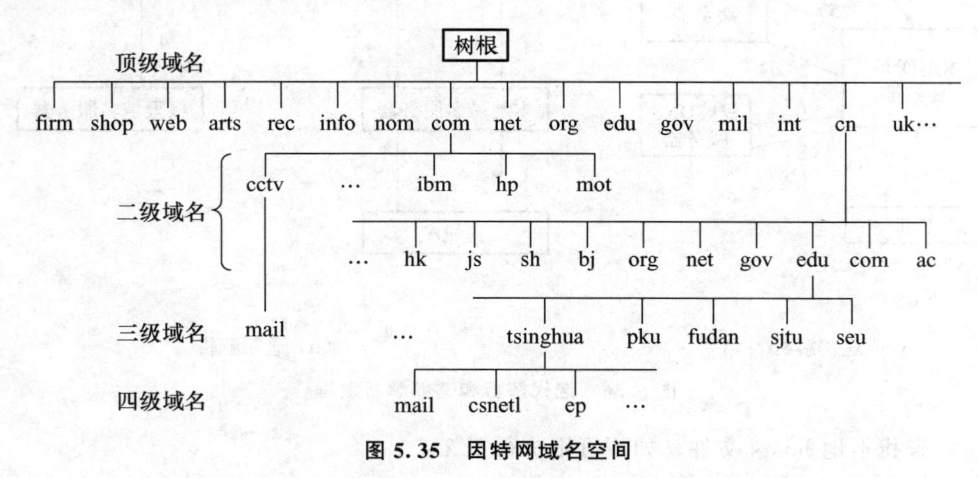

图5.35　因特网域名空间

域名也可以按表示的含义分为类型名和区域名两类，如表5.11所示。区域名用两个字母表示世界各国和地区，顶级域名中表示区域的称为“国内顶级域名”。二级域名中也有表示区域的，如bj（北京）、sh（上海）。

表5.11　常见类型域名和区域域名

域名	表示的组织或机构的类型	域名	表示的国家或地区
com	商业机构	mil	军事机构
net	网络服务机构	int	国际性组织
edu	教育机构	cn	中国
gov	政府部门	us	美国

非英语国家也在陆续推广本国语言的域名系统，总称国际化域名（Internationalized Domain Name，IDN，也称多语种域名）。例如 http：//北京大学．中国。

3. 域名解析过程

域名解析采取自顶向下的算法，从根服务器到叶服务器，在其中的某个节点上一定能找到所需要的域名→地址映射。域名解析基本方法有迭代解析（Iterative Resolution）和递归解析（Recursive Resolution）两种，如图 5.36 所示。递归解析要求 DNS 服务器系统一次性完成全部的域名→地址转换；而迭代解析每次只请求一个 DNS 服务器，行不通再去请求第二个 DNS 服务器，主要任务由客户机解析器软件完成。迭代解析分为 9 步。

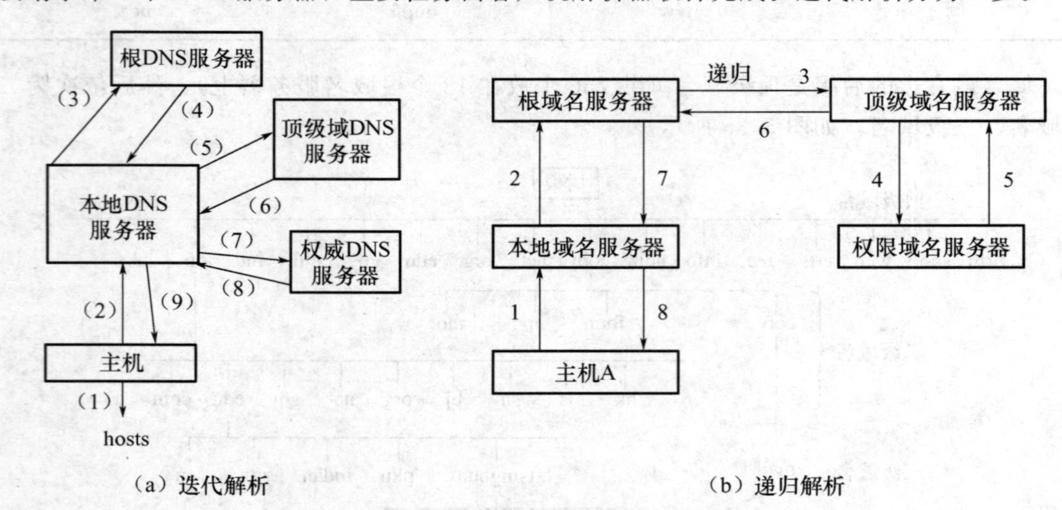

图 5.36　迭代解析和递归解析流程

(1) 查找本地 hosts 文件，如不可则执行第 2 步。

(2) 查找本地 DNS 服务器。

(3) 和 (4) 查找根 DNS 服务器，返回对应的顶级域 DNS 服务器地址（注：更多的情况是本地 DNS 服务器已经缓存了顶级域 DNS 服务器的地址，而跳过了第 3、4 步）。

(5) 和 (6) 查找顶级域 DNS 服务器。返回对应的权威 DNS 服务器 IP（注：也可能返回一个中间服务器地址，通过这个服务器得到权威 DNS 服务器 IP）。

(7) 和 (8) 本地服务器通过这个权威 DNS 服务器得到最终 IP 地址。

(9) 本地 DNS 服务器将得到的 IP 和对应的域名缓存起来，并返回给请求解析的主机。

还有一种名为动态 DNS 服务（Dynamic DNS，DDNS）的技术，可以将域名和动态 IP 地址实时解析。动态 DNS 服务可以捕获用户每次变化的 IP 地址，然后将它与域名相对应，这样域名就可以始终解析到非固定 IP 的服务器上，互联网用户通过本地的域名服务器获得网站域名的 IP 地址，从而可以访问网站的服务。这就意味着，不管用户在何时、以何种方式上网、动态分配到什么样的 IP 地址，都可以充当互联网服务器。

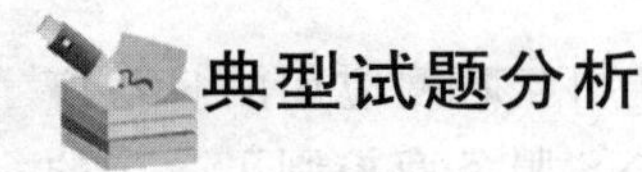

典型试题分析

【全国计算机技术与软件专业技术资格（水平）考试2016下半年网络工程师下午试题】

某公司的IDC（互联网数据中心）服务器Server1采用Windows Server 2003操作系统，IP地址为172.16.145.128/24，为客户提供Web服务和DNS服务；配置了3个网站，域名分别为www.company1.com、www.company2.com和www.company3.com。随着company1网站访问量的不断增加，公司为company1设立了多台服务器。（本书图5.37）是不同用户ping网站www.company1.com后返回的IP地址及响应状况。从图上可以看出，域名www.company1.com对应了多个IP地址，说明在这个DNS属性中启用了__①__功能。若再勾选了“启用网络掩码排序”，则当存在多个匹配记录时，系统会自动检查这些记录与客户端IP的网络掩码匹配度，按照__②__原则来应答客户端的解析请求。如果勾选了“禁用递归”，这时DNS服务器仅采用__③__查询模式。当同时启用了网络掩码排序和循环功能时，__④__优先级较高。

A. 循环　　　　B. 网络掩码排序

答案：①启用循环；②掩码接近度匹配，对来访者实行的本地子网优先级匹配；③迭代；④B。

```
Microsoft Windows [版本 5.2.3790]
(c) 版权所有 1985-2003 Microsoft Corp.

C:\Users>ping www.company1.com

Pinging company1.wscache.ourglb0.com [172.16.145.192] with 32 bytes of data:

Reply from 172.16.145.192: bytes=32 time=11ms TTL=57
Reply from 172.16.145.192: bytes=32 time=13ms TTL=57
Reply from 172.16.145.192: bytes=32 time=15ms TTL=57
Reply from 172.16.145.192: bytes=32 time=13ms TTL=57

Ping statistics for 172.16.145.192:
    Packets: Sent=4, Received=4, Lost=0 <0% loss>,
Approximate round trip times in milli-seconds:
    Minimum=11ms, Maximum=15ms, Average=13ms
```

```
Microsoft Windows [版本 10.0.10586]
(c) 2015 Microsoft Corporation.

C:\Users>ping www.company1.com

Pinging company1.wscache.ourglb0.com [172.16.145.193] with 32 bytes of data:

Reply from 172.16.145.193: bytes=32 time=5ms TTL=57
Reply from 172.16.145.193: bytes=32 time=6ms TTL=57
Reply from 172.16.145.193: bytes=32 time=5ms TTL=57
Reply from 172.16.145.193: bytes=32 time=8ms TTL=57

Ping statistics for 172.16.145.193:
Packets: Sent=4, Received=4, Lost=0 <0% loss>,
Approximate round trip times in milli-seconds:
```

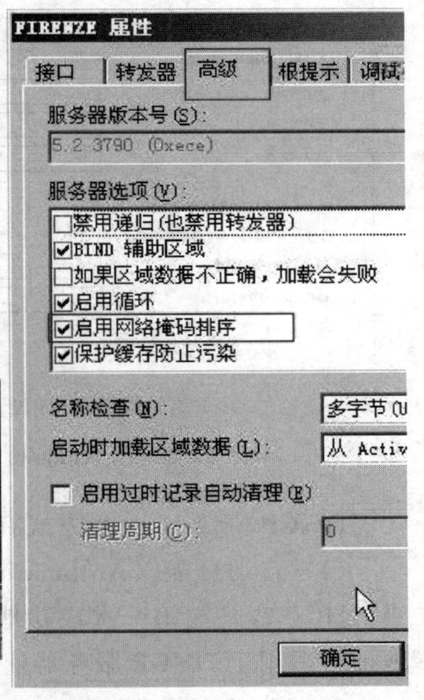

图5.37　全国计算机技术与软件专业技术资格（水平）考试2016下半年网络工程师下午试题

4. 域名安全问题

常见的域名安全问题有域名信息更改、域名劫持、DNS缓存投毒、中间人攻击、

DDOS 攻击、DNS 污染等形式。

随着域名系统作为互联网中枢神经系统的重要作用日益凸显和互联网应用的日益广泛，域名安全事件也呈现多发趋势。据一项统计表示全球四大 DNS 服务商控制了一半的流行域名解析。这也加大了域名解析的风险。近年来，微软、谷歌、纽约时报、推特、腾讯、百度、土豆网等国内外知名网站域名相继被攻击、被劫持，小站长、米农域名等被盗事件也比比皆是。

5.6.2 DHCP 动态主机配置协议

动态主机配置协议（Dynamic Host Configuration Protocol，DHCP）的前身是 BOOTP（引导程序协议）。手动配置一台计算机的网络 IP 时，如果在机房里，要向网络管理员申请，分配一段正确的 IP 地址，还要把 CIDR、子网掩码、广播地址和网关地址统统配好。但是有的网络规模大，有的网络流动性大，如果反复设置 IP 信息太麻烦了。因此动态分配管理 IP 地址的 DHCP 协议应运而生。DHCP 协议主要是用来给客户租用 IP 地址，和房产中介很像，要商谈、签约、续租、广播，还不能“抢单”。

在 Windows 系统里的客户端的 PHCP 设置和路由器的 DHCP 设置如图 5.38 所示。

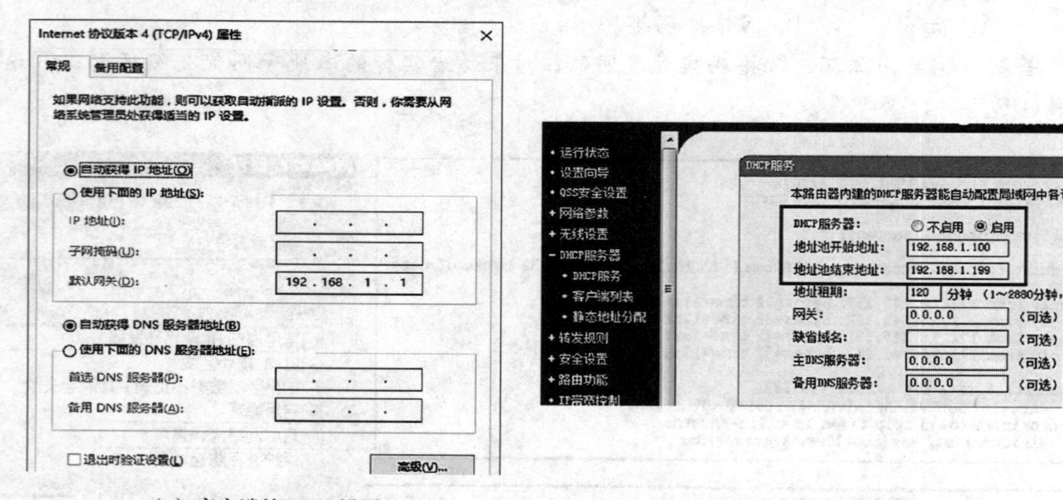

（a）客户端的DHCP设置　　　　（b）路由器端的DHCP设置

图 5.38　在 Windows 系统里的客户端的 DHCP 设置和路由器端的 DHCP 设置

DHCP 协议 IP 分配方式有 3 种模式：

（1）自动分配（Automatic Allocation）。DHCP 服务器自动实现 IP-MAC 地址绑定。当 DHCP 客户端第一次成功地从 DHCP 服务器获取一个 IP 地址后，就永久使用这个 IP 地址。适用于 DHCP 服务器让客户端每次都获得相同 IP 地址的情况。

（2）动态分配（Dynamic Allocation）。从 DHCP 服务器获取 IP 地址是有时间期限的，每次使用完后，DHCP 客户端就需要释放这个 IP 供其他客户端使用。适用于在线客户端数量小于客户端总数的情况。

（3）手动分配（Manual Allocation）。由 DHCP 服务器管理员制定专门的 IP 地址分配给指定的用户。

DHCP 有两种工作模式：

(1) DHCP 服务器模式。用户与服务器需要在同一个 LAN 网段，用户发送主播报文，服务器能收到。

(2) DHCP 中继/代理/RELAY 模式。DHCP 服务器和 DHCP 用户不在同一个网段。

以 DHCP 服务器模式为例，DHCP 服务器分配 IP 的过程分为①发现（Discover）、②提供（Offer）、③选择（Request）、④确认（ACK）四个阶段，这四个阶段的名称详写如图 5.39 所示。

图 5.39　DHCP 服务器分配 IP 的过程

图 5.40(a) 给出了 DHCP 协议包的组成格式。图 5.40(b) 是在一次实际使用过程中，当进行到 DHCP 服务器分配 IP 地址全过程中的第二步②提供（Offer）阶段时，抓包获得的数据。

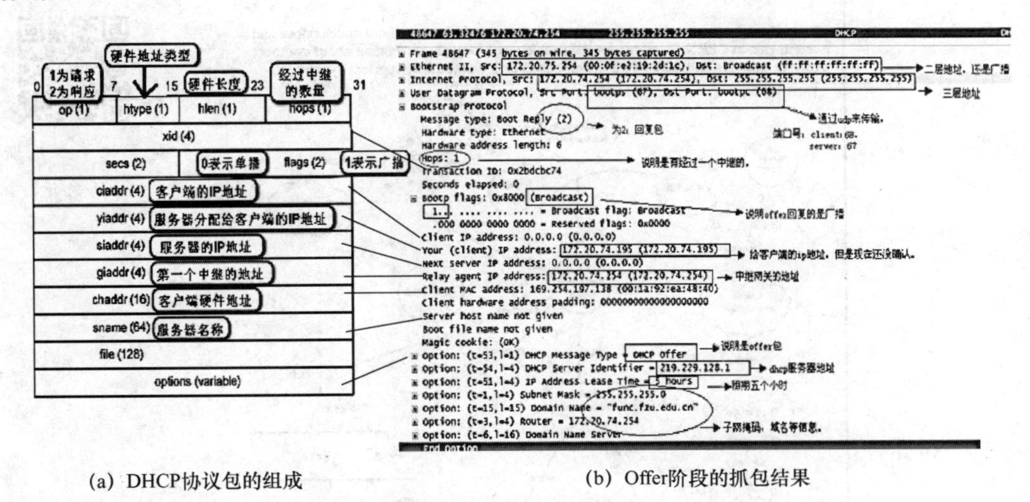

(a) DHCP协议包的组成　　(b) Offer阶段的抓包结果

图 5.40　DHCP 协议包的组成和 Offer 阶段的抓包结果

DHCP 大大简化了网络管理工作，当存在 IP 地址冲突时，DHCP 服务器会先将其从地址池中删除，再重新分配地址。DHCP 协议还能支持预启动执行环境（Preboot Execute Environment，PXE）无盘安装操作系统，在云计算领域大有用处。

5.6.3　Web 协议

当一个用户打开网页时，他（她）看到的文章可能分别存储在世界各个角落的各台服务器上。在这些用户中，只有少部分“铁杆粉丝”是直接通过地址栏键入“一步”进入该作者的页面的，更多的是通过点击超链接跳转到下一个页面的，这一切都要归功于 WWW 的出现。

互联网上的早期应用只有新闻组、电子邮件、远程登录等寥寥几个，为此明尼苏达大学开发了一个名为 Gopher 的信息检索系统（The Internet Gopher Protocol，俗称“地鼠协议”）。Gopher 将互联网上的文件组织成基于文本的菜单索引编目，用户可以在不知道网络地址和专业的网络查询命令的情况下，在 Gopher 菜单的逐级引导下，实现筛选和获取。但随着文件的不断增加和更新，人们很难找到相关的最新资料。于是，“万维网之父”蒂姆·本尼斯李（Tim Berners-Lee）于 1989 年提出：由服务器负责维护超文本目录，目录的链接指向每个人的文件；由每个人负责维护和更新自己的文件，保证别人访问时总是有效的（该提案现在依然可以在 www. w3. org/History/1989/proposal. html 上找到，如图 5. 41 所示）。这就是著名的 World Wide Web 协议，简称为 Web 或 WWW，中文翻译为“万维网”（万维网 3 个字的拼音首写字母也是 3 个 W）。

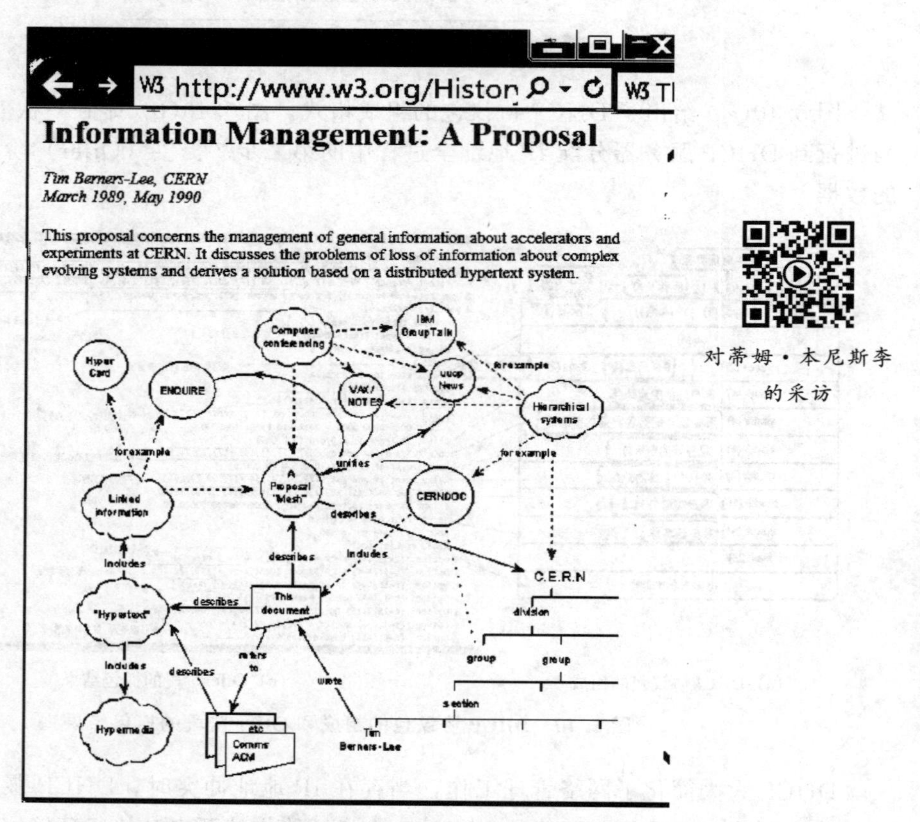

对蒂姆·本尼斯李的采访

图 5. 41　蒂姆·本尼斯李于 1989 年给出的 WWW 提案

WWW 不是普通意义上的物理网络，而是一种信息服务器的集合标准。超链接使得 Web 上的信息不仅可按线性方式搜索，而且可按交叉方式访问。其中的超文本标记语言（Hyper Text Markup Language，HTML）技术，虽然并不是专门为互联网设

计的，但是当超文本与互联网结合起来后显得如虎添翼。互联网上原本孤岛一般的众多资源，通过超文本链接成了纵横交错、相互关联、畅通可达的网络。尤其是1993年出现的Mosaic（马赛克浏览器，是第一个被普遍接受的图形浏览器），以及之后的Netscape（网景）、Firefox（火狐）等浏览器，专门用于交互式的定位和访问Web信息，进一步促进了超文本的发展。超媒体（Multimedia Hypertex）等技术，又能将本地的、远程服务器上的各种形式的文本、图形、声音、图像和视频等综合在一起，形成多媒体文档。最终。WWW成为了因特网爆炸式发展的导火线。民众极其欢迎这种开放式的信息媒体，广大商家也敏锐地看到了商机，纷纷成立网站，促使相关技术继续飞速发展。

当进入一个新的Web站点时，访问者首先看到的是主页（Home Page），它包含了连接同一站点其他项的指针，也包含了到其他站点的连接。

Internet上的每一个网页都具有一个唯一的名称标识，通常称为URL（Uniform Resource Locator）地址，俗称“网址”。URL的格式如下所示（注：“[ ]”里的内容可选）。

```
协议名称：// [用户名：口令@] 主机名 [：端口] /目录/文件名
例如：    http：//wenku.baidu.com：80/view/ews22f.html
          http：//192.168.1.100/class/01/123456.asp
```

5.6.4 超文本传输协议HTTP

超文本传输协议（Hyper Text Transfer Protoco，HTTP）是一种按照URL指示，将超文本文档从一台主机（Web服务器）传输到另一台主机上的应用层协议。协议中的超文本（Hyper Text）包含超链接（Link）和各种多媒体元素标记（Markup）的文本。最常见的超文本格式是超文本标记语言HTML。

HTTP遵照“请求/响应交互模型”，以打开百度主页为例：当用户点击URL为http://www.baidu.com的链接后，浏览器和Web服务器执行以下操作。

（1）浏览器分析超链接中的URL。

（2）浏览器向DNS请求解析www.baidu.com的IP地址。

（3）DNS将解析出的IP地址14.215.177.39返回浏览器。

（4）浏览器与服务器建立TCP连接（80端口）。

（5）浏览器请求文档：GET/index.html。

（6）服务器给出响应，将文档index.html发送给浏览器。

（7）释放TCP连接。

（8）浏览器显示index.html中的内容。

HTTP还提供代理功能，HTTP代理又称Web缓存或代理服务器（Proxy Server）。这是一种网络实体，能代表浏览器发出HTTP请求，并将最近的一些请求和响应暂存在本地磁盘中。如果请求的Web页面之前暂存过，则直接将暂存的页面发给客户端（浏览器），无须再次访问Internet。使用HTTP代理的Web访问过程如

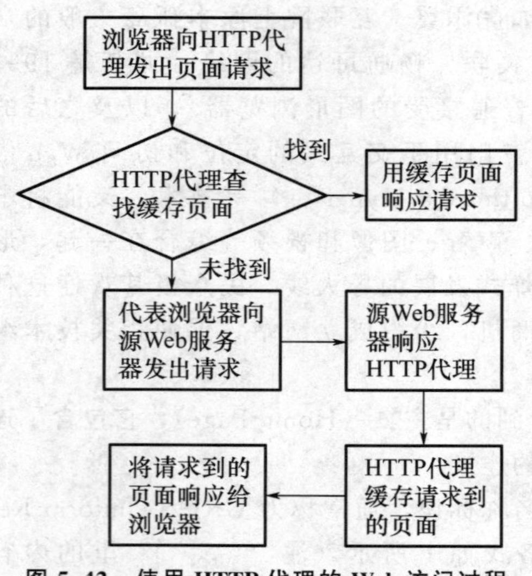

图 5.42　使用 HTTP 代理的 Web 访问过程

图 5.42所示。

由于 HTTP 是“请求/响应交互模式”，因此 HTTP 发送的消息也分为请求消息和响应消息两种。

(1) 请求消息 Request。分为请求行（Request Line）、消息头部（Header）、空行和实体内容（Body）4 个部分。第一行请求行，又由方法（Method）、URL、版本号这 3 个参数组成。

(2) 响应消息 Response。服务器接收并处理客户端发过来的请求后会返回一个 HTTP 的响应消息。响应消息也分为状态行（Status Line）、消息头部、空行和实体内容 4 个部分。第一行状态行，又由版本号、状态码（Status-Code）、短语这 3 个参数组成。

图 5.43 是在使用浏览器成功访问某网页时，发送和接收的 HTTP 消息。其中各部分的含义可以查询表 5.12。

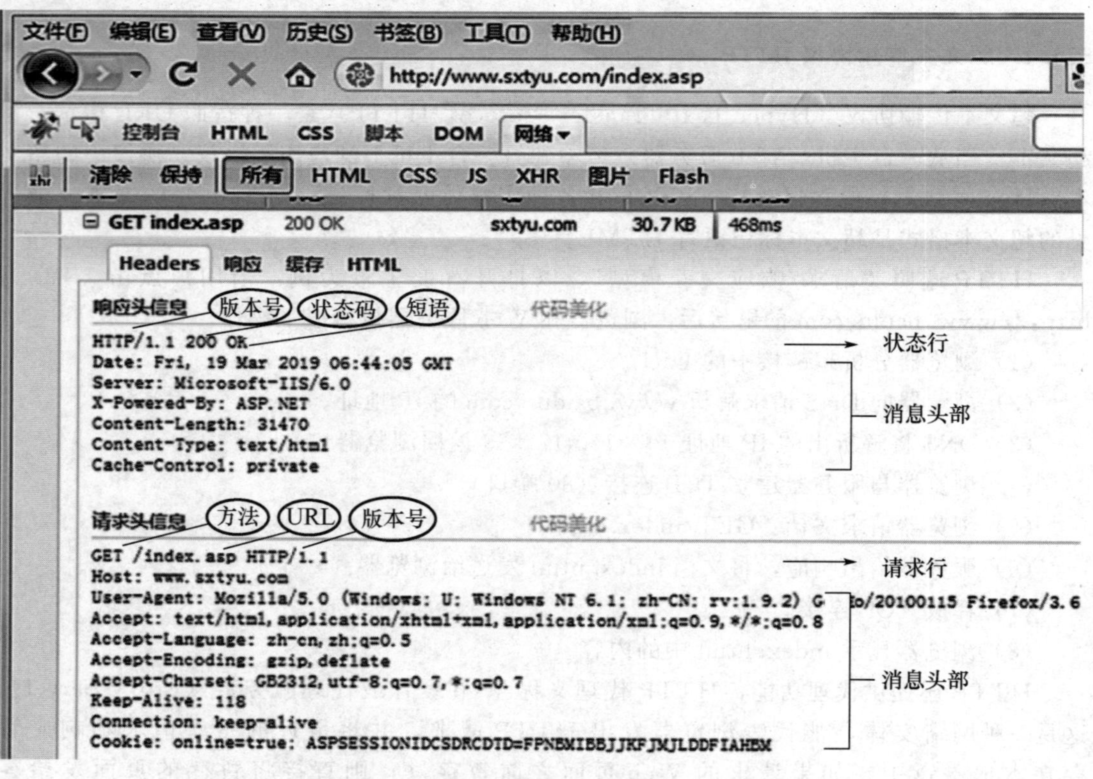

图 5.43　访问某网页时的 HTTP 消息实列

表 5.12　常见的请求行的方法、消息头部的字段名和状态行的状态码

请求行的方法		消息头部的字段名			状态行的状态码		
方法名	含义	头部	类型	说明	代码	含义	例子
GET	请求读取一个 Web 页面	Accept-Language	请求	允许语种，如英文 en，简体中文 zh-cn	1xx	通知信息	100＝服务器正在处理客户请求
POST	附加一个命名资源（如 Web 页面）	Host	请求	服务器 DNS。从 URL 中提取出来	2xx	成功	200＝请求成功（OK）
DELETE	删除 Web 页面	User-Agent	请求	发送请求的用户信息	3xx	重定向	301＝页面改变了位置
CONNECT	用于代理服务器	Date	双向	消息被发送时的日期和时间	4xx	客户错误	403＝禁止的页面
HEAD	请求读取一个 Web 页面的首部	Server	响应	服务器的信息			404＝页面未找到
PUT	请求存储一个 Web 页面	Content-Length	响应	以字节计算的页面长度	5xx	服务器错误	500＝服务器内部错误
TRACE	测试时，要求服务器送回该请求	Cookie	请求	将已有的 Cookie 送回服务器			503＝以后再试

在表 5.12 上所列举的几种消息头部里，有一个名为 Cookies 的字段，这是服务器暂存放在用户计算机里的资料，好让服务器用来辨认该计算机。当用户在浏览网站的时候，Web 服务器会先发送一些微量的资料放在用户的计算机上，Cookies 会把该用户在网站上所输入的文字或是一些选择都记录下来。当下次该用户再次访问同一个网站时，Web 服务器会先查看有没有上次留下的 Cookies 资料，如果有，就会依据 Cookie 的内容来判断使用者，送出特定的网页内容。但是，某些网站如果保留 Cookies 及缓存过多，会导致网页打开缓慢，大量占用系统空间，导致系统变慢。而且 Cookies 也有可能暴露用户的浏览信息，包含个人隐私、浏览痕迹等，还有可能引发针对性的诈骗。所以某些时候即时清理 Cookies 也是很有必要的。图 5.44 展示了 Win10 系统内置 IE 浏览器的“删除浏览历史记录”功能，其中就包含了删除 Cookie 文件的选项。

5.6.5　P2P 协议

P2P（Peer-to-Peer）是端到端对等网络协议。早期的电话通信、分布式系统、网络游戏中的诸玩家已经体现了对等传输的思想。P2P 不同于传统的客户/服务器网络，而是换一种去中心化的传输方案，它为文件共享、实时视频等提供了便利。其中的 BitTorrent 协

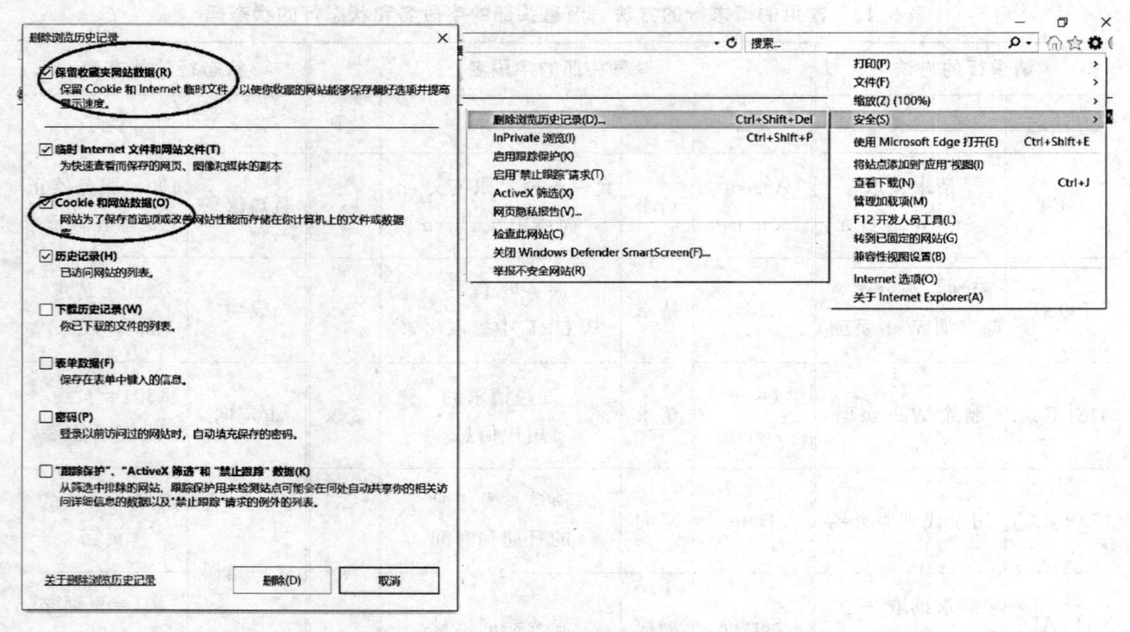

图 5.44　Win 10 系统内置 IE 浏览器的“删除浏览历史记录”功能

议（简称 BT 协议，又名“变态下载”）是一种互联网上新兴的 P2P 传输方式，例如 Napster、讯雷、电驴 EMUL、比特精灵等软件都是 BT 的变种协议。

P2P 协议共有以下四种模式。

(1) tracker 式。这种模式依赖于 tracker 服务器，是一种“元数据集中、文件数据分散”的模式。先通过 BitTorrent（简称 BT）协议把一个文件分成很多个小段，客户端首先解析 .torrent 文件，得到 tracker 地址服务器，并连接 tracker 服务器。tracker 服务器再将其他下载者（包括发布者）的 IP 提供给下载者。然后客户端根据 .torrent 文件连接其他下载者，两者分别告知对方自己已经有的块，然后交换对方没有的。

(2) 纯随机式。这种模式可控性差、泛洪循环、响应消息风暴，一般不使用。

(3) 混合式。这种模式由多个超级节点组成分布式网络，每个超级节点有多个普通节点与它组成局部的集中式网络。一个新的普通节点加入，则先选择一个超级节点进行通信，该超级节点再推送其他超级节点列表给新加入节点。

(4) 结构化（Distributed Hash Table，DHT）去中心化网络。这种模式基于分布式的哈希算法，分别用 Hash 函数给资源空间和节点空间编号，在资源 ID 和节点 ID 之间建立起一种映射关系。将某个资源的所有索引信息存放到某个节点上。一个文件计算出一个哈希值，相同哈希值的 DHT node 有责任提供下载这个文件的途径，即使它自己没保存这个文件。

在 DHT 模式下，BitTorrent 启动之后扮演了两个角色：一个是 peer 角色，监听一个 TCP 端口，用来上传和下载文件资源；另一个是 DHT node 角色，监听一个 UDP 的端口，用于加入 DHT 网络。

由于 P2P、视频/流媒体、网络游戏等流量占用过大，影响网络性能，可以采用部署

流量控制设备来保障正常的 Web 及邮件流量需求。据 2018 年《全球互联网现象报告》公布，在亚太地区的下行流量应用排名中，BitTorrent 应用排名第 7，高于 YouToBe 和 HTTP 下载等应用。而在亚太地区的上行流量中，BitTorrent 却排第一，这意味着亚太地区的 BitTorrent 用户有在下载完成后未立刻关闭上传的使用习惯，也从另一个侧面反映了亚太地区的高带宽服务普及程度。

客户/服务器网络和 P2P 网络如图 5.45 所示。

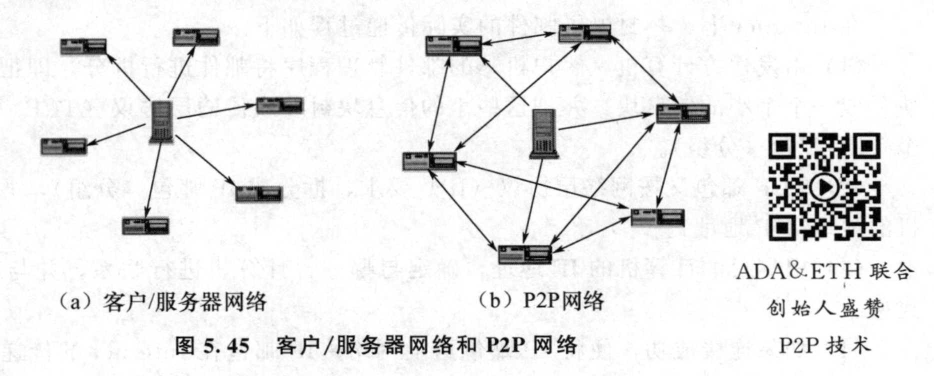
(a) 客户/服务器网络　　(b) P2P网络

图 5.45　客户/服务器网络和 P2P 网络

ADAÐ 联合创始人盛赞 P2P 技术

5.6.6　SMTP 和 POP3 协议

电子邮件服务是 Internet 为用户提供的一种最基本的、最重要的服务之一，其收发过程如图 5.46 所示。处理电子邮件的计算机称为邮件服务器，包括发送和接收两种。电子信箱实质上是邮件服务提供机构在服务器的硬盘上为用户开辟的一个专用存储空间，每个电子邮箱有唯一的电子邮件地址。邮件地址的格式由用户名、@符号和电子邮件服务器名这三部分组成。例如：Tom@163. com，123456@qq. com。

SMTP 协议简介

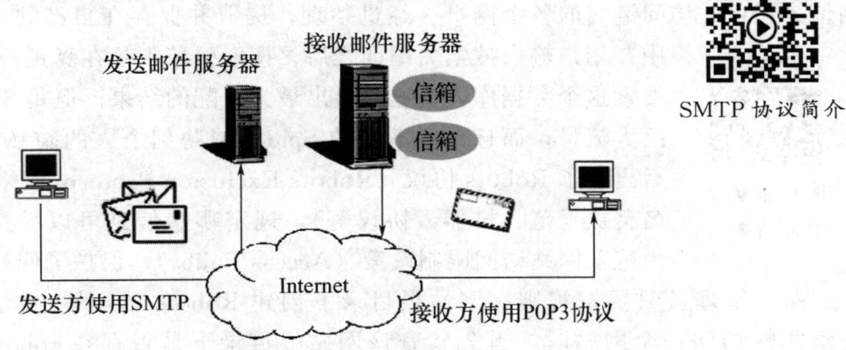

图 5.46　电子邮 件收发过程示意

电子邮件在发送和接收的过程中遵循以下几个基本协议。

(1) 简单邮件传输协议 (Simple Mail Transfer Protocol，SMTP)。这是一个在 Internet 上基于 TCP/IP 的应用层协议，适用于主机之间电子邮件交换。它采用客户服务器模式。

(2) 邮局协议第 3 版 (Post Office Protocol version 3，POP3)。这是电子邮件系统的基本协议之一。基于 POP3 协议的电子邮件软件为用户提供了许多方便，允许用户在不同的地点访问服务器上的电子邮件，并决定是把电子邮件存放在服务器邮箱上，还是存入本地邮箱内。它是典型的离线工作方式。

(3) 多用途 Internet 邮件扩展协议(Multipurpose Internet Mail Extensions, MIME)。它是一种编码标准,解决了 SMTP 协议仅能传送 ASCII 码文本的限制。

(4) 交互邮件访问协议(Internet Mail Access Protocol, IMAP)。它是一种邮件获取协议,在 TCP/IP 上使用 143 号端口。用户不必下载完所有的邮件,而是可以通过客户端直接对服务器上的邮件进行操作。它适合位置固定的用户在线访问邮箱。

在 Internet 上,一封电子邮件的实际传递过程如下。

(1) 由发送方计算机(客户机)的邮件管理程序将邮件进行拆分,即把一个大的信息块分成一个个小的信息块,并把这些小的信息块封装成传输层协议(TCP)下的一个或多个 TCP 邮包(分组)。

(2) TCP 邮包又按网络层协议(IP)要求,拆分成 IP 邮包(分组),并附上目的计算机的地址(IP 地址)。

(3) 根据目的计算机的 IP 地址,确定与哪一台计算机进行联系,并与对方建立 TCP 连接。

(4) 如果连接成功,便将 IP 邮包送上网络。IP 邮包在 Internet 的传递过程中,将通过对路径的路由选择,经过许许多多路由器存储转发的复杂传递过程,最后到达接收邮件的目的计算机。

(5) 在接收端,电子邮件程序会把 IP 邮包收集起来,取出其中的信息,按照信息的原始次序复原成初始的邮件,最后传送给收信人。

5.6.7 Robots 协议搜索引擎

搜索引擎是用来快捷搜索网上资源的工具,使用网络蜘蛛(Spider)技术,从某一个网址为起点,访问链接的各个网页。经过整理,提取并保存在自己的"网页索引数据库"中。用户输入搜索关键词之后,搜索引擎不是在真正搜索因特网,而是在搜索这个数据库,快速地给出最为匹配的结果。但是 Spider 技术会消耗掉巨大流量,而且无所不在的 Spider 威胁到个人的隐私。因此,1994 年之后出现了 Robots 协议(Robots Exclusion Protocol 网络爬虫排除标准,又名爬虫规范、机器人协议等),规定哪些信息可以被抓取、哪些不允许,规范了网站访问限制政策(Access Policy),保护了网站数据和敏感信息。

Robots 协议引起的争议

网站管理员只要按规则在网站根目录下创建 Robots. txt 的文本文件即可。当一个搜索蜘蛛访问一个网站时,首先检查该网站根目录下是否存在 robots. txt。如果存在,就会按照该文件中的内容来确定访问范围;如果该文件不存在,就转而搜索该网站的所有信息。可以在浏览器里直接查到各网站的 Robots. txt 文件,如图 5.47 所示。Robots. txt 文件中的 User-agent 语句定义了搜索引擎的类型;Disallow 语句定义了禁止搜索引擎收录的内容;Allow 语句定义了允许搜索引擎收录的内容。

Robots 协议成为网络通行的道德规范,但它不是命令,也不是防火墙,需要搜索引擎自觉遵守。在很长一段时间里 Facebook 和 Twitter 屏蔽了谷歌,腾讯微信的内容对百度屏蔽至今。反之,著名的 eBay 诉 BE 案、百度诉 360 案都针对那些不顾 Robots 设置,

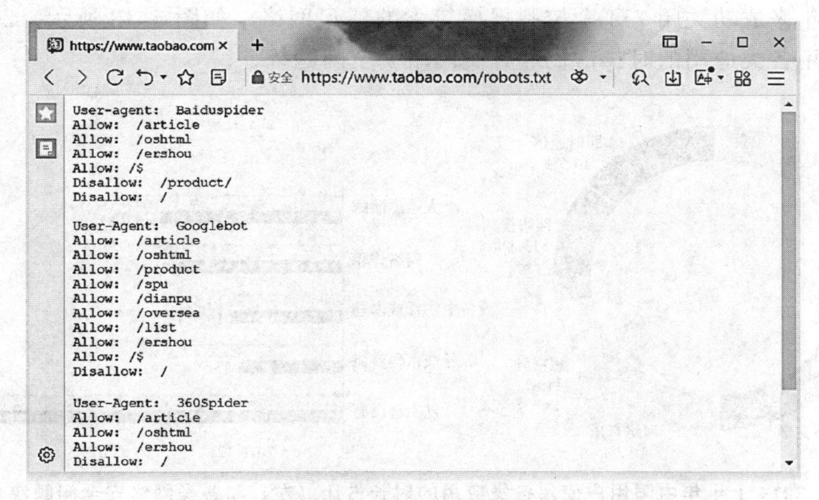

图 5.47　在浏览器里查看各网站的 Robots. txt 文件

强行搜索的行为寻求了法律的支持。

应用层的协议，除了以上列举的以外还有很多。例如互联网远程登录服务协议（telnet）、传输协议（File Transfer Protocol，FTP）、简单网络管理协议（Simple Network Management Protocol，SNMP）、通用管理信息协议（Common Management Information Protocol，CMIP）、网络新闻传输协议（Network News Transfer Protocol，NNTP）、网络时间协议（Network Time Protocol，NTP）等，此处就不一一列举了。

5.7　网络安全

5.7.1　互联网网络安全现状

随着经济的发展，互联网在中国也得到了进一步的发展。党的十二大报告中提到，互联网上网人数达十亿三千万人。中国互联网络信息中心（CNNIC）每年发布两次《中国互联网络发展状况统计报告》，2024 年 3 月的第 53 次报告显示，截至 2023 年 12 月，我国网民规模达 10.92 亿人（其中手机网民规模达 10.91 亿人），互联网普及率达 77.5%。但是，在享受各种丰富多彩的网络应用的同时，我们也会遇到各种网络安全问题。

国家信息安全漏洞共享平台（CNVD）2019 年上半年共收录通用型安全漏洞 5859 个，其中近半为高危漏洞。截止 CNVD 收录该漏洞时，还未公布补丁的漏斗，称为“零日”漏洞，约占 43.3%。这些安全漏洞涉及的类型主要包括设备信息泄露、权限绕过、远程代码执行、弱口令等，涉及的设备类型主要包括家用路由器、网络摄像头等。

国家计算机网络应急技术处理协调中心（CNCERT）在《2019 年上半年我国互联网网络安全态势》中总结道：我国基础网络运行总体平稳，未发生较大规模以上网络安全事件，但我国网络空间仍面临诸多风险与挑战。例如 2019 年上半年，境外约 3.9 万个计算机恶意程序通过控制服务器控制了我国境内约 210 万台主机。规模在 100 台主机以上的僵尸网络多达 1842 个，规模在 10 万台以上的僵尸网络有 21 个。基础电信企业、域名服务机构等，半年来成功关闭714个控制规模较大的僵尸网络。如图5.48所示，2019上半年中国用户使用各类应用的时长占比和各类网络安全问题统计。

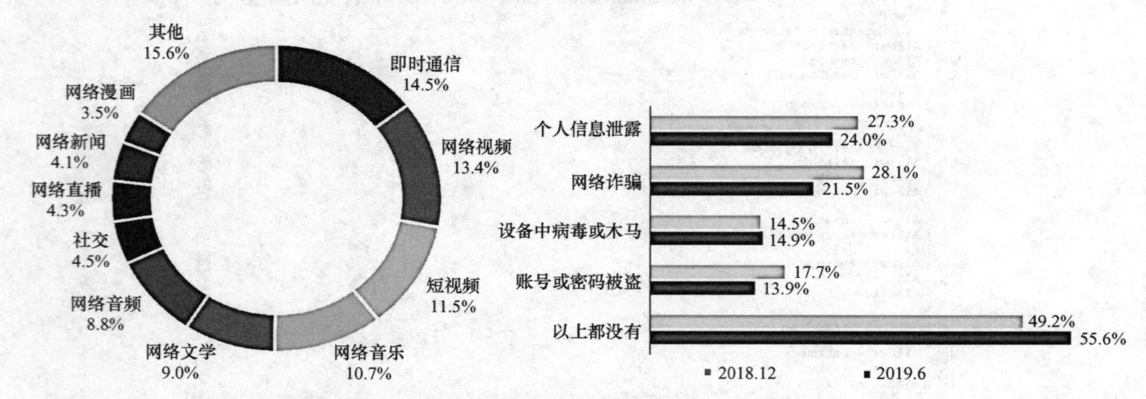

图5.48　2019上半年中国用户使用各类应用的时长占比（左）和各类网络安全问题统计（右）

工业云平台已经成为网络攻击的重点目标。一些知名大型工业云平台持续遭受漏洞利用、拒绝服务、暴力破解等网络攻击。水电行业暴露相关监控管理系统139个、医疗健康行业暴露相关数据管理系统709个。

针对我国重要网站的分布式拒绝服务攻击（DDoS攻击）事件高发，通过CNCERT监测发现并协调处置我国境内被篡改的网站近4万个，其中被篡改的政府网站222个。境内外约1.4万个IP地址对我国境内约2.6万个网站植入后门。恶意电子邮件数量超过5600万封，平均每个恶意电子邮件附件传播次数约151次。我国平均每月约数万个电子邮箱账号密码被攻击者窃取，攻击者通过控制这些电子邮件对外发起攻击。2019年初，某经济黑客组织利用我国数百个电子邮箱对其他国家的商业和金融机构发起钓鱼攻击。

CNCERT监测还发现，在目前下载量较大的千余款移动App中，每款应用平均申请25项权限，收集20项个人信息和设备信息，包括社交、出行、招聘、办公、影音等；大量App存在探测其他App或读写用户设备文件等异常行为。保护用户个人信息和重要数据安全、有效治理和防范网络攻击、全面研究新技术新业务应用带来的安全风险等方面，仍然是我们重点关注的方向。

5.7.2　网络安全威胁的种类

网络攻击的三种类型

计算机信息技术的发展和应用在提高人们工作效率的同时，也带来各种安全隐患，如信息在网络通信过程中被搭线窃听、电磁泄露、病毒感染、非法访问、不正当复制等。OSI安全体系X.800将安全性攻击分为两类，即被动攻击和主动攻击。

(1) 被动攻击时，攻击者只是观察或进行流量分析，而不干扰信息流。相比较而言，被动攻击更难以检测和预防。

(2) 主动攻击是一种攻击者对数据单元（PDU）进行更改、延迟、伪造的操作，是可以检测到的。主动攻击有3种常见方式：篡改、拒绝服务（DoS）、和恶意程序。

恶意程序有很多，有时也会将恶意程序统称为病毒，可以细分为以下几种情况。

① 病毒（Virus）：修改其他程序，有传染性。包括无害病毒、破坏软件个人数据的危险病毒以及能造成网络堵塞、硬件破坏的非常病毒。

② 蠕虫（Worm）：不断自我复制、激活运行、扩散错误。

③ 逻辑炸弹/时间炸弹（Logic Bomb）：在特定时间内、某数据出现或消失时、某磁盘进行访问等操作时，就引发破坏系统的程序。

④ 特洛伊木马（Trogan Horse）：完成正常功能之外，又执行了非授权功能的破坏性程序，属于新型病毒。

⑤ 后门入侵（Backdoor Knocking）：利用系统中的漏洞，通过网络趁虚而入。

⑥ 流氓软件：背后的黑色利益链在不知不觉中，未经许可即安装在你的计算机中，有的伪装成能提供某种服务的工具，或隐藏或明显地运行在计算机上，占用内存、消耗资源，甚至无法用正常的方法卸载。

5.7.3 计算机通信网安全防范措施

计算机通信网安全防范措施，除了提高使用者缺乏安全观念和必备技能等主观因素以外，还有以下一系列技术保障措施。

(1) 扫描漏洞技术。当前网络环境越来越复杂，无法只单纯利用工作人员的工作经验找出网络漏洞，这就需要合理利用网络扫描技术，使系统得到优化，有效更正系统漏洞问题，消除潜在的隐患。

(2) 网络加密技术。包括由通信子网提供的，在1、2层对网络传输链路进行加密（对用户透明）的，防止各种形式的通信量分析。对每条链路中传送的PDU，使用不同的密钥。掩盖源节点和目的节点的地址、掩盖PDU的频度和长度。或者在运输层及以上各层，实现端到端加密，即在源节点和目标节点中，对传送的PDU进行加密，在全网范围内进行密钥管理和分配。

(3) 防火墙技术（Firewall）。针对网络实施安全保护的过程中，防火墙技术是比较有效的。防火墙默认系统内部为安全的，而外部网络是不安全的。将防火墙技术应用于网络对外接口中，限制未授权的访问和外传。

(4) 身份认证技术。利用数字签名等技术，保障数据的真实性、完整性（未被篡改）、不可否认性和公证性，例如，文档中用安全时间戳服务器加盖时间戳的签名具有公证效力。

当前的通信网络存在很多安全问题。随着社会的发展，人们对于网络的依赖越来越多，需要网络传递信息的需求越来越大，因此更需要加大力度进行网络安全维护。同时，网络安全技术水平也需要与时俱进，不断地适应社会，从而促进网络安全顺利发展。正如二十大报告提出的，要“健全网络综合治理体系，推动形成良好网络生态”。

拓展阅读

本章小结

本章介绍了计算机通信网的结构和接入方式，TCP/IP协议簇中常见的一些协议，以及网际互联设备、IP地址和域名设置，最后讨论了互联网的安全问题。学习之后，对于现代通信的主要组网方式，应具备一定的基础，以便在后面的章节中进一步学习下一代网络和三网融合的知识。同时，掌握这些计算机网络中常见的概念，有助于阅读种类众多的计算机类书籍，拓展知识面。

习题

1. 名词解释：计算机网络。

2. 校园网在进行 IP 地址部署时，给某基层单位分配了一个 C 类地址块 192.168.110.0/24，该单位的计算机数量分布如下表所示。

部　门	主机数量
教师机房	100 台
教研室 A	32 台
教研室 B	20 台
教研室 C	25 台

要求各部门处于不同的网段，请将下表中空格处的主机地址（或范围）和子网掩码补充完整。

部　门	可分配的地址范围	子网掩码
教师机房	192.168.110.1～(　　　)	(　　　)
教研室 A	(　　　)～(　　　)	(　　　)
教研室 B	(　　　)～(　　　)	(　　　)
教研室 C	(　　　)～(　　　)	(　　　)

3. 已知有 4 个子网：10.1.201.0/24、10.1.203.0/24、10.1.207.0/24 和 10.1.199.0/24，经路由汇聚后得到的网络地址是多少？

4. 什么是 ARP 欺骗？如何预防 ARP 欺骗？

5. TCP 连接的建立通常需要三次握手，关闭需要四次握手，为什么关闭会多一次？

6. 假如服务器突然掉电重启，但客户端并不知情，请问此时二者之间的 TCP 连接处于什么状态？

7. 网桥、中继器和路由器的主要功能是什么？工作在网络体系结构的哪一层？

8. 某一台位于以太网中的主机 H，从开启电源开始直到打开网页 http://www.baidu.com，要用到多个因特网协议。请列出其中 6 个协议的英文缩写名、中文名称及其在本次通信中的主要作用。

第 5 章在线答题

第6章 有线电视网和IPTV

学习目标

了解有线电视网的发展历程
理解 CATV 的概念，掌握 CATV 的系统组成及各部分作用
掌握 IPTV 的概念、关键技术和系统结构
掌握三网融合的概念、关键技术和实现方案
了解有线电视网 CMMB 技术

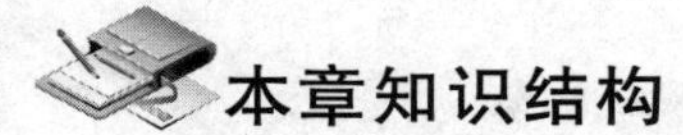

本章知识结构

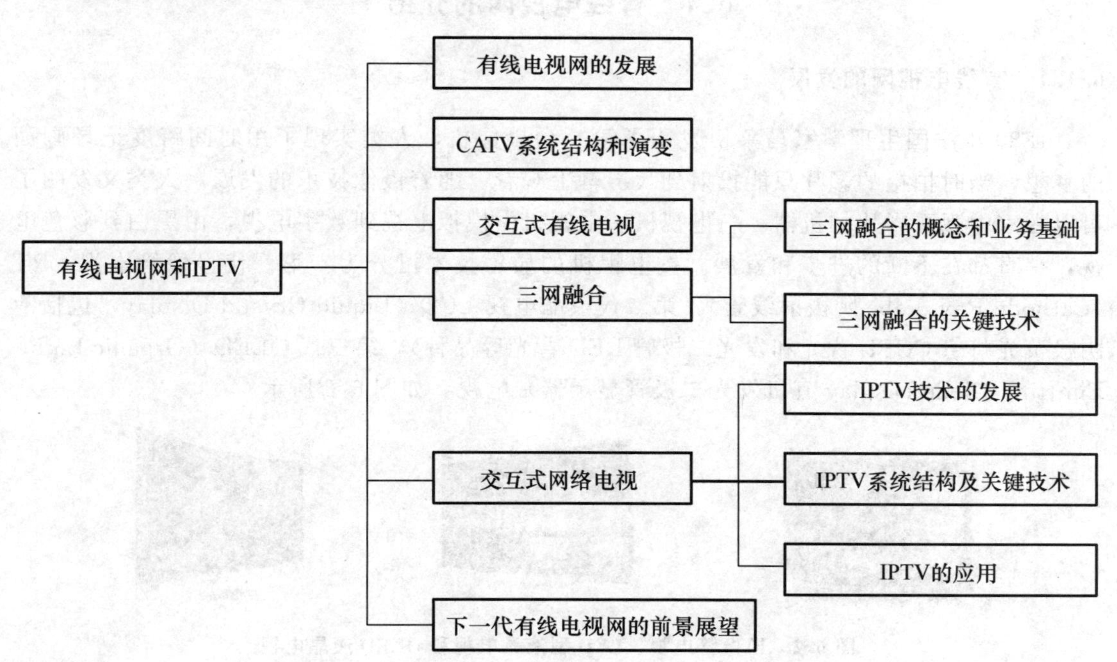

导入案例

数字电视的多种业务模式

电视机的发展史

党的二十大报告指出，要“促进数字经济和实体经济深度融合”。在数字电视技术方面，利用数字信号传输的电视网，可以提供更好的视听效果、更多的节目，广播任意数据，走向3C融合并实现用户与电视中心的双向数据业务传输。其应用领域也在不断扩大。在此基础上也将形成多种业务模式，如图6.1所示，将在车载、站牌/楼宇、火车或磁悬浮列车、手机和便携设备中实现电视信号的接收。

图6.1 数字电视的多种业务模式

在学习了电话和计算机网络之后，三大业务网络中只剩下有线电视网了。本章首先介绍有线电视网及其相关技术，为后面三网融合的相关内容打下基础。

6.1 有线电视网的介绍

6.1.1 有线电视网的发展

1880年法国生理学家马莱伊发明了第一台摄像机，人类实现了用时间跨度记录画面的梦想，当时拍摄的影片只能投射到大屏幕上观看。随着摄像技术的发展，人类又发明了可以在家中观看影片的机器——电视机。电视机由模拟电视到数字电视，由黑白到彩色电视，一直都在不断的进步和发展。按电视机的显示技术可分为：第一代显像管电视CRT (Cathode Ray Tube阴极射线管)，第二代液晶电视LCD (Liquid Crystal Display，包括冷阴极荧光灯管CCFL背光和发光二极管LED背光等品种)，第三代OLED (Organic Light-Emitting Diode Display有机发光二极管显示器) 电视，如图6.2所示。

图6.2 显像管电视、LED型液晶电视和OLED液晶电视

所谓有线电视（Cable Television，CATV）是指从电视台将电视信号以闭路传输方式送至电视机的系统。电缆分配系统（Cable Distribution System）是指利用射频电缆、光缆、多路微波或其组合来传输、分配和交换声音、图像及数据信号的电视系统。我国有线电视网络发展非常迅速，随着卫星技术的发展、IP 技术、数字压缩技术和光通信技术在有线电视网络中应用广泛，有线电视网的规模和容量越来越大。作为信息高速公路的最佳用户接入网之一的有线电视网络，是目前能把模拟、数字宽带业务通过有线电视技术接入用户的解决方案，能够基本满足当前及未来传送综合信息的需要，并以带宽宽、速度快的优势正在被大多数人认可，成为国内外信息技术研究、开发的热点。有线电视技术的发展大体可分为 3 个阶段：公共天线阶段、电缆电视阶段、现代有线电视网络阶段。

扩展阅读

1904 年，英国人贝尔威尔和德国人柯隆发明了一次电传一张照片的电视技术，每传一张照片需要 10 分钟。1923 年，美国科学家兹沃里金申请到光电显像管、电视发射器及电视接收器的专利，首次采用全面性的“电子电视”发收系统。1925 年，英国科学家贝尔德研制成功了电视机。1929 年美国科学家伊夫斯在纽约和华盛顿之间播送 50 行的彩色电视图像，发明了彩色电视机。1933 年兹沃里金又研制成功可供电视摄像使用的摄像管和显像管，完成了使电视摄像与显像完全电子化的过程。至此，现代电视系统基本成型。

6.1.2 CATV 系统的结构和演变

1. 有线电视系统

有线电视系统由信号源、前端、干线传输系统、用户分配网络和用户终端五部分组成，基本组成框图如图 6.3 所示。

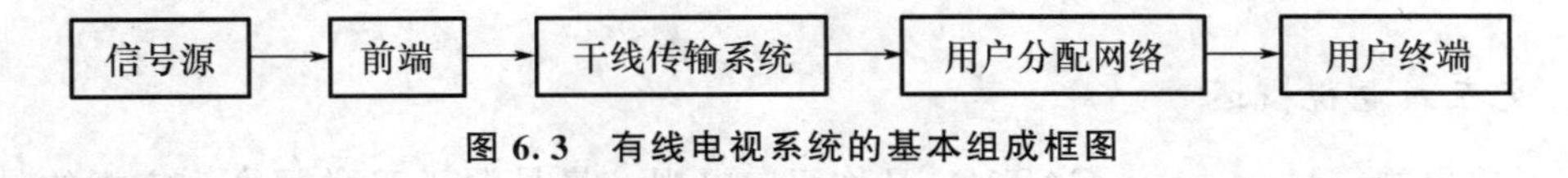

图 6.3 有线电视系统的基本组成框图

2. 有线电视 HFC 网络的演进

随着新技术在有线电视网中的应用，有线电视网络从单一的传输广播电视业务扩展到集广播电视业务、HDTV 业务、付费电视业务、实时业务（包括传统电话、IP 电话、电缆话音业务、电视会议、远程教学、远程医疗）、非实时业务（Internet 业务）、VPN 业务、宽带及波长租用业务为一体的综合信息网络。

混合光纤同轴电缆网（Hybrid Fiber-Coaxial，HFC）是一种经济实用的综合数字服务宽带网接入技术，是一种宽带综合业务数字有线电视网络新技术。其核心思想是利用光纤替代干线或干线中的大部分段落，剩余部分仍维持原有同轴电缆不变。其目的是将网络分成较小的服务区，每个服务区都有光纤连至前端，服务区内则仍为同轴电缆网。HFC

通常由光纤干线、同轴电缆支线和用户配线网络三部分组成，从有线电视台出来的节目信号先变成光信号在干线上传输，到用户区域后把光信号转换成电信号，经分配器分配后通过同轴电缆送到用户。图 6.4 所示为典型 HFC 网络结构。

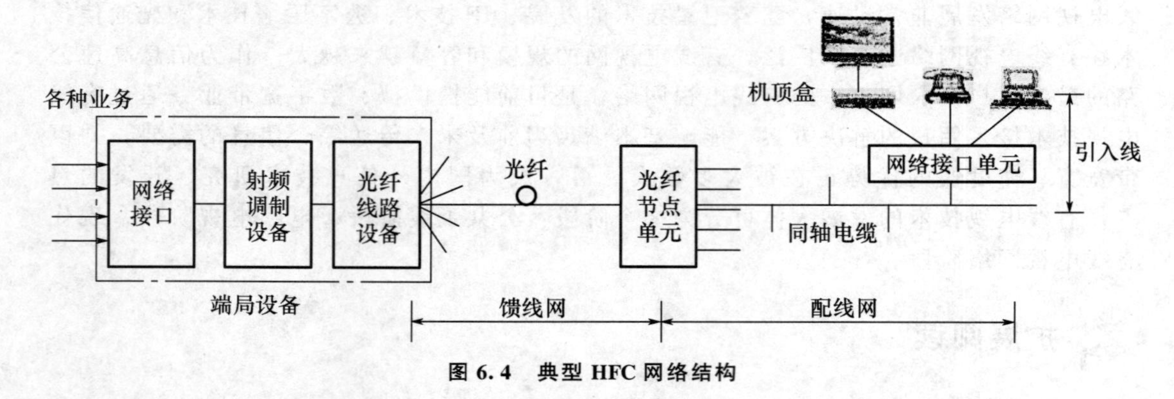

图 6.4　典型 HFC 网络结构

HFC 的主要特点是传输容量大并易实现双向传输。从理论上讲，一对光纤可同时传送上百万路电话或 2000 套电视节目；频率特性好，在有线电视传输带宽内无须均衡；传输损耗小，可延长有线电视的传输距离，25 千米内无须中继放大；光纤间不会有串音现象，不怕电磁干扰，能确保信号的传输质量。同传统的 CATV 网络相比，其网络拓扑结构也有些不同：第一，光纤干线采用星型或环状结构；第二，支线和配线网络的同轴电缆部分采用树状或总线式结构；第三，整个网络按照光节点划分成一个服务区；这种网络结构可满足为用户提供多种业务服务的要求。

HFC 系统的主要应用是为住宅用户提供各种宽带业务，特别是针对视像业务（其中又以模拟视像业务为主）而提出的一种接入网方案。相对来说，HFC 方案更适合有线电视公司，因为有线电视公司的同轴电缆网已经建好，所以用起来十分方便。

6.1.3　交互式电视

1. 交互式电视概述

交互式电视（Interactive CATV）又称双向电视，最早源于互联网络。它指的是一种观众与有线电视公司的节目或信息中心以交互方式提供交流的系统。该系统是一种采用非对称双向通信模式的新型电视业务，它由电视台或信息中心通过宽频带或高数码率的通道，将一路或多路电视节目发送到终端用户。终端用户通过一个窄带或低数码率的信道查询或检索各种操作信息，反馈到电视台或信息中心，实现交互式功能。

2. 交互式电视的特点及应用

交互式电视的特点是电视观众不再只是被动地收看电视台为他们事先安排的节目，而是可以主动点播自己所喜爱的电视节目。交互式电视可提供广泛的综合业务，包括视频点播、远程教学、远程购物、远程医疗、交互游戏、交互电视新闻、目录浏览、交互广告、可视电话、现场监控、信息查询、选举投票、卡拉 OK 服务、网络电视等。

目前，交互式电视的典型应用领域有如下4种。

(1) 多媒体信息发布。主要应用于电子图书馆、政府企业等。

(2) 影视歌曲点播。主要应用于卡拉OK、宾馆、饭店、住宅小区、有线电视台等。

(3) 教育和培训。主要应用于校园网和多媒体教室、远程教学、企业内部培训、医院病理分析和远程医疗等。

(4) 交互式多媒体展示。主要应用于机场、火车站、影剧院、展览馆、博物馆、商场、百货公司等。

3. 交互式电视的发展趋势

(1) 简单化。要想加快交互式电视的普及必须使交互式电视拥有友好的人机界面。个人计算机的普及化就提供了一个很好的先例，图形化的操作系统如微软公司的视窗操作系统和苹果公司的麦金托什操作系统对家用计算机的普及起到推波助澜的作用。

(2) 更人性化的交互性。未来的人机互动行为不再是通过一个遥控器和几十个复杂的按键，它将变得更加人性化，电视将能听懂用户说的话，读懂用户的表情，领会用户的意图，甚至在和用户长期接触后逐渐了解用户的性格。

(3) 深层次的交互。这种深层次的交互不再是停留在选择用户喜欢的节目，排列用户的议程设置，它还应该包括对交互电视中播出的真实、实时节目的广泛参与性。例如：电视中正在直播一个大型活动，用户可以与同时也在收看这个节目的其他在线观众进行“面对面”交流，包括语言、表情、手势等，就像大家都在现场一样。

6.2 视频编码技术

视频编码类型如何选择

随着有线电视网络的发展，视频编码技术在节目采集、制作、播出及存储过程中大量使用，新的电视业务（如视频点播、准视频点播）已经实现，人们可以随时调出想看的电视节目和录像片。

近年来，视频编码技术得到了迅速发展和广泛应用，并且日臻成熟，其标志是多个关于视频编码的国际标准的制定。可分为两大系列：国际标准化组织（ISO）和国际电工委员会（IEC）的运动图像专家组（Motion Picture Exper Group，MPEG）关于活动图像的编码标准MPEG系列，以及国际电信联盟（ITU）的视频编码专家组（Video Coding Expert Group，VCEG）制定的视频编码标准H.26X系列。

1. MPEG

MPEG始建于1988年，专门负责为CD建立视频和音频标准，其成员均为视频、音频及系统领域的技术专家。MPEG是ISO/IEC/JTC/SC2/WG11的一个小组。它的工作兼顾JPEG标准和CCITT专家组的H261标准，于1990年形成了一个标准草案。

MPEG标准分成3个阶段：第一阶段MPEG-1是针对传输速度为1～1.5Mb/s的普通电视质量的视频信号的压缩；第二阶段目标则是对每秒30帧的720×576分辨率的视频信号进行压缩，在扩展模式下，MPEG-2可以对分辨率达成1440×1152高清晰度电视（HDTV）的信号进行压缩；第三阶段，可以继续解决传输码流和压缩质量，现在应用较多的是 MPEG-4。因为在一开始它就是作为一个国际化的标准来研究制定，所以 MPEG 具有很好的兼容性；其次，MPEG 能够比其他算法提供更好的压缩比，最高可达 200∶1；更重要的是，MPEG 在提供高压缩比的同时，对数据的损失很小。

MPEG 标准有 3 个组成部分：MPEG 视频、MPEG 音频、音/视频的同步。其中 MPEG 视频是 MPEG 标准的核心。为满足高压缩比和随时机访问两方面的要求，MPEG 采用预测和插补两种帧间编码技术。MPEG 视频压缩算法包含两种基本技术：一种是基于 16×16 子块的运动补偿，用来减少帧序列的时间域冗余，是当前视频图像压缩技术中使用最普遍的方法之一；另一种是基于 DCT 变换的压缩，用于减少帧序列的空间域冗余，在帧内压缩及帧间预测中均使用了 DCT 变换。

2. H.26X

(1) H.261。

H.266

H.261 图像编解码标准是 CCITT（现 ITU-T）国际联合电信于 1990 年制定的针对活动图像的 P×64Kbit/s 的编码协议。它与 MPEG-1 的区别在于 H.261 是传送屏幕区域的更新信息，大幅度地降低了数据流的瞬时变化，在带宽有障碍的信道上传输是一种理想的方案。H.261 可使数据速率压缩至 P×64Kbit/s（P＝1～20），一般在 32～384Kbit/s 时图像可达 CIF、QCIF15 帧每秒（F/S），总体上图像质量略逊于 MPEG-1，适合在 ISDN、DDN、PSTN 网上传输运动的图像。

(2) H.265。

高效视频编码（High Efficiency Video Coding，HEVC）是继 H.264 后的下一代视频编码标准，由 ISO/IEC MPEG 和 ITU-T VCEG 共同组成的视频编码联合协作小组（JCT-VC）负责开发和制定。

随着数字媒体技术和应用的不断演进，视频应用不断向高清晰度方向发展：数字视频格式从 720P 向 1080P 全面升级，在一些视频应用领域甚至出现了 3840×2160（4K×2K）、7680×4320（8K×4K）的图像分辨率；视频帧率从 30frame/s 向 60frame/s、120frame/s 甚至 240frame/s 的应用场景升级。但是 H.265 标准的算法复杂度极高，而且编码的算法复杂度是解码复杂度的数倍以上，这对满足实际的应用是个极大的挑战。

扩展阅读

多视点视频指的是由不同视点的多个摄像机从不同视角拍摄同一场景而得到的一组视频信号，是一种有效的 3D 视频表示方法，能够更加生动地再现场景，提供立体感和交互功能。多视点视频可广泛应用于任意视点视频、三维电视、交融式会议电视、远程医学诊疗、虚拟现实以及视频监视系统等多种正在兴起的多媒体业务中。

与单视点视频相比，多视点视频的数据量随着摄像机的数目增加而线性增加。巨大的数据量已成为制约其广泛应用的瓶颈，为此，ITU-T 和 MPEG 的联合视频组（Joint Video Team，JVT）提出了多视点视频编码（Multiview Video Coding，MVC）的概念。

MVC主要致力于多视点视频的高效压缩编码，是未来视频通信领域中的一项关键技术，也是国际视频标准化组织正在研究的热点问题。

6.3 三网融合

在学习了电视网的主体机构之后，综合前面学习的电话和数据网络，下面来看一下当下的热门话题“三网融合”。

6.3.1 三网融合的概念和业务基础

1. 三网融合的概念

现代通信网主要有电信网、广播电视网和计算机网3种类型。三网融合是指电信网、计算机网和广播电视网三大网络通过技术改造，能够提供包括语音、数据、图像等综合多媒体的通信业务。三网融合是为了实现网络资源的共享，避免低水平的重复建设，形成适应性广、容易维护、费用低的高速宽带的多媒体基础平台。

三网融合从概念上可以从多种不同的角度和层面去观察和分析，至少涉及技术融合、业务融合、市场融合、行业融合、终端融合、网络融合乃至行业规制和政策方面的融合等。所谓三网融合实际是一种广义的、社会的说法，从分层分割的观点来看，目前主要指高层业务应用的融合。三网融合主要表现为技术上趋向一致，网络层上可以实现互联互通，业务层上互相渗透和交叉，应用层上趋向使用统一的TCP/IP，行业规制和政策方面也逐渐趋向统一。融合并没有减少选择和多样化；相反，往往会在复杂的融合过程中产生新的衍生体。三网融合不仅是将现有网络资源有效整合、互联互通，而且会形成新的服务和运营机制，并有利于信息产业结构的优化，以及政策法规的相应变革。三网融合以后，不仅信息传播、内容和通信服务的方式会发生很大变化，而且企业应用、个人信息消费的具体形态也将会有质的变化。

三网融合应用广泛，遍及智能交通、环境保护、政府工作、公共安全、平安家居、智能消防、工业监测、老人护理、个人健康等多个领域。手机可以看电视、上网，电视可以打电话、上网，计算机也可以打电话、看电视。三者之间相互交叉，形成“你中有我、我中有你”的格局。

2. 三网融合的业务基础

随着数字技术、光通信技术和软件技术的发展以及TCP/IP的广泛应用，信息业务开始从电信网、计算机网、有线电视网三大独立的业务逐渐走向融合。融合业务主要包括拨号上网、手机上网、VoIP、IPTV、手机电视、网络视频和电视上网等。

(1) 拨号上网。通过固定电话网络来承载互联网IP业务。

(2) 手机上网。一种移动通信网络与计算机网络融合的业务。

(3) VoIP。计算机网络利用IP技术为传统电话网络提供语音服务。

(4) IPTV。通过IP网络或通过IP网络与电视网络共同提供电视节目的服务。

(5) 手机电视。移动通信网络与电视业务的一种融合业务。

6.3.2 三网融合的关键技术

三网融合推广方案

在三网融合的运行过程中，需要解决的主要关键技术包括基础数字技术、宽带技术、IP 技术和软件技术。

1. 宽带技术

宽带技术的主体就是光纤通信技术。网络融合的目的之一是通过一个网络提供统一的业务。若要提供统一业务就必须要有能够支持音/视频等各种多媒体（流媒体）业务传送的网络平台。这些业务的特点是业务需求量大、数据量大、服务质量要求较高，因此在传输时一般都需要非常大的带宽。另外，从经济角度来讲，成本也不宜太高。这样，容量巨大且可持续发展的大容量光纤通信技术就成了传输介质的最佳选择。宽带技术特别是光通信技术的发展为传送各种业务信息提供了必要的带宽、传输质量和低成本。作为当代通信领域的支柱技术，光通信技术正以每 10 年增长 100 倍的速度发展，具有巨大容量的光纤传输网是“三网”理想的传送平台和未来信息高速公路的主要物理载体。目前，无论是电信网、计算机网还是广播电视网，大容量光纤通信技术都已经在其中得到了广泛的应用。

2. IP 技术

内容数字化后，仍不能直接承载在通信网络介质上，还需要通过 IP 技术在内容与传送介质之间搭起一座桥梁。IP 技术，特别是 IPv6 技术的产生，满足了在多种物理介质与多样应用需求之间建立简单而统一的映射需求。IP 技术可以顺利地对多种业务数据、多种软硬件环境、多种通信协议进行集成、综合和统一。对网络资源进行综合调度和管理，使得各种以 IP 为基础的业务都能在不同的网络上实现互通。IP 协议的普遍采用，使得各种以 IP 为基础的业务都能在不同的网络实现互通，下层基础网络具体是什么已无关紧要。

3. 软件技术

软件技术是信息传播网络的神经系统。在软件技术的发展中，表现尤其突出的是中间件技术和软交换平台系统。中间件技术能够在不同操作系统、不同网络环境之间起到联合与协调的作用；软交换平台系统则可以应对日益增长的大规模服务请求，并在可用性、伸缩能力和容错效果方面均表现优异。这两种技术的发展，使得三大网络及其终端都能通过软件变换，最终支持各种用户所需的特性、功能和业务。在硬件方面，现代通信设备已发展成为高度智能化和软件化的产品；同时，在软件方面，目前的软件技术也已经具备三网业务和应用融合的条件。

从物理结构上看，现代通信网可分为核心网、接入网和用户驻地网。对于三网融合而言，骨干网（核心网）已经不存在太大的问题。连接骨干网和用户的接入网则成为三网融合的交汇点和难点。目前，宽带接入网主要有 3 种接入方式，即基于电话网的 ADSL 接入、基于有线电视网的 Cable Modem 接入和基于光纤加 5 类线的 LAN 接入。

4. 数字直播卫星接入技术

数字直播卫星接入技术（Direct Broadcast Satellite，DBS）利用位于地球同步轨道的

通信卫星将高速广播数据送到用户的接收天线，所以它一般也称高轨卫星通信。其特点是通信距离远，费用与距离无关，覆盖面积大且不受地理条件限制，频带宽且容量大，适用于多业务传输，可为全球用户提供大跨度、大范围、远距离的漫游和机动灵活的移动通信服务等。在DBS系统中，大量的数据通过频分或时分等调制后利用卫星主站的高速上行通道和卫星转发器进行广播，用户通过卫星天线和卫星接收Modem接收数据，接收天线直径一般为0.45m或0.53m。

由于数字卫星系统具有高可靠性，不像PSTN网络中采用双绞线的模拟电话那样需要较多的信号纠错，因此可使下载速率达到400Kbit/s，而实际的DBS广播速率最高可达到12Mbit/s。目前，美国已经可以提供DBS服务，主要用于因特网接入，其中最大的DBS网络是休斯网络系统公司的DirectPC。DirectPC的数据传输也是不对称的，在接入因特网时，下载速率为400Kbit/s，上行速率为33.6Kbit/s，这一速率虽然比普通拨号Modem提高不少，但与DSL及Cable Modem技术仍无法相比。第一个DBS回传系统如图6.5所示。

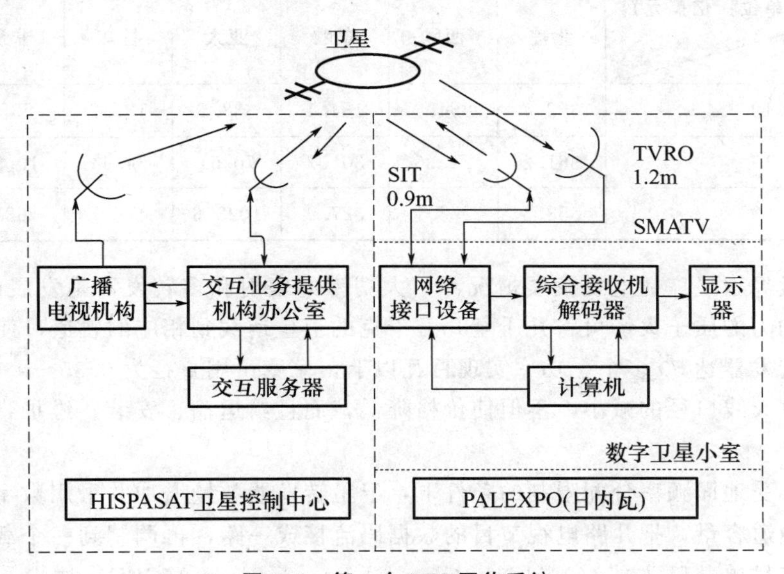

图6.5 第一个DBS回传系统

1978年日本开启了人类DBS正式试验的序幕。20世纪90年代中期，使用同轴电缆作为地面分发方式，形成了共用天线电视MATV（Masking Antenna Television）系统。1998年在一次展会上，位于日内瓦的用户，通过基于卫星MATV系统的回传技术，连通了位于西班牙的WWW本地服务器，如图6.5所示。该系统利用卫星交互连接CDMA技术，实现了电视载波和交互通道载波叠加在同一转发器中传输。1994年直播卫星系统开始传输数字标清节目，2004年开通高清节目，2014年开始传输4K（超高清）节目。

从此，直播星系统凭借覆盖范围广、传输质量高、接收成本低、维护方便等优点，在全球广泛开展。全球现有100多个卫星电视直播平台，近5亿个用户。全球每年卫星电视直播收入上千亿美元，远超卫星固定/移动通信业务和卫星音频广播业务等，占卫星通信服务业的75%，占卫星产业总产值的30%，表6.1是全球卫星付费电视产值的分区域统计。国外的主要商业模式是付费收视，如AT&T旗下的DirecTV，北美的Dish Network，以及欧洲的Sky UK等。

我国地域辽阔、地形复杂、人口众多，直播卫星正是实现老、少、边、穷及广大农村地区收听收看广播电视的最有效手段。1970年我国成功发射了“东方红一号”第一颗人造卫星，使中国成为世界上第五个独立研制并能够发射卫星的国家。1985年中央电视台电视节目开通了卫星传输。2008年我国成功发射了直播卫星中星9号，播出了“村村通”卫星数字电视广播节目，开启了我国卫星直播的新时代。2011年我国已成为世界上最大的卫星直播电视平台，并成立了卫星直播管理中心。2016年我国下发了《国务院办公厅关于加快推进广播电视村村通向户户通升级工作的通知〔2016〕20号》。2020年户户通已发展了1.28亿户。

表6.1　全球卫星付费电视收入分区域统计

(单位：亿美元) 地区年份	北美	西欧	东欧	亚太	拉美	非洲	中东
2010	362.4	254.3	184.1	388.5	137.2	53.3	50.1
2015	361.2	24.86	30.07	70.61	34.44	10.91	8.30
2020	358.3	258.1	327.9	1023.6	416.7	162.1	103.2

(1) 从世界卫星广播电视发展情况看，大功率的辐射和多转发器是发展的必然趋势。由于强大推动力的质子火箭可将几千至几万千克的卫星运载到相应的轨道，使得目前DBS卫星携带的转发器达50多个，功率实现百瓦以上，家庭可用直径为0.35～0.6m的天线接收。卫星接收天线口径的减小，不但使价格降低，而且给运输、安装、维护带来了极大的方便。

(2) 在不受地面频率分配限制的条件下，卫星转发器数量增加并采用数字码率压缩技术，扩展了频道容量，把几路电视节目的数据码流接成一路，再调制到一个载频上进行发送，即多路节目单载频方式（Multiple Channel Per Carrier，MCPC）技术，在有限的传输带宽内使节目容量倍增，使一颗卫星能容纳100～200个电视频道。中央电视台8套电视节目、中央人民广播电台7套广播节目和中国国际广播电台1套广播节目，就是采用MCPC技术方式在SINOSAT-1卫星的Ku频段2A转发器上播出的。目前已制造完毕，再例如，我国的同步轨道通信卫星-中星8号卫星，采用了双组元推进系统，带有近3t燃料，以确保15年以上的服务寿命，卫星总功率超过了10kW，可以从容地支持星上5个大功率转发器（星上共有52个转发器，该星将定点于东经115.5°)。2002年发射的劳拉公司研制的卫星，其总功率将达到25kW，携带的转发器有150个，若按一个转发器压缩传送8套电视节目计算，该星能下传1000多套电视节目。

(3) 数字技术的应用，可灵活地组合多种业务，除传送传统电视节目和音频广播节目外，还可以开展视频点播和卫星宽带业务等。直播卫星系统DBS还可实现数字加密（即条件接收技术CA：Conditional Access）和交互式系统管理。

(4) 投资省。建设一个卫星地球上行站仅需投资 2000 万～3000 万元人民币，而有线电视网络要达到同样的功能至少需要几十倍的投资。

(5) DBS 覆盖范围受国际公约保护，我国直播卫星覆盖区位于全世界 3 个区域中的国际电信联盟（ITU）3 区，在本覆盖区内不受其他通信卫星和直播卫星溢出电波的干扰。社会的需要将使卫星广播电视技术飞速向前发展，将给我们广播电视事业注入活力，将给予人们更多的选择、更好的视听享受、更多的信息。2017 年 9 月我国发射了中星 9A 直播卫星，与中星 9 号卫星实施异轨备份，共有 40 多个转发器，为进一步发挥好卫星直播平台作用，中央财政投入近 30 亿元资金在全国 21 个省、市自治区实施卫星直播电视“户户通”工程，设立了 3 万多个专营服务网点，覆盖全国超过 2/3 的农村地区，市场秩序逐步规范。“户户通”工程启动以来，市场一直呈现迅猛发展态势。2019 年，我国卫星直播电视“户户通”开通用户数量超过 1 亿户。

6.4　交互式网络电视（IPTV）

6.4.1　IPTV 技术的发展

交互式网络电视（Internet Protocol TelevisionI，IPTV）。国际电信联盟 IPTV 焦点组（ITU-T FG IPTV）于 2006 年 10 月 16 日至 20 日在韩国釜山举行的第二次会议上确定了 IPTV 的定义：IPTV 是在 IP 网络上传送包含电视、视频、文本、图形和数据等，提供 QoS/QoE（服务质量/用户体验质量）、安全、交互性和可靠性的可管理的多媒体业务。

从 IPTV 的字面意义来看，它既与 IP（Internet Protocol）有关，也就是与 IP 网及 IP 业务有关；又与 TV（Television）有关，当然也涉及 TV 网络业务。显然，它与目前的 3 个运营网（广播电视网、Internet 和电信网）及其业务直接相关。从下一代网络（Next Generation Network，NGN）的概念与定义来看，IPTV 可看成是三重播放（Triple-play），业务（语音、数据和视频三重业务捆绑）的一种技术实现形式。IPTV 技术集 Internet、多媒体、通信等多种技术与一体，利用宽带网络作为基础设施，以家用电视机、个人计算机、手机及个人数字助理（Personal Digital Assistant，PDA）等便携终端作为主要显示终端，通过 IP 向用户提供包括数字电视节目在内的多种交互性多媒体业务。

IPTV 技术平台目前能够支持直播电视、时移电视、点播电视、网页浏览、电子邮件、可视电话、视频会议、互动游戏、在线娱乐、电子节目导航、多媒体数据广播、互动广告、信息咨询和远程教育等内容广泛的个性化交互式多媒体信息服务。这种应用有效地将传统的广播电视、通信和计算机网络三个不同领域的业务结合在一起，为三网融合提供良好的契机。

我国将 IPTV 定义为“使用网络协议传送包括电视在内的数字视频内容”。这一定义不仅简单明了，而且强调了 IPTV 不需要借助互联网播放电视或其他类型视频内容的特性。相反，IPTV 是将互联网协议作为使用网络即公共互联网协议网络的传送途径，或者通过私有互联网协议网络，使用 IPTV 传输视频内容。

IPTV 最主要的特点在于它改变了传统的单向广播式的媒体传播方式，用户可以按需接收，实现用户与媒体内容提供商的实时交互，从而更好地满足用户个性化需求。IPTV和数字电视之间既是竞争关系，又是互补关系。但从业务范围和覆盖的用户群看，最终会互相重叠，从而形成竞争关系。另一方面，也可以将 IPTV 看成是数字电视的一种技术实现手段，数字电视侧重广播，特别是高清晰度电视业务，而 IPTV 可以侧重宽带交互型多媒体业务，两者有可能形成一定程度的业务互补局面，共同推进三网融合进程。

6.4.2 IPTV 系统结构及关键技术

IPTV 技术平台采用基于 IP 宽带网络的分布式架构，以流媒体内容管理为核心。IPTV 系统主要包括 IPTV 业务平台、IP 网络和用户接收终端三个组成部分，如图 6.6 所示。IPTV 技术平台涉及的主要技术包括 MPEG-4、H.264 编解码技术、元数据编目技术、虚拟存储技术、流媒体技术、数字版权管理（DRM）技术、电子节目导航（EPG）技术、IP 可控多播技术、内容分发网（CDN）技术、宽带接入技术、IP 机顶盒技术，以及运营管理系统技术等。

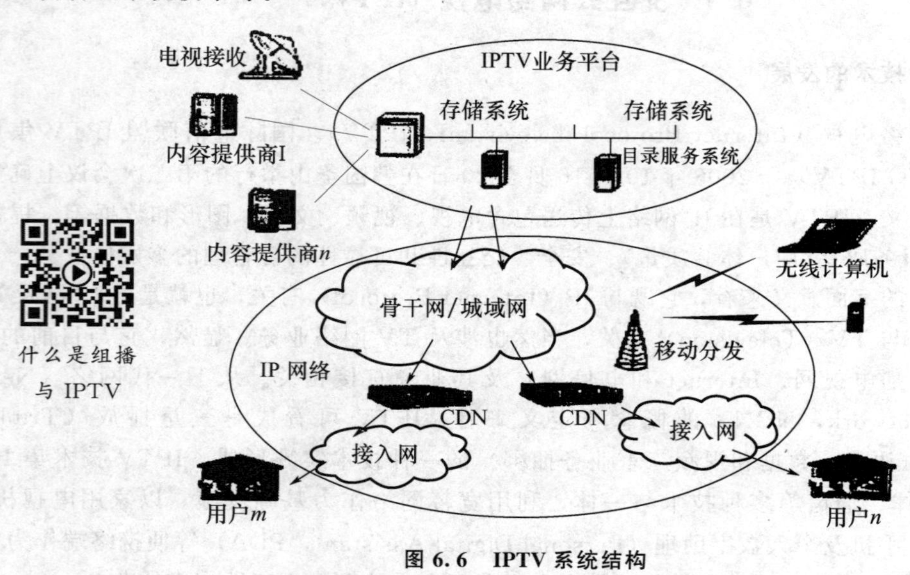

图 6.6 IPTV 系统结构

1. IPTV 业务平台

IPTV 业务前端主要包括信源编码与转码系统、存储系统、流媒体系统、运营支撑系统和 DRM 等，一般具有节目采集、存储与服务功能。节目采集包括节目的接收（如从卫星、有线电视网、地面无线和 IP 网络等）、节目的压缩编码或转码及格式化、加密和 DRM 打包，以及节目指南生成等。节目存储与服务则完成对节目采集处理后生成的节目进行大规模存储或播送服务。这里的播送服务不仅要将加密的音/视频流媒体节目以 IP 单播或多播的方式从流媒体服务器播送出去，而且还要对用户或用户终端设备进行认证，并从 DRM 授权/密钥服务器向被认证的用户或用户终端设备传送 DRM 授权/密钥，使用户能够对已接收的加密音/视频流媒体节目进行解密和播放。

前端、传输网和接收端组成了 IPTV 系统，再加上一些特有的设备，就能完成 IPTV

的管理、编码、播放、接收、传输的多种功能。正因为有这些功能的支持，IPTV 这项技术业务才得以高效运行。

作为节目信息采集、存储及提供各项服务的主要是 IPTV 系统的前端。前端中主要还包含几个方面。

(1) 将音/视频等在互联网上播放的技术——流媒体系统。这种技术可以给用户提供便捷的使用体验，不用下载音/视频即可观看，后台会自动下载，这样就能使用户更快地观看到相应的视频文件。

流媒体系统包括了提供多播和点播服务的流媒体服务器。流媒体服务器负责在运营支撑系统的控制下将音/视频数据流文件推送到宽带传输网络中。

(2) 储存媒体文件的存储设备，储存着大量经过数字化后可以点播的信息，它可以更加方便管理。由于数字化后的视频数据量相当庞大及各类管理信息的重要性，因此存储系统必须兼顾存储容量和安全可靠性要求。存储系统主要包括存储设备、存储网络和管理软件等 3 个部分，它们分别担负着数据存储、存储容量和性能扩充、数据管理等任务。

(3) 编码器。编码器的作用是将各类音/视频信号转换为数字化，它可以将各类信息转换为需要的格式，更加利于播放。信源编码，也就是用户管理系统，可以提升画质，增加用户良好的观影体验，还能为用户进行授权认证，保障客户的正常使用。同时也是进行计费的系统。

信源编码与转码系统完成各种信号源的接收，按照规定编码格式和数码率对音/视频信号源进行压缩编码并转化成适合 IP 传输（多播或点播）的数字化音/视频数据流文件。

2. IPTV 网络承载

IPTV 系统所使用的是以 TCP/IP 为主的网络，包括骨干网/城域网、内容分发网和宽带接入网。它大大增加了网络媒体信息量，更好地向用户提供多元化的视频媒体信息。越来越多的智能设备，如手机、计算机、电视机等就是 IPTV 的接收端。

(1) 骨干网/城域网。

骨干网/城域网主要完成音/视频数据流文件在城市之间和城市范围内的传送。对以 IP 单播或多播方式发送的音/视频流媒体节目流进行路由交换传输，是 IP 骨干网/城域网在 IPTV 系统网络中要发挥的基本功能。

(2) 内容发布网。

内容分布网络（CDN）技术是一个叠加在骨干网/城域网之上的应用系统，其基本原理是在网络边缘设置流媒体内容缓存服务器，把经过用户选择的访问率极高的流媒体内容从初始的流媒体服务器复制、分发到网络边缘最靠近终端用户的缓存服务器上，当终端用户访问网站请求点播类 IPTV 业务时，由 CDN 的管理和分发中心实时地根据网络流量和各缓存服务器的负载状况及到用户的距离等信息，将用户请求导向最靠近请求终端的缓存服务器并提供服务。

(3) 宽带接入网。

宽带接入网主要完成用户到城域网的连接。IPTV 业务需要一个大容量、高速率的接入网系统。此外，无线接入也是一个不可忽略的趋势。

IPTV 技术的推出使宽带网络与互联网连接，依靠着网络技术的提升，IPTV 的优势体现在可以定时播放各类节目和拥有巨大的信息库，同时在对视频质量的提升上也比以往的数字化电视有很大进步。不难看出 IPTV 的发展前景一片大好，大量潜在客户群的存在会使这项技术拥有更快的进步。

3. 用户接收终端

IPTV 用户接收终端负责接收、处理、存储、播放、转发音/视频数据流文件和电子节目导航等信息。IPTV 系统的用户终端一般有 3 种接收方式：通过 IP 网络直接连接到 PC 终端；通过 IP 网络连接到 IP 机顶盒和电视机；通过移动通信网络连接到手持移动终端。

6.4.3 IPTV 的典型应用

“IPTV 节”带你玩转智能生活

下面例举一些 IPTV 的典型应用。

(1) 直播电视，具备有线电视提供服务的同时增加了通过组播方式所达到的直播功能，提供更加快速的网络信息视频。

(2) 视频点播，系统中的任何节目使用遥控器操作就可以进行观看，不再受限于节目播出的时间。

(3) 时移电视，可以观看过去播放的节目，并且可以在观看过程中随时进行暂停倒退等操作。

(4) 网络游戏，在电视上下载游戏软件后能在电视上使用网络游戏的服务，不过需要根据游戏运营商的要求交纳一定的费用。

(5) 准点视频点播，是利用组播技术所达到的一项，相同的视频信息因为时间上的交错在其他频道可以点播，更加方便客户观看视频。

(6) 电视上网，IPTV 技术实现人们用电视机上网的想法，提供基本的网络信息获取功能。

IPTV 技术的进步使宽带业务与数字化电视相结合，从而产生更多的便捷应用，提升用户的体验，使网络电视更加具有互动性和人性化。

6.5 下一代有线电视网的前景展望

展望未来，有线电视网络将突破传统电视业务的范围，向着宽带化、交互性和移动性等方向发展，还会在与物联网等新兴技术相结合，产生新的应用。

家庭物联网是下一代有线电视网络（Next Generation Broadcasting Network，NGB）发展的必然趋势。2016 年，广电总局党组会议明确将 700M 频段划给中国广播电视网络有限公司，并成立“中广移动”负责 700M 频段运营。随后，广电集团获得 7 张跨地区电信业务经营许可证，具备了在全国范围内开展电信业务的条件。2018 年，上海率先开展基于 NGB-W 物联专网应用，推进智慧社区建设。将来通信终端及家用设备组成家庭网络实现集中控制和协同运转，面向整个家庭的互联网应用将大量出现。

NBG 向物联网发展，是有线电视网必然的发展趋势，为未来有线电视网络发展提供

了一种思路。而有线网络的高宽带、高清呈现能力、安全稳定、可靠等特点，无疑具备了一定的优势。

拓展阅读

本章小结

本章主要介绍有线电视网的结构、性能指标、编码技术、三网融合技术、双向改造方案及发展趋势。

有线电视网主要经历了公共天线、电缆电视和现代有线电视3个阶段。其结构主要由信号源、前端、传输网络、分配网络和用户端组成。电视网络中信号质量的好坏直接影响着用户端的收看效果。有线电视网络从噪声干扰、非线性失真和发射3个方面来分析其性能。

有线电视中音/视频的编码技术主要有MPEG和H.26X系列。三网融合是将电信网、有线电视网和计算机网融合为一个整体的网络。实现的技术基础主要有基础数字技术、宽带技术、IP技术和软件技术。IPTV已成为当今社会主流，随着网络、通信技术的发展，有线电视网的应用领域也会越来越广。

习　题

1. 有线电视网的发展经历了哪几个阶段？各个阶段有什么特点？
2. IPTV终端用户的接收方式有几种？
3. IPTV的系统结构有哪些？
4. 什么是三网融合？实现三网融合的业务基础有哪些？
5. 什么是交互式电视？
6. DBS是什么？
7. 名词解释：频分多路复用（FDM）。
8. 什么是IPTV？
9. IPTV有哪些特点？
10. 交互式电视的应用领域有哪些？

第6章在线答题

第7章

支撑网

学习目标

掌握信令的概念及分类
掌握 No. 7 信令的功能级结构、信令单元的格式及各字段的含义
了解我国 No. 7 信令网的组成、工作方式及编号计划
掌握同步的概念及分类
了解各种网同步设备
了解我国同步网络结构图和互同步的概念
掌握电信管理网的概念，了解其功能
掌握 TMN 的体系结构、特点及其应用，了解基于 CORBA 的网络管理技术

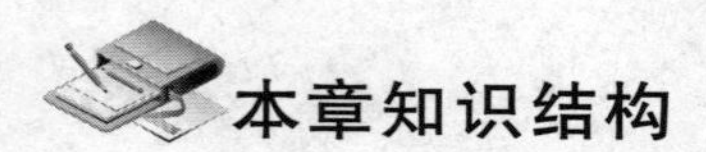

本章知识结构

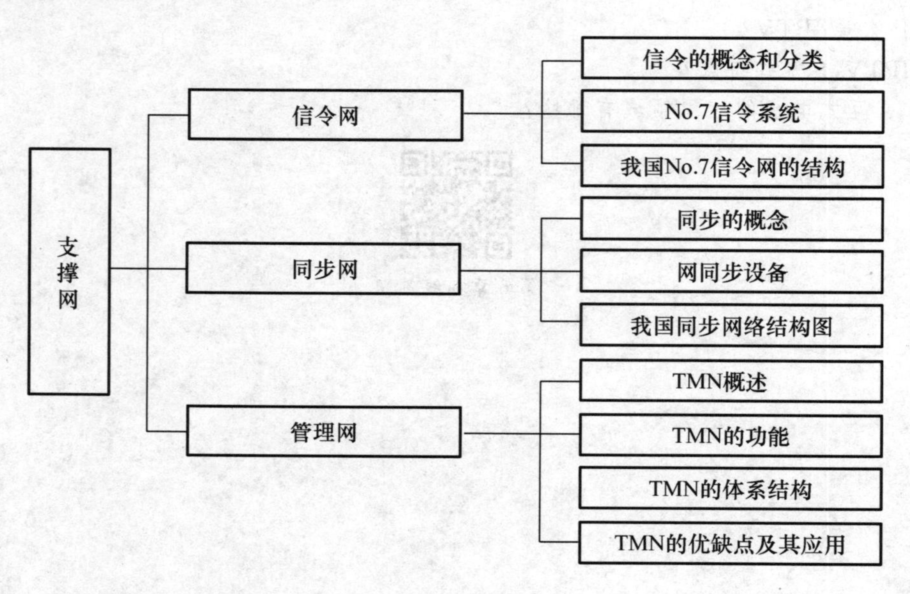

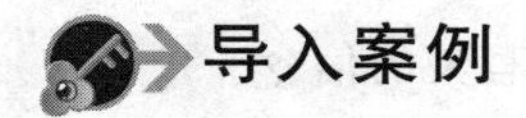

导入案例

微信会不会导致信令风暴

信令网是通信网络的中枢神经系统，负责传导控制指令。当网络收到的终端信令请求超过了网络各项信令资源的处理能力时，会引发网络拥塞以至于产生“雪崩效应”，导致网络不可用，称为“信令风暴”。

在只有语音和短信的时代，信令通道是够用的。但微信等应用一旦登录之后，为了保持永远在线的状态，会与服务器之间周期性通信，定时告知对方自己的状态，被形象地称为“心跳包”。由此会带来大规模小数据量的频繁交互，占用了信令通道。

根据统计，智能终端上这类软件所引发的无线信令流量是传统非智能终端的10倍以上，信令拥塞导致空口资源调度失控时，即使空口资源是空闲的，终端也无法使用。而终端链接不上网络，就会不断重试，导致信令信道更加拥塞，直到瘫痪，引发“雪崩效应”。

通过前6章的学习，我们已经对各种业务网络有了初步的认识。但是，在这些“风光”的业务网背后，还有一些默默支持着它们的“幕后工作者”：这就是支撑网。

7.1　信　令　网

支撑网保障了业务网的正常运行，它可以增强网路功能、提高网络服务质量。通过传送相应的监测、控制和信令等信号，支撑网对网络的正常运行起到支持作用。

根据所具有的不同功能，支撑网可分为信令网、同步网、电信管理网。信令网用于传送信令信号；同步网用于提供全网同步时钟；管理网则利用计算机系统对全网进行统一管理。

7.1.1　信令的概念和分类

1. 信令的概念

通信网络的正常运转离不开各种通信设备的交流，信令相当于通信设备之间的语言，通信设备的思想通过信令表达出来，这样各通信设备才能有序、协调地运行。通信网中的控制信息称为信令。

2. 信令的分类

信令的分类方法主要有以下几种。

(1) 按信令的传送区域分。

① 用户信令：在用户线上传送，用于用户与交换机之间。

② 局间信令：在中继线上传送，用于交换机之间。

(2) 按信令的功能分类。

① 线路信令：监视用户线路、中继线路状态的信令。

② 选择信令：用于选路，选择对电路具有控制作用、与呼叫接续有关的信令。

③ 管理信令：包括网络拥塞信号、计费信号、维护信号等。

(3) 按话音信号与信令信道之间的关系分类。

① 随路信令：信令与话音在相同的通道上传送。

② 共路信令：信令与话音在完全分开的通道上传送。

(4) 按信令的传送方向分类。

① 前向信令：从主叫向被叫方向传送。

② 后向信令：从被叫向主叫方向传送。

7.1.2 No.7 信令系统

No.7 信令是一种局间共路信令，它最大的特点是在局间集中的一条信号链路上采用数字编码格式分时传送信号。No.7 信令主要应用于固定电话网、ISDN、移动通信、智能网，以及网络的操作、管理、维护方面。

1. No.7 信令的功能级结构

No.7 信令系统采用 4 级结构。在这 4 级结构中，将 No.7 信令系统分成两大部分：消息传递部分（MTP）和用户部分（UP）。

其中，消息传递部分 MTP 是 No.7 信令系统的基础部分，为各种用户部分所公用，其主要功能是确保信令在信令网中可靠地传递。MTP 部分分为三级：信令数据链路功能级（MTP-1）、信令链路功能级（MTP-2）和信令网功能级（MTP-3）。

(1) 第 1 级。信令数据链路功能级。它定义了信令链路的物理、电气、功能特性与数据链路的连接方法。其功能是提供一条全双工的透明物理链路，以规定的帧结构来实现比特流传输。

(2) 第 2 级。信令链路功能级。它主要负责将第 1 级中透明传输的比特流划分为不同长度的信令单元，并通过差错检测及重发校正保证信令单元的正确传输。

(3) 第 3 级。信令网功能级。它定义了在信令点之间传递信令的功能和程序，包括信令消息处理和信令网络管理两部分。

用户部分（UP）是一个功能实体，其功能是处理信令消息。根据各种不同的业务类型，可以构成不同的用户部分。目前已定义的用户部分包括电话用户（TUP）、数据用户（DUP）、ISDN 用户、信令链接控制部分（SCCP）、事务处理能力应用部分（TCAP）等。

2. 信令单元的分类

在 No.7 信令系统中，所有的消息都是以可变长度的信令单元（Signal Unit，SU）的形式发送的。所谓信令单元，是指用来承载各种信令消息的最小单元。

在 No.7 信令系统中有以下 3 种信令单元（信令单元的结构如图 7.1 所示）。

(1) 消息信令单元（Message SU，MSU）。用于传送信令消息，信息封装在 SIF 和 SIO 字段中。

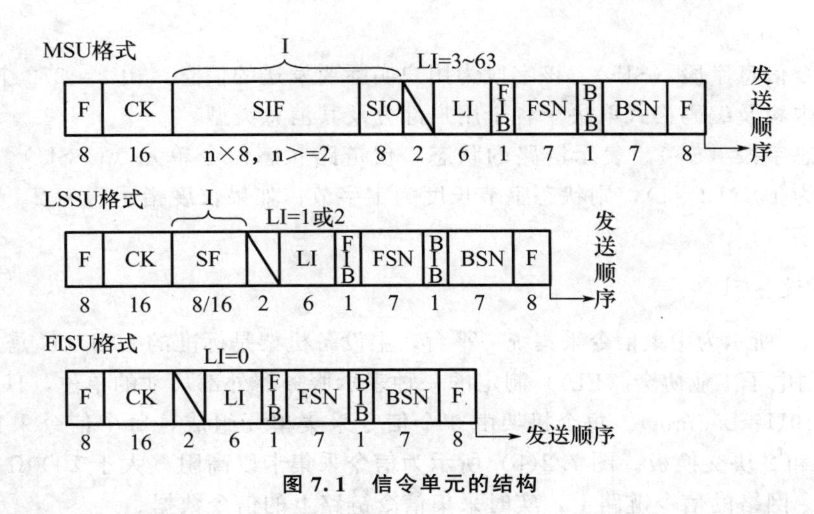

图 7.1　信令单元的结构

(2) 链路状态信令单元（Link Status SU，LSSU）。用来传送信令链路状态，链路状态由 SF 字段指示。

(3) 填充信令单元（Fill In SU，FISU）。不含任何信息，它是当链路处于空闲状态时，网络节点间发送的空信号，其作用是保持信令链路同步。

3. 信令单元字段的含义

信令单元中各个字段代表不同的含义。

(1) 标记符（F）。开始标记符指明信令单元的起点。一个信令单元的开始标记符也是前一信令单元的结尾标记符，结尾标记符指示信令单元的结束。标记符码型为 0111 1110。

(2) 校验码（CK）。用于差错检测，采用 16 位循环冗余码。

(3) 信令单元序号和指示比特。

① 前向顺序号（FSN）：表示正在发送的信令单元的序号。

② 后向顺序号（BSN）：证实已正确接收的信令单元的序号。前向顺序号和后向顺序号二进制长度为七位，长度 0～127，循环使用。

③ 前向指示比特（FIB）：取值 0 或 1，FIB 位反转，表示现在链路上传的是重发的信令单元。

④ 后向指示比特（BIB）：取值 0 或 1，BIB 位反转，指示对端从 BSN＋1 号信令单元开始重发。

(4) 长度指示码（LI）。用来指示该码之后和校验码之前的字节数目。用二进制表示的 0～63 的数，3 种形式信令单元的长度指示码分别为以下几项。

① LI＝0：填充信令单元（FISU）。

② LI＝1 或 2：链路状态信令单元（LSSU）。

③ LI＞2：消息信令单元（MSU）。

在消息信令单元中，信令信息字节多于 62 个时，长度指示码为 63。

(5) 业务信息八位位组（SIO）。仅用于 MSU，用于指示消息的类别及其属性。业务信息字节包括业务指示码和子业务字段，各占 4 位。例如：国内网的 TUP 消息，其 SIO

字段为 1000 0100。

(6) 信令信息字段（SIF)。该字段为用户实际要发送的信息，由 2～272 个字节组成。信令信息的内容及编码格式取决于各个用户部分及其消息类型。

(7) 状态字段（SF)。表示链路的状态，仅链路状态信令单元（LSSU）具有。如果长度指示码为 1，(LI=1)，则状态字节长度为 1 字节；如果长度指示码为 2，则状态字节的长度为 2 字节。

4. 信令设备列举

图 7.2(a) 所示为中兴信令采集统一平台，主设备机架是标准的 19U（U 是 unit 的缩略语，是由美国电子工业协会（EIA）制定的一种表示服务器外部尺寸的单位，1U=1.75in=44.45mm，19U=855mm)。每个机架由 3 个信令采集单元组成，每个信令采集单元包括 15 块采集卡和 2 块交换板。图 7.2(b) 所示为信令采集卡以高阻（大于 2000Ω）跨接的方式跨接在信令网络的信令链路上，实时采集信令链路上的信令数据。

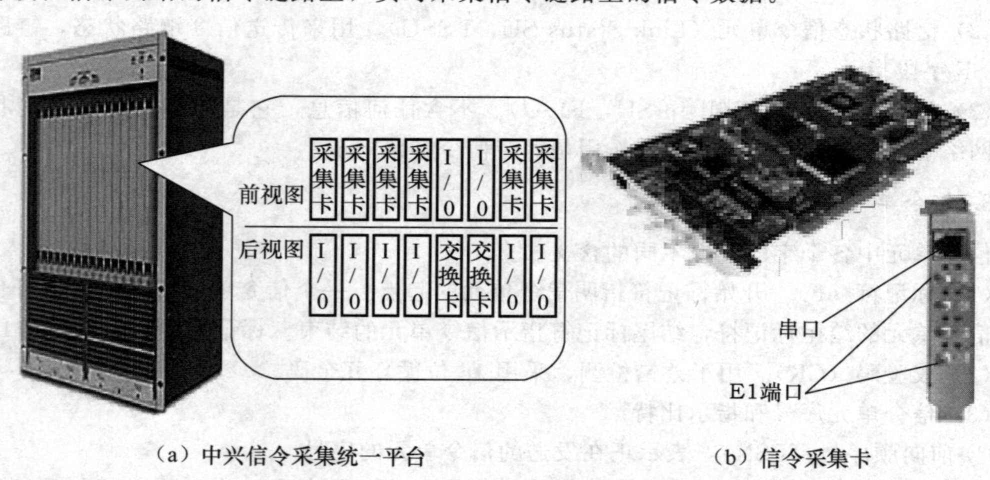

(a) 中兴信令采集统一平台　　(b) 信令采集卡

图 7.2　信令设备列举

图 7.3(a) 所示为 No.7 信令测试仪，它正在对 No.7 信令系统的消息传递部分(MTP)、电话用户部分（TUP)、ISDN 用户部分（ISUP)、TCAP 和 SCCP、MAP 和 ISDN 进行监视测试、分析。图 7.3(b) 所示为增强型 No.7 信令分析仪，能监测和仿真测试各种信号消息进行，支持 PSTN SS7、GSM/GPRS 的 No.7 信令维护测试与网络优化，具有话务统计、呼损统计分析、主/被叫用户号码的跟踪捕捉、定时自动监测、协议仿真测试等功能，能够适应 No.7 信令新业务的开展而增加相应的监测分析软件。通过对 SS7、GSM/GPRS 网络各接口的测试，对无线网络覆盖、掉话、漫游切换失败、接通率低等问题进行深入分析，为网络优化、设备配置、互连互通故障分析提供帮助，是 No.7 信令网运行维护的必备工具。

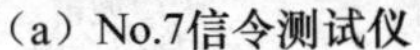

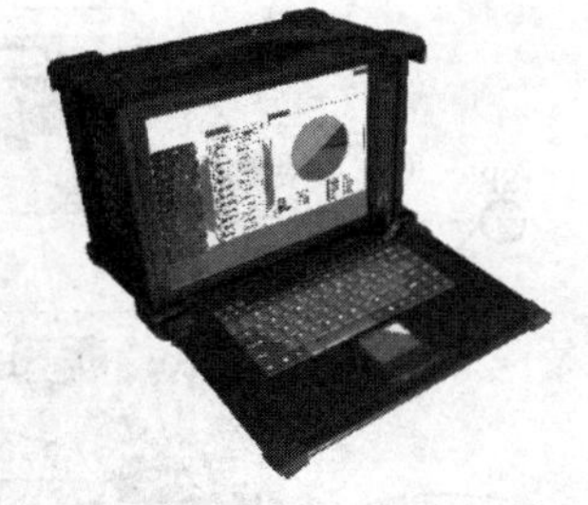

（a）No.7信令测试仪　　（b）增强型No.7信令分析仪

图 7.3　信令测试设备列举

7.1.3　我国 No.7 信令网的结构

1. 信令网的组成

(1) 信令点（SP）。

信令点（SP）是处理控制消息的节点，产生消息的信令点为该消息的起源点，消息到达的信令点为该消息的目的地节点。通常信令点就是通信网中的节点，如交换机、操作维护中心、网络数据库等。任意两个信令点，如果它们的对应用户之间（如电话用户）有直接通信，就称这两个信令点之间存在信令关系。

(2) 信令转接点（STP）。

信令转接点（STP）具有信令转发的功能，将信令消息从一条信令链路转发到另一条信令链路上的节点称为信令转接点，它既不是源信令点，也不是目的信令点。

(3) 信令链路。

在两个相邻信令点之间传送信令消息的链路称为信令链路（Link）。信令链路是双向的，同时具有发送和接收消息的能力。

2. 工作方式

No.7 信令网的工作方式，是指信令链路与话路之间的对应关系。我国的 No.7 信令网主要有两种工作方式。

(1) 直连工作方式。

两个信令点之间通过直达的信令链路传递信令消息的方式，话路与信令所取的通路相平行，这种工作方式就是直连工作方式。

(2) 准直连工作方式。

两个信令点的信令消息要经过两个或多个串接的信令链路，但这些信令链路是预先确定的。

我国 No.7 信令网的工作方式，以准直连为主，直连为辅。

3. 我国 No.7 信令网的结构

我国 No.7 信令网由高级信令转接点（HSTP）、低级信令转接点（LSTP）和信令点（SP）三级组成，如图 7.4 所示，HSTP 是我国 No.7 信令网的最高级。为了提高可靠性，采用冗余配置方式，设置主用网和备用网两个平面，各平面的 HSTP 以网状相连，在主用网平面和备用网平面之间，成对的 HSTP 相连。

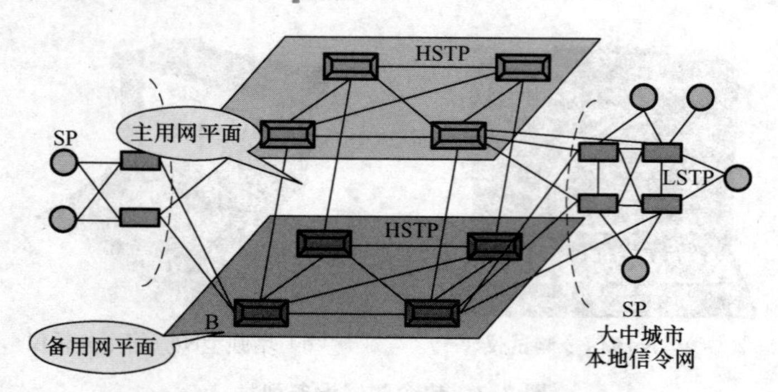

图 7.4　我国 No.7 信令网的结构

为了保证信令网的可靠性，提高信令网的可用性，我国的三级信令网采用如下备份冗余度的措施来保证整个信令网的高度可靠性。

(1) 第一级采用两个平行的 A、B 平面，在每个平面内的各个 HSTP 网状相连，A 平面和 B 平面中成对的 HSTP 对应相连。

(2) 每个 LSTP 分别连接至 A、B 平面内成对的 HSTP，LSTP 至 A、B 平面内两个 HSTP 的信令链组之间采用负荷分担方式工作。

(3) 每个 SP 至少连至两个 STP (LSTP 或 HSTP)；若连接 HSTP 时，应分别连至 A、B 平面内成对的 HSTP。SP 至两个 STP 的信令链路组间采用负荷分担工作方式工作。

(4) 直连方式的信令链路组中至少包括两条信令链，并尽可能采用分开的物理通路。

(5) 两个信令点间的话路群足够大时，设置直达信令链路，采用直连方式。

4. 信令网的编号计划

信令网中每一个信令点均有一个唯一的编码。为便于信令网络管理，国际和国内信令网采用各自独立的编号计划：国际信令网编码采用 14 位信令点编码，我国信令网采用 24 位信令点编码。

7.2 同　步　网

导入案例

谁最“守时”?

格林尼治标准时间或将被原子钟时间代替

好莱坞电影《偷天陷阱》中，两个盗贼在 2000 年即将到来之际，干扰了美国原子钟的时间，导致世界银行纽约国际金融结算中心提前 10s 停机测试“千年虫”。而盗贼利用这 10s 的时间误差，启动转账程序盗走了 80 亿美元。这样的场景，在现实中也存在潜在可能。例如在神舟飞船发射中，若各发射塔和观测站不能精准对时，则将导致指令执行时间混乱，进而造成发射失败。特种兵在执行任务之前，都要先对一下时间。由此可见，如何精准对时，守护好我们的时间，至关重要。

7.2.1 同步的概念

为保证通信网中所有工作设备协调一致工作，必须由统一的工作时钟来控制。数字网在数字信号的接收、复用和交换过程中，更是处处要求同步。同步网根据通信网设备工作的需要，提供准确统一的时钟参考信号保证通信网同步工作，这是保证通信质量的一个重要方面。

“同步”指通信双方的定时信号符合一定的时间关系。在数字通信中“同步”包括有位同步、帧同步和网同步。

1. 位同步

在通信网中最基本的同步方式就是“位同步”或“比特同步”（比特是数据传输的最小单位）。位同步是指通信双方的位定时脉冲信号频率相等且符合一定的相位关系。位同步的目的是使接收端接收的每一位信息都与发送端保持同步，将发送端发送的每一个比特都正确地接收下来。这就要在正确的时刻（通常就是在每一位的中间位置）对收到的电平根据事先已约定好的规则进行判决。

2. 帧同步

帧同步是指通信双方的帧定时信号的频率相同且保持一定的相位关系。在数字通信中，信息流由若干码元组成一个帧。在接收这些数字信息时，必须知道帧的起止时刻，否则接收端无法恢复出正确的信息。帧同步的作用是在同步复用的情况下，能够正确区分每一帧的起始位置，从而确定各路信号的相应位置并正确把它们区分开来。帧同步是通过在信息码流中插入帧同步码而实现的。

3. 网同步

网同步是指网络各节点的时钟频率相等，也就是多个节点之间的时钟同步。

7.2.2 网同步设备

网同步设备主要是指节点时钟设备，它的主要工作状态有 4 种：自由运行状态、快捕状态、跟踪状态及保持状态。自由运行状态指时钟处于自由振荡阶段；快捕状态指快速锁相参考源时钟，一般在系统刚接入参考源时处于该状态，为一个瞬间态；跟踪状态则在锁相基准参考源之后，其输出为根据参考源校准的时钟；处于跟踪状态后，如果参考源丢失，此时时钟的工作状态会从跟踪转入保持，以跟踪状态时保存的时钟值作为输出。

常用的网同步设备主要包括独立型定时供给设备和混合型定时供给设备。独立型节点时钟设备是数字同步网的专用设备，主要包括各种原子钟、晶体钟、大楼综合定时系统（BITS）及由全球定位系统（GPS）等组成的定时系统。混合型定时供给设备是指通信设备中的时钟单元，它的性能满足同步网设备指标要求，可以承担定时分配任务，如交换机时钟、数字交叉连接设备（DXC）等。

1. 晶体钟

晶体钟的稳定性比原子钟差。但它体积小、质量轻、耗电少，并且价格比较便宜，平均故障间隔时间长。因此，晶体钟不仅在通信网中应用非常广泛，而且日常生活中的石英钟/表，其原理也正是石英晶体的振动被交流电转变成电压的周期变化而来。以石英晶体为例，其振荡周期与石英的具体形状和大小有关，寻常石英钟的振荡频率是32768Hz，也就是说在1s内振荡了32768次，24小时振荡误差不大于8万次，即石英钟的一天误差就能够保持在秒的范围。

2. 铯钟

铯钟的长期稳定性非常好，没有老化现象，可以作为自主运行的基准源。但是铯钟体积大、耗能高、价格贵，并且铯素管的寿命为5～8年，维护费用大，一般在网络中只配置1～2组铯钟作为基准钟，如图7.5所示。

图7.5　普通商用铯钟和便携式铯钟

3. 铷钟

与铯钟相比，铷钟的长期稳定性差，但是短期稳定性好，并且体积小、重量轻、耗电少、价格低。利用GPS校正铷钟的长期稳定性，也可以达到一级时钟的标准，因此配置了GPS的铷钟系统常用作一级基准源，如图7.6所示，精确度达10～12，即万亿分之一秒。其同类产品被应用于“神舟1～7号”“嫦娥1～2号”上。

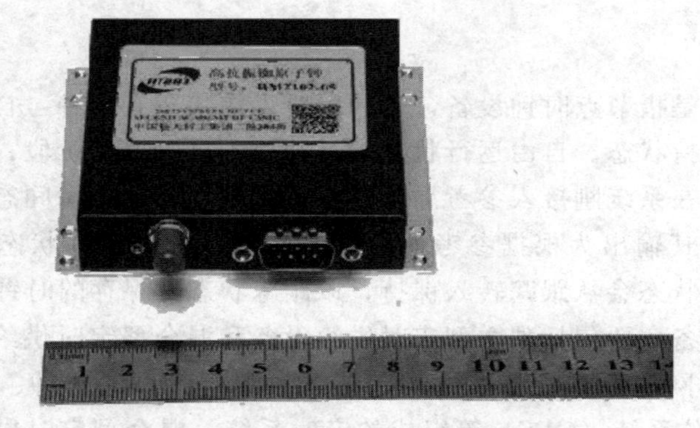

图7.6　2018年实现量产的我国自主研制的世界最薄铷原子钟，仅76mm×76mm×17mm

扩展阅读

1949 年，美国商务部下属的国家标准与技术研究院（National Institute of Standards and Technology，NIST）制造出了第一架氨分子振动原子钟。1953 年，哥伦比亚大学的三位科学家研制了世界第一台铯原子钟，其中之一就是我国著名物理学家王天眷。1963 年第 13 届国际计量大会决定：铯原子 Cs133 基态的两个超精细能级间跃迁辐射震荡 9192631770 周所持续的时间为 1s“原子时”（AT：atomic time）。从此，“时间基准”的名称由 Primary Clock（主时钟，通常指的是实验室型大铯钟）代替，标志着人类摆脱了对天文现象的依赖。1972 年国际无线电咨询委员会 CCIR 通过“闰秒”的方法将“世界时”和“原子时”组合成了“协调世界时”（UTC：Coordinated Universal Time）。

美国国家标准与技术研究所 NIST、1970 年起格林尼治天文台使用的基准时间测量仪器和美国科罗拉多州大学的锶原子钟如图 7.7 所示。

（a）美国国家标准与技术研究所NIST

（b）1970年起格林尼治天文台使用的基准时间测量仪器

（c）美国科罗拉多州大学的锶原子钟

图 7.7　美国国家标准与技术研究所 NIST、1970 年起格林尼治天文台使用的基准时间测量仪器和美国科罗拉多州大学的锶原子钟

7.2.3　我国同步网络结构图

同步网可分为准同步网和全同步网两类：在准同步网中，各节点的时钟是相互独立的，这种方式常用于国际间链路，各节点独立设置基准时钟（如铯原子钟），频率准确度保持在 10^{-11} 极窄的频率容差之内；全同步网则由单一基准时钟控制。

我国同步网的建设是将全国范围划分为若干个同步网，各同步网之间工作于准同步方式。

同步网按同步方式又分为主从同步、互同步、外时间基准同步。

1. 主从同步方式

主从同步方式是指网内设一时钟主局，配有高精度时钟，网内各局均受控于该主局（即跟踪主局时钟，以主局时钟为定时基准），并且逐级下控，直到网络中的末端网元——终端局。

主从同步方式的优点主要有以下几个。

（1）避免了准同步网中固有的周期性滑动。

（2）锁相环的压控振荡器只要求较低的频率精度，较准同步方式大大降低了费用。

（3）控制简单，特别适用于星形或树形网。

但主从同步方式也存在以下一些缺点。

（1）系统采用单端控制，任何传输链路中的扰动都将导致定时基准的扰动。这种扰动将沿着传输链路逐段累积，影响网中定时信号的质量。

(2) 一旦主节点基准时钟和传输链路发生故障，就会造成从节点定时基准的丢失，导致全系统或局部系统丧失网同步能力。为此，主节点基准时钟须采用多重备份手段以提高可靠性。

由此可见，主从同步方式由于优点多，而缺点又均可采取措施加以克服，因此广泛应用于公用电信网中。例如，精确时钟同步协议（Precision Time Protocol，PTP）就是主从同步方式。它是2002年由IEEE颁布的，适合低端设备，精度和GPS相同，但无须每个设备都安装GPS组件，只需要一个高精度的本地时钟和提供高精度时钟戳的部件，也无须时钟专线传输同步信号，它利用数据网络传输时钟同步消息。

我国数字同步网采用四级节点时钟结构和主从同步的方式，如图7.8所示。

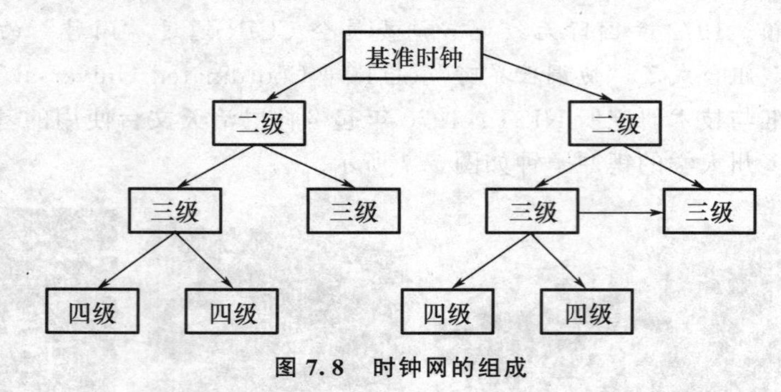

图7.8　时钟网的组成

第一级：基准时钟，由3个铯原子钟组成，是数字网中精度最高的时钟，也是其他全部时钟唯一的基准。

第二级：有保持功能的高稳定度的晶体时钟，分为A类和B类。

第三级：有保持功能的高稳定度的晶体时钟，设置在汇接局和端局，其频率偏移可低于第二级时钟，通过同步链路与第二级时钟或同级时钟同步。

第四级：一般晶体时钟，设置在远端模块、数字终端设备和数字用户交换设备(PABX)，并通过同步链路与第三级时钟同步。

时间频率基准关系到国家核心利益，而铯原子喷泉钟是一个国家独立时间频率体系的源头，因此发达国家纷纷加大投入研制改进的铯原子喷泉钟。中国计量科学研究院（NIM）2013年自主研制的“NIM5号可搬运激光冷却铯原子喷泉钟”精度可达10^{-15}，即3000万年不差1s，为中国北斗卫星的地面时间系统提供了精确的计量支持，如图7.9所示。

(a) NIM5号可搬运激光冷却铯原子喷泉钟

(b) 国家原子时比对测量系统

图7.9　NIM5号可搬运激光冷却铯原子喷泉钟和国家原子时比对测量系统

2. 互同步技术

对于大铯钟这样的一级时间标准，世界上只有少数几个国家的时频实验室拥有，而且，有的还不能长期可靠地工作。但是，对于世界上大多数没有大铯钟的实验室也可以有自己的时间尺度。在这些数字网中，虽然没有特定的主节点和时钟基准，但可以用网中每一个节点的本地时钟通过锁相环路受所有接收到的外来数字链路定时信号的共同加权控制。因此节点的锁相环路是一个具有多输入信号的环路，而相互同步网将构成多输入锁相环相互连接的一个复杂的多路反馈系统。在相互同步网各节点时钟的相互作用下，如果网络参数选择得合适，网中所有节点时钟最后将达到一个稳定的系统频率，从而实现全网的同步工作。

通常用多台商品型铯钟构成平均时间尺度，小铯钟越多，时间尺度的稳定性就越好。有了这样高稳定度的时间尺度，也可以满足国防、科研、航天等方面的需求。例如，我国的“国家授时中心”目前就是通过用多台铯原子钟和氢原子钟组成的“守时钟组”，并通过卫星与世界各国授时部门进行实时比对，作为我们的地方原子时尺度，其稳定度为10^{-14}。国外有的实验室甚至有几十乃至几百台小铯钟。

互同步系统主要有如下几个优点。

(1) 各节点都有自己的高精度时钟，它们之间互相控制、互相影响，最终都调整到某一时钟频率上。当某些传输链路或节点时钟发生故障时，基本不影响其他节点的正常工作，网络仍然处于同步工作状态，不需要重组，简化了管理工作。

(2) 可以降低节点时钟频率稳定度的要求，设备较便宜。

(3) 较好地适用于分布式网路。

互同步系统有如下几个缺点。

(1) 稳态频率取决于启始条件、时延、增益和加权系数等，因此容易受到扰动。

(2) 由于系统稳态频率的不确定性，很难与其他同步系统兼容。

(3) 由于整个同步网构成一个闭路反馈系统，系统参数的变化容易引起系统性能变坏，甚至引起系统不稳定。

3. 外时间基准同步方式

外时间基准同步方式是指数字通信网中所有节点的时间基准依赖于该节点所能接收到的外来基准信号。通过将本地时钟信号锁定到外来时间基准信号的相位上，以达到全网定时信号的同步。

最常用的是GPS的时间体系。它全部依赖美国军方原子时钟，并溯源到美国标准技术院NIST的铯原子喷泉钟。GPST的原点定于1980年1月6日协调时UTC的00：00时。目前我国北斗三号卫星使用的星载铷原子钟，授时精度可达百亿分之三秒，可提供分米级定位。

7.3 管 理 网

电信技术的飞速发展和电信业务的不断丰富使电信网规模越来越大、设备种类越来越多。为了降低成本，运营商在网络中引入多厂家设备，从而使网络越来越复杂。为了使网络可以快速、灵活、可靠、高质量地向用户提供电信业务，就需要先进的技术和高度自动化的管理手段进行网络管理。管理网作为电信支撑网的一个重要的组成部分，建立在传送网和业务网之上，并对通信设备、通信网络进行管理。

7.3.1 TMN 概述

随着电信业开放局面的逐步形成，电信运营商的经营模式已经从传统的面向网络的经营模式逐步转变为面向客户的经营模式。电信运营商这种经营模式的转变使电信运营支撑系统变得越来越重要。电信运营商的主要工作就是设计和实现面向客户的端到端的业务管理。因此，TMN 的重要性日益突出。

1. TMN 的概念

ITU-T M.3010 中定义：TMN 提供一个有组织的网络结构，以取得各种类型的操作系统或运营系统（Operating System，OS）之间、OS 与电信设备之间的互联。

TMN 的基本概念可以有两个方面的含义：其一，TMN 是一组原则及为实现此原则定义的目标而制定的一系列的技术标准和规范；其二，TMN 是一个完整的、独立的管理网络，是各种不同应用的管理系统按照 TMN 的标准接口互联而成的网络，这个网络在有限的点上与电信网的关系是管理网与被管理网之间的关系。

电信管理网 TMN 的目标是最大限度地利用电信网路资源，提高网络的运行质量和效率，向用户提供良好的服务。一些运营商和系统集成商组成了电信管理论坛（TM Forum），这个民间组织主要致力于按 TMN 的框架规划并指导电信运营支撑系统的开发。

2. TMN 与电信网之间的关系

TMN 的基本思想是以网络管理网，将网络结构规范化，提供一个有组织的管理体系结构。它与电信网之间的关系如图 7.10 所示。

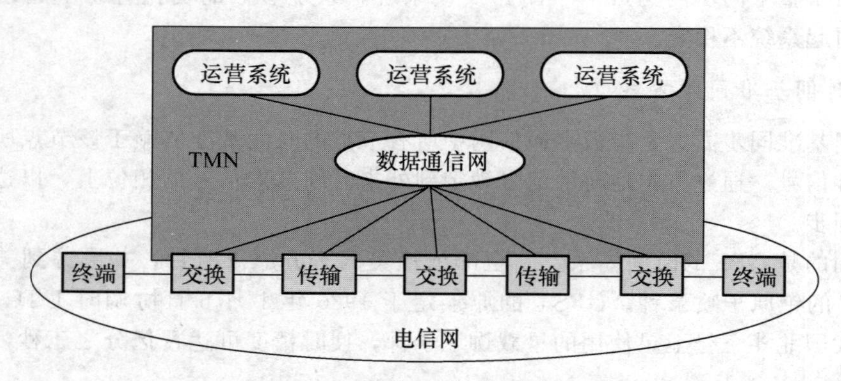

图 7.10 TMN 与电信网之间的关系

TMN 在概念上是一个单独的网络，它在几个不同的点上与电信网相通来发送或接收信息，控制它的运营。

开发 TMN 标准的目的是管理异构网络、业务和设备。TMN 通过丰富的管理功能跨

越多厂商和多技术进行操作。它能够在多个网络管理系统和运营系统之间互通，并且能够在相互独立的被管网络之间实现管理互通，因而互联的和跨网的业务可以得到端到端的管理。

TMN 逻辑上区别于被管理的网络和业务，这一原则使 TMN 的功能可以分散实现。这意味着通过多个管理系统，运营者可以对广泛分布的设备、网络和业务实现管理。

7.3.2　TMN 的功能

与 TMN 相关的功能可分为两部分：TMN 的一般功能和 TMN 的应用功能。

1. TMN 的一般功能

TMN 的一般功能是传送、存储、安全、恢复、处理及用户终端支持等，是对 TMN 应用功能的支持。

2. TMN 的应用功能

TMN 的应用功能是指 TMN 为电信网及电信业务提供的一系列管理功能，根据其管理的目的可以分成性能管理、故障管理（或维护管理）、配置管理、计费管理和安全管理 5 个功能域。

（1）性能管理。主要作用是收集网络、网元的通信效益和通信设备状况的各种数据，实行性能监视、性能分析及性能控制。

（2）故障管理。是对电信网的运行情况异常和设备安装环境异常进行检测、隔离和校正等一系列维护管理功能。

（3）配置管理。主要实施网络单元的控制、识别和数据交换，实现传送网增加或撤走网络单元、通道、电路等调度功能。

（4）计费管理。主要收集网络服务的账目记录和设立计费参数，实现计费与资费功能。

（5）安全管理。提供对网络及交换设备进行安全保护的能力，主要有接入、用户权限的管理、安全审查及告警处理。

7.3.3　TMN 的体系结构

1. TMN 的逻辑分层结构

TMN 主要从 3 个方面界定电信网络的管理：即管理功能、管理业务和管理层次。这一界定方式也称 TMN 的逻辑分层体系结构，具体划分如图 7.11 所示。

TMN 通常采用 OSI 系统管理功能定义，可以完成之前提到的电路网络管理的基本功能：性能管理、故障管理、配置管理、计费管理和安全管理。管理业务支持电信的操作维护和业务管理。TMN 定义了多种管理业务，包括用户管理、话务管理、传输管理、信令管理等。

TMN 采用分层管理的概念，将电信网络的管理应用功能划分为 4 个管理层次：事务管理层（Business Management Layer，BML）、业务管理层（Service Management Layer，

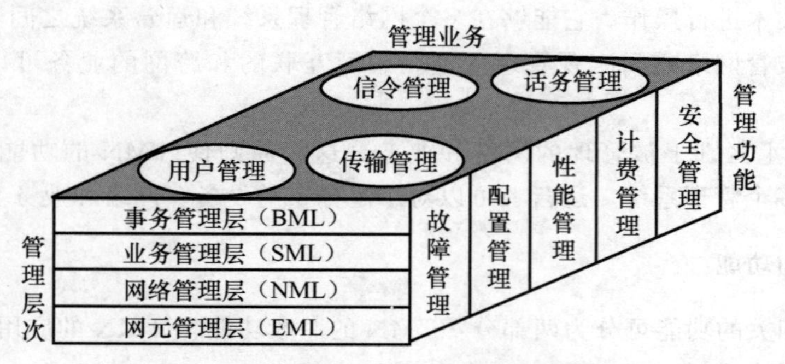

图 7.11　TMN 的管理功能、管理业务和管理层次

SML）、网络管理层（Network Management Layer，NML）和网元管理层（Element Management Layer，EML）。

TMN 管理分层的 4 个层次的主要功能如下。

(1) 事务管理层（BML）。

事务管理层是 TMN 最高层功能的管理层，这一层的管理通常是由高层管理人员介入。主要的管理功能包括业务预测及规划、网络的规划和设计、资源的控制和效益的核算等。

(2) 业务管理层（SML）。

业务管理层的主要功能是满足和协调用户的需求，按照用户的需求来提供业务，对服务质量进行跟踪并提供报告等。接收从网络管理层传来的消息，与网络管理、与上面的事务管理层以及与服务提供者进行交互。

(3) 网络管理层（NML）。

网络管理层的功能是对由网元互联组成的网络进行管理，包括网络连接的建立、维持和拆除、网络级性能的监视和网络级故障的发现和定位。通过对网络的控制来实现对网络的调度和保护，同时与上面的业务管理层进行交互。

(4) 网元管理层（EML）。

网元管理层对各个网元进行管理，包括收集和预处理网元的相关数据，在网络管理层和网元之间提供网关功能及对各个网元进行协调和控制。

2. TMN 的基本物理结构

TMN 的基本物理结构确定为实现 TMN 的功能所需要的各种物理配置的结构，如图 7.12 所示。

(1) TMN 的功能单元及其基本功能。

① 操作系统（Operating System，OS）。

OS 用来处理监控电信网的管理信息，它执行操作系统的功能。用于性能监测、故障检测、配置管理的管理功能模块都置于此。

② 网络单元（Network Element，NE）。

NE 由执行网络单元功能的电信设备和支持设备组成。它主要提供通信和支持功能，如交换、传输、交叉连接、多路复用等。

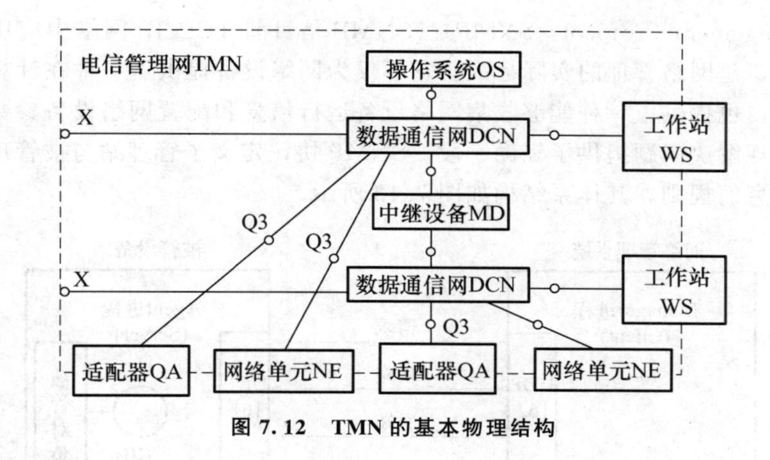

图 7.12 TMN 的基本物理结构

③ 中介设备（Mediation Device，MD）。

MD 是执行中介功能的设备，主要用于完成 OS 与 NE 间的中介协调功能，用于在不同类型的接口之间进行管理信息的转换。

④ 工作站（Work Station，WS）。

WS 在信息和用户之间提供用户友好界面，即把网络信息从“F”接口格式转换为“G”接口格式。

⑤ 数据通信网（Data Communication Network，DCN）。

DCN 用于为其他 TMN 部件提供通信手段。它可以提供选路、转接和互通功能，主要实现 OSI 参考模型的低三层功能。

⑥ 适配器（Q-Adapter，QA）。

完成适配功能的设备，没有 TMN 标准接口的现有网元可以通过 QA 实现对 TMN 的访问。QA 提供非标准和标准接口之间的转换功能。

(2) TMN 的接口。

在 TMN 中共有 4 种接口，即 Q3、Qx、F 和 X 接口。

① Q3 接口：Q3 接口是 TMN 中 OS 和 NE 之间的接口。通过这个接口，NE 向 OS 传送相关的信息，而 OS 对 NE 进行管理和控制，该接口连接较复杂的网元设备，支持 OSI 7 层通信协议。它是计算机和通信设备之间的接口，是 TMN 中最重要的接口。

② Qx 接口（简化的 Q3 接口）：Qx 接口是 TMN 中 MD 和 NE 之间的接口。该接口支持操作和维护功能的一个子集，它连接较简单的网络设置以及利用较简单的协议栈。

③ F 接口：F 接口是 WS 和 OS 或 WS 和 MD 之间的接口，该接口支持一组工作站和实现 OS 功能、中介功能的物理模块的连接功能。

④ X 接口：X 接口是两个 TMN 和 OS 之间的接口。该接口提供 TMN 与 TMN 之间或 TMN 与具有 TMN 接口的其他管理网络之间的连接。

7.3.4 简单网络管理协议

随着电信网络的全 IP 化，其网络管理系统也全面转向简单网络管理协议（Simple

Network Management Protocol，SNMP)。SNMP 是目前 TCP/IP 网络中应用最为广泛的网络管理协议，是网络管理的实际标准。它不仅为网络设备提供了一种在计算机上运行的网络管理软件，也提供了一种能够收集网络设备运行信息和配置网络设备参数的方法，为网络管理员发现解决问题提供了辅助手段。SNMP 协议定义了管理站与被管理网络设备之间传递管理信息的规则，其体系结构如图 7.13 所示。

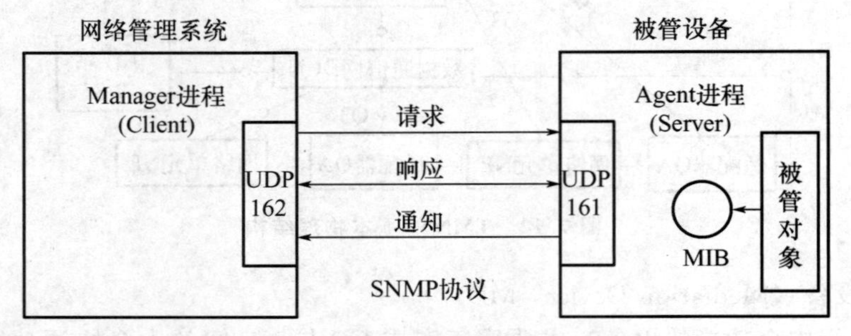

图 7.13　SNMP 的体系结构

图 7.13 中的 Manager 主要完成网络的监测和数据的采集功能、数据的分析和故障的恢复功能等，而 Agent 则负责运行在被管设备（又称网元）中的管理软件。

SNMP 具有以下特点。

支持分布式网络管理；扩展了数据类型；可以实现大量数据的同时传输，提高了效率和性能；丰富了故障处理能力；增加了集合处理功能；加强了数据定义语言。

7.3.5　TMN 的优缺点及其应用

1. TMN 的优点

TMN 提供了一个有组织的网络结构，以取得各种类型的操作系统之间以及操作系统与电信设备之间的互连。它是一个完整而独立的管理网络，是各种不同应用的管理系统按照 TMN 标准接口互联而成的网络。

TMN 的最大优势在于其信息模型的标准化：统一多厂家设备的规范管理——代理信息存取的标准，统一多厂家系统的被管理信息的标准，统一多厂家平台处理环境的标准。

通过标准化，TMN 实现了综合网络管理，能够大大地提高网络管理系统的功能与效率。

2. TMN 的缺点

首先，由于 TMN 独立于电信网之外，且在管理系统 OS 中集中处理网络管理数据，使得数据处理量过大，处理时延较长，造成 TMN 的管理方式不能满足一些实时处理的要求，不能最大限度地利用现有网络的性能。

其次，TMN 是基于网元立场的，并没有从全程全网的角度来为系统建模。TMN 的管理功能也有限，没有充分利用现有网元强大的处理能力。TMN 中的 Q3 接口实现起来非常复杂，适合于网元管理接口，但对于网元层之上（网络层、业务层及事务层）的管理，Q3 接口并不适合。

再者，TMN 的管理信息模型是建立在 OSI 系统管理基础之上的，与通用管理信息协议（Common Management Information Protocol，CMIP）密切相关，而 ASN.1/CMIP 的信息模型不适用于分布式面向对象技术。因此，需要建立与协议无关的管理信息模型。

此外，TMN 对网络管理系统的可靠性要求太高。

综上所述，TMN 为建设综合网络管理系统提供了一个很好的思路，但综合网络管理系统是一个分布式系统的综合管理，而 TMN 缺乏对分布式管理的全面支持。

3. TMN 的应用

TMN 电信管理网虽然可以实现不同厂商、不同软硬件平台的网络产品的统一管理。但是，TMN 却缺乏对分布式管理的全面支持。另外，其主要优点集中在低层的管理上，而缺乏对上层管理的规范。因此，构建新一代综合网络管理系统需要 TMN 技术和其他分布式管理技术相结合。

多厂商网络管理系统之间的互通互操作是网络管理系统的核心技术之一。分布式对象的核心是解决对象跨平台连接和交互问题。目前，比较流行的分布式技术主要有 Microsoft COM/DCOM、J2EE 和通用对象请求代理体系结构（Common Object Request Broker Architecture，CORBA）。其中 CORBA 具有支持多种现存语言的优势，可在一个分布式应用中混用多种语言，支持分布对象，提供高度的互通性。并且，CORBA 具有的优点正是 TMN 管理特性结构所缺乏的，所以许多研究机构、工业协会都对 CORBA 在 TMN 中的应用进行了研究。

CORBA 提供了一种接口机制，可以实现不同平台、不同操作系统、不同网络协议条件下的网络管理系统之间的互操作，从而可以解决不同厂商管理系统之间的互通互操作问题。

CORBA 对象请求代理在几乎所有现行服务器、客户机平台下都可使用。CORBA 解决了平台的异构性问题，优势在于它的跨平台、跨语言能力，特别适合于异构环境下的系统集成和网络管理。由于 CORBA 技术是一种面向对象的分布式应用系统，与 TMN 的相关特性一致，因此可以采用 CORBA 技术来实现 TMN。与 TMN 比较起来，CORBA 恰好弥补了 TMN 的不足。TMN 和 CORBA 技术结合的方式是构建新一代综合网络管理系统最为理想的一种解决方案。

本章小结

拓展阅读

一个完整的电信网除了传递电信业务为主的业务网之外，还需有若干个用来保障业务网正常运行、增强网络功能、提高网络服务质量的支撑网络。支撑网通过传送相应的监测、控制和信令等信号，对网络的正常运行起支持作用。

本章主要介绍了信令网、同步网和电信管理网。对于信令网，介绍了信令的基本概念和分类，重点介绍了 No.7 信令系统，包括 No.7 信令的功能级结构、信令单元结构以及我国 No.7 信令网的结构。对于同步网，主要介绍了同步的概念、常见的网络同步设备和我国同步网络结构图，最后简单介绍了互同步技术。对于电信管理网，在讲清楚管理网的概念和功能的基础上，着重介绍了TMN的体系结构、网络管理协议、TMN特点及其应用。

习题

1. 支撑网包括哪3个部分？它们分别负责实现什么功能？
2. 什么叫信令？目前通信网中的信令是如何分类的？
3. 什么是“同步”？
4. 什么是主从同步方式？
5. 简要说明TMN的基本概念。
6. TMN的主要功能是什么？
7. TMN的管理层次有哪几个？

第7章在线答题

第8章 信息传输网

学习目标

了解各种传输媒质的性能

掌握SDH光传送网的组网结构

掌握波分复用技术及其应用形式

了解PTN的基本属性、关键技术和应用前景

掌握微波传输技术特点

掌握卫星通信概念

掌握ASON的基本概念和体系结构

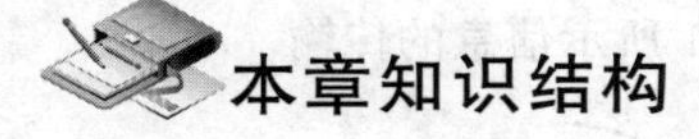

本章知识结构

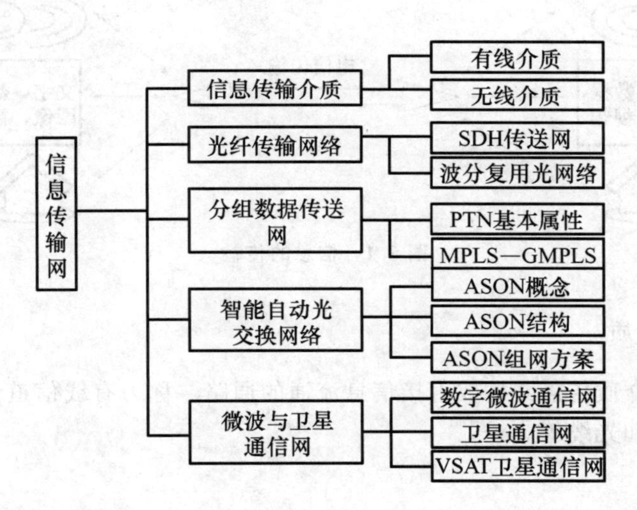

导入案例

感谢通信生命线

2008 年 5 月 12 日，汶川大地震。震区 600 多个有线交换局、16000 多个移动通信基站、10000 多公里的传输光缆统统受损，地面通信全部瘫痪，震区成了一个个“孤岛”。第二天，中国卫星通信公司将首批 10 部卫星电话送至震中映秀镇。当晚，从灾区打出了第一个电话。震后的几天里，千余部卫星电话投入使用。在震后的一周多时间里，电话总共打了 7 万多分钟。前所未有的通话量，连接着汶川的生命线，人们感慨道：卫星通信平时贵得要命，真出事了，还真得靠它们救命。

通信，平时可以是“感情线”“黄金线”，危难关头更是“生命线”！本章将要学习的就是连接各个通信终端的信息传输网络。

8.1 信息传输介质

信息传输是将信息经信道从一端传送到另一端，并被对方所接收，它包括传送和接收两个部分。传输介质分有线和无线两种：有线为电话线、专用电缆或光纤；无线是利用电台、微波及卫星技术等。信息传输，提供任意两端之间信息的透明传输，包括时间上和空间上的传输。时间上的传输可以理解为信息的存储。例如，孔子的思想通过书籍流传到了现在，它突破了时间的限制，从古代传送到现代。空间上的传输，即通常所说的信息传输。例如，我们用语言面对面交流，用微信、QQ 或发送电子邮件等，它突破了空间的限制，从一个终端传送到另一个终端，由各种传输介质构成多种传输信道，如图 8.1 所示信息的传输。

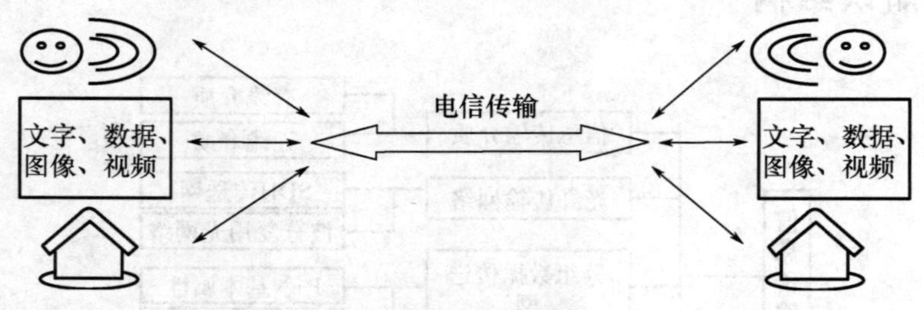

图 8.1　信息的传输

8.1.1　有线传输介质

信息沿着有线介质传播并构成直接信息流通的通路，称为有线信道。有线信道包括但不限于明线、电缆和光缆等。

1. 明线

明线是指平行架设在电线杆上的架空线路，如图 8.2 所示。它本身是导电裸线或带绝

缘层的导线，易受天气和环境的影响，对外界噪声干扰较敏感，并且很难沿一条路径架设大量的（成百对）线路，故目前已经逐渐被电缆所代替。

（a）明线示意图　　（b）唐古拉山无人区的明线

图 8.2　明线示意图和唐古拉山无人区的明线

2. 双绞线

双绞线信息模块的制作

双绞线电缆（简称双绞线或平衡电缆）是由两根绝缘的导体扭绞封装在一个绝缘外套中而形成的一种传输介质，通常以“对”为单位，双绞线电缆及传输示意图如图 8.3 所示。当前广泛用于固定电话网与计算机用户接入网。

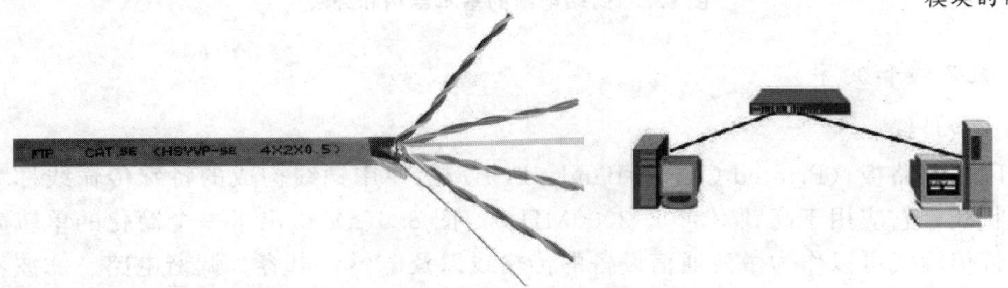

图 8.3　双绞线电缆及传输示意图

3. 平行电缆

平行电缆（图 8.4）是由若干对叫作“芯线”的双导线放在一根保护套内制成的。保护套则是由几层金属屏蔽层和绝缘层组成的，目前平行电缆主要用于市话用户的电话线。

图 8.4　平行电缆示意

4. 同轴电缆

同轴电缆又称射频电缆，它是由内外两根互绝缘的同心圆柱形导体构成的，在这两根导体间用绝缘体隔离开。内导体为铜线，外导体为铜管或网。在内外导体间可以填充满塑料作为电介质，或者用空气作介质但同时有塑料支架用于连接和固定内外导体。由于外导体通常接地，因此它同时能够很好地起到屏蔽作用，当前广泛用于广播电视网的用户接入网。图 8.5 所示为同轴电缆的基本结构和外观。还有一类特殊的同轴电缆：泄漏同轴电缆，通常简称为泄漏电缆或漏泄电缆，一般应用于无线传播受限的地铁、铁路隧道和公路隧道等。其结构与普通的同轴电缆基本一致，泄漏同轴电缆价格虽然较贵，但可以适应现有的各种无线通信体制。在国外，泄露同轴电缆也用于室内覆盖。

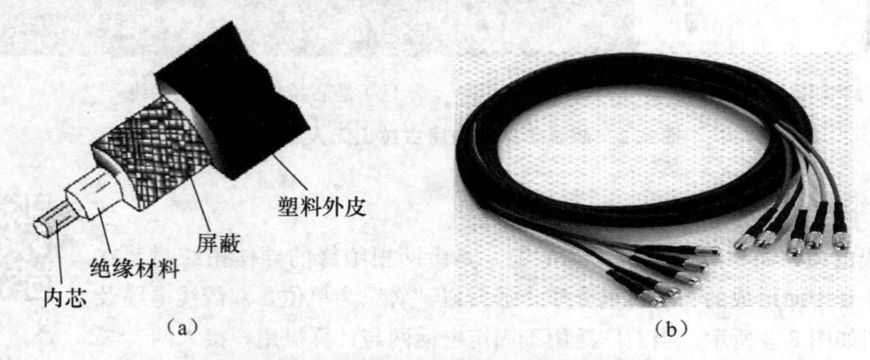

图 8.5　同轴电缆的基本结构和外观

5. 微带线和波导

(1) 微带线。

在印制电路板（Printed Circuit Band，PCB）上使用铜线构成的特殊传输线称为微带线或带状线，它应用于高频（300～3000MHz）。图 8.6(a) 给出了一个简化的单轨微带线路。微带传输线可以作为微波通信设备的传输线以及电感、电容、调谐电路、滤波器、移相器和阻抗匹配设备。

(2) 波导。

波导（Wave Guide）的最简单形式是一个空心导管，其横截面通常是矩形，如图 8.6(b) 所示，但也有圆形和椭圆形波导，可以限定电磁波能量的边界。在讨论波导的传输特性时，不再使用传输线的电压电流概念，而需要依据电磁场的概念（如电场和磁场）。在微波卫星通信中最常用的波导是矩形波导和圆形波导，图 8.6 为微带线、矩形波导和微波站内部示意图。

6. 光纤与光缆

传输光信号的有线信道是光导纤维，简称光纤。光波是人们最熟悉的电磁波，其波长为微米级、频率为 10^{12}～10^{16} Hz 数量级。

目前通信用的光纤是用石英玻璃（SiO_2）制成的横截面很小的双层同心圆柱体。根据光纤的折射率不同分为阶跃型和渐变型光纤，图 8.7(a) 为常见的光纤折射率分布图。未

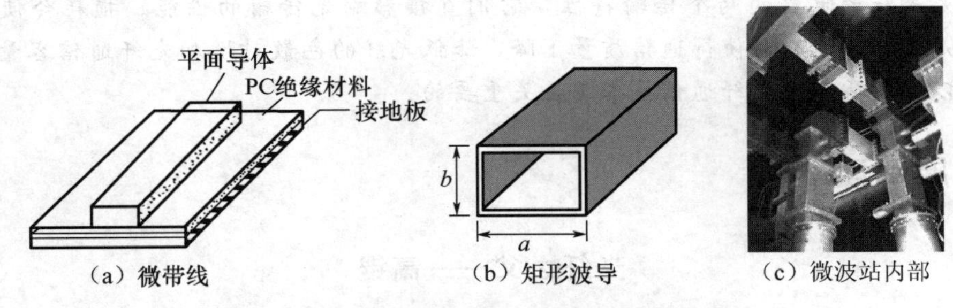

图 8.6 微带线、矩形波导和微波站内部示意图

经涂覆和套塑时称为裸光纤，它由纤芯和包层组成，折射率高的中心部分称为纤芯，其折射率为 n_1，直径为 $2a$；折射率低的外围部分称为包层，其折射率为 n_2，直径为 $2b$。由于石英玻璃质地脆、易断裂，为了保护光纤表面并提高抗拉强度以及便于实用，一般需在裸光纤外面进行两次涂覆而构成光纤芯线，如图 8.7(b) 所示。在实用中做成各种光缆，这是当前主要的有线传输信道。在光纤传播时，色散会导致光信号的畸变。

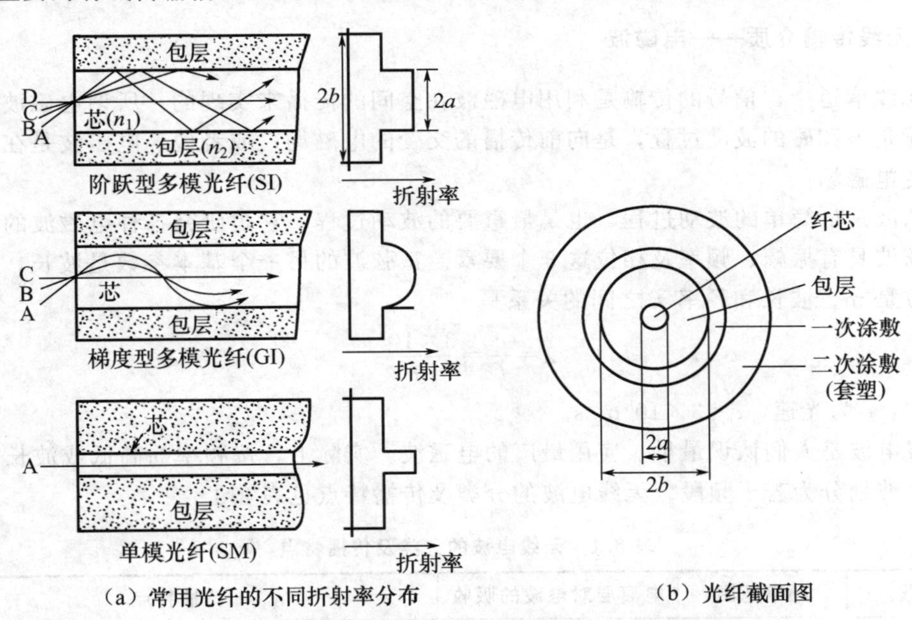

图 8.7 常用光纤的不同折射率分布和光纤截面图

典型试题分析

海底光缆

【2016 年一级建造师考试广播电信工程方向真题第 3 题】

光信号在光纤中传播时，（　　）会导致光信号的畸变。

A. 反射　　B. 折射　　C. 损耗　　D. 色散

答案： D

解析： 光在光纤中传播会产生信号的衰减和畸变，是因为光纤中存在损耗和色散。损耗和色散是光纤最重要的两个传输特性，它们直接影响光传输的性能。损耗会使信号衰减，色散是波形畸变，会使得通信质量下降，降低光纤的色散对增加光纤通信容量、延长通信距离以及发展新型光纤通信技术是至关重要的。

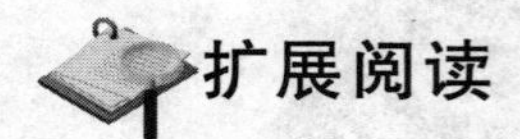

扩展阅读

光纤之父——高锟

光纤之父——高锟

1957年，高锟读博士时进入国际电话电报公司（Invitation To Tender，ITT)，在其英国子公司——标准电话与电缆有限公司（Standard Telephones and Cables Ltd.）任工程师。高锟在电磁波导、陶瓷科学（包括光纤制造）方面获28项专利。由于他取得的成果，有超过10亿千米的光缆以闪电般的速度通过宽带互联网，为全球各地的办事处和家居提供数据。由于他在光纤领域的特殊贡献，获得巴伦坦奖章、利布曼奖、光电子学奖，并获得诺贝尔奖，故被称为“光纤之父”。

8.1.2 无线传输介质——电磁波

在无线信道中，信号的传输是利用电磁波在空间的传播来实现的。所谓电磁波，简单地说，就是电和磁的波动过程，是向前传播的交变的电磁场；或者说，电磁波是在空间传播的交变电磁场。

正弦波是最简单的波动过程，也是最重要的波动过程，它是研究各种电磁波的基础形式。正弦波具有振幅、频率及相位这3个要素。正弦波的另一个基本参数是波长，用λ表示，单位是m。波长和频率f之间的关系是

$$\lambda=\frac{c}{f}=\frac{3\times10^8}{f} \tag{8-1}$$

其中，c为光速，$c=3\times10^8$m/s。

无线电波是人们认识最早、应用最广的电磁波。实际上，按频率的高低或波长的长短将无线电波划分为若干频段。无线电波的分类及传播特点见表8.1。

表8.1　无线电波的分类及传播特点

名称段	频率范围	电离层对电波的吸收	传播特点
超长波、长波	30～300kHz	弱	主要靠表面波传播，有绕射能力，可以沿地面传播很远，也可以利用电离层的下缘传播
中波	300kHz～3MHz	白天很强，几乎被吸收完，夜间很弱	沿地面传播，可达数百千米；夜间还可靠天波传播很远；所以传播距离白天比较近，夜间比较远
短波	3MHz～300MHz	白天，对较长波长强，对较短波长弱；夜间很弱	主要靠天波传播，经电离层多次反射，能传播很远距离，但接收信号有衰落现象；沿地面传播损耗很大，只能在近距离传播

续表

名称段	频率范围	电离层对电波的吸收	传播特点
微波	300MHz～3000GHz	电离层不起反射作用，电波能穿透电离层	直线传播距离很近，有频带宽、信息容量大的特点，用接力方式传播能传很远距离；对流层散射传播能传几百千米；卫星传播能传到全球各地

目前，无线通信中主要使用微波频段，如微波通信、卫星通信及移动通信中的无线信道。

8.2　光纤传输网络

8.2.1　SDH传送网

一个电信网有两大基本功能群：一类是传送（Transport）功能群，它可以将任何通信信息从一个点传送到另一个点；另一类是控制功能群，它可实现各种辅助服务和操作维护功能。所谓传送网就是完成传递功能的手段，当然传送网也能传递各种网络控制信息。实际应用中还经常遇到另一个术语——传输（Transmission），人们往往将传输和传送混淆，两者的基本区别是描述对象不同：传送是从信息传递的功能过程来描述；而传输是从信息信号通过具体物理介质传输的物理过程来描述。因而，传送网主要是指逻辑功能意义上的网络，即网络的逻辑功能集合。

SDH网是在统一的网络管理系统中采用光纤信道实现多个节点（网元）间同步信息传输、复用、分插和交叉连接的网络。节点与节点之间具有全世界统一的网络节点接口(NNI)，有一套标准化的信息结构等级，称为同步传送模块（STM-N，N=1、4、16、64），根据ITU-T的建议，SDH的最低等级为STM-1，传输速率155.520Mbit/s；4个STM-1同步复接组成STM-4，传输速率4×155.520Mbit/s=622.080Mbit/s；16个STM-1同步复接组成STM-16，传输速率为2488.320Mbit/s；64个STM-1同步复接组成STM-64，传输速率为9953.280Mbit/s。

1. SDH传输原理

同步数字系列（Synchronous Digital Hierarchy，SDH）被称为电信传输体制的一次革命。根据国际电信联盟标准部（ITU-T）的建议定义，它为不同速度的数字信号的传输提供相应等级的信息结构，包括复用方法和映射方法，以及相关的同步方法组成的一个技术体制。按SDH组建的网是一个高度统一的、标准化的、智能化的网络，它采用全球统一的光传输接口以实现设备多厂家环境的兼容，在全程全网范围实现高效的、协调一致的管理和操作，实现灵活的组网与业务调度，实现网络自愈功能，提高网络资源利用率，加强维护功能，大大降低了设备的运行维护费用。

2. SDH 传输帧结构

SDH 采用的是以字节为基础的块状帧结构，STM-N 的帧结构如 8.8 所示，它由纵向 9 行字节和横向 270 乘以 N 列组成，N 为传送模块的等级（N=1，4，16，…)。传输时由左到右、由上到下顺序排成穿行码流依次输出，传输一帧的时间为 125μs，每秒共传输 8000 帧。SDH 具有一套标准化的信息结构等级，称为同步传送模块，STM-1、STM-4、STM-16，STM-N(N=1，4，16，64，…)，N 的意思是第 N 级同步传送模块。STM-N 帧结构分为 3 个区域：信息净负荷、段开销和管理单元指针，如图 8.8 所示。

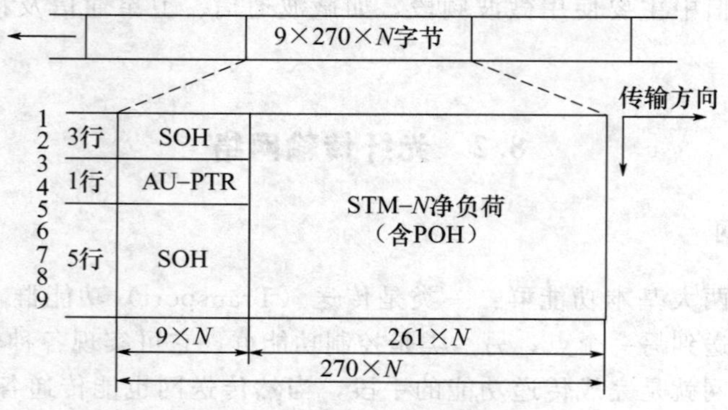

图 8.8 STM-N 的帧结构

(1) 信息净负荷（Payload）是在 STM-N 帧结构中存放将由 STM-N 传送的各种用户信息码块的地方。信息净负荷区相当于 STM-N 这辆运货车的车厢，车厢内装载的货物就是经过打包的低速信号——待运输的货物。为了实时监测货物（打包的低速信号）在传输过程中是否损坏，将低速信号打包的过程加入了监控开销字节——通道开销（POH）字节。POH 作为净负荷的一部分与信息码块一起装载在 STM-N 上在 SDH 网中传送，它负责对打包的货物（低阶信道）进行信道性能监视、管理和控制。各种信号装入 SDH 帧结构的净负荷区需经过 3 个步骤：映射、定位、复用。

(2) 段开销（SOH）是为了保证信息净负荷正常传送所必须附加的网络运行、管理和维护（OAM）字节。例如，段开销可进行对 STM-N 这辆运货车中的所有货物在运输中是否损坏进行监控，而通道开销（POH）的作用是当车上有货物损坏时，通过它来判定具体是哪一件货物出现损坏。也就是说 SOH 完成对货物整体的监控，POH 是完成对某一件特定的货物进行监控。当然，SOH 和 POH 还有一些其他管理功能。

段开销又分为再生段开销（RSOH）和复用段开销（MSOH），可分别对相应的段层进行监控。段，其实也相当于一条大的传输通道，RSOH 和 MSOH 的作用就是对其进行监控。

那么，RSOH 和 MSOH 的区别是什么呢？简单地讲，二者的区别在于监管的范围不同。举个简单的例子，若光纤上传输的是 2.5G 信号，那么 RSOH 监控的是 STM-16 整体的传输性能，而 MSOH 则是监控 STM-16 信号中每一个 STM-1 的性能情况。

(3) 管理单元指针（AU-PTR）位于 STM-N 帧中第 4 行的 9×N 列，共 9×N 个字

节，AU-PTR是用来指示信息净负荷的第一个字节在STM-N帧内的准确位置的指示符，以便接收端能根据这个位置指示符的值（指针值）准确分离信息净负荷。

其实指针有高阶、低阶之分，高阶指针是AU-PTR，低阶指针是TU-PTR（支路单元指针），TU-PTR的作用类似于AU-PTR，只不过所指示的信息负荷更小一些。

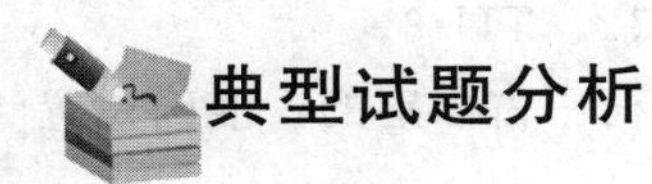

典型试题分析

STM-4的帧频为（　　）。

A. 1帧/s　　B. 125帧/s　　C. 8000帧/s　　D. 1000帧/s

解析：STM-N中的N可取值1，4，16，64，…。但N选取哪个值，只影响1帧内包含多少个字节（1帧＝$9\times270\times N$个字节），而对于传输1帧的时间没有影响，都是125μs/帧，即8000帧/s。答案选C。

3. SDH复用映射结构

ITUT-T规定了一套完整的复用映射结构（也就是复用路线），通过这些路线可将PDH的3个系列的数字信号以多种方法复用成STM-N信号。各种业务信号复用进STM-N帧的过程都要经历映射（相当于信号打包）、定位（相当于指针调整）、复用（相当于字节间插复用）这3个步骤。

ITU-T规定的复用映射路线如图8.9所示。

从图8.9中可以看到此复用映射结构包括一些基本的复用单元：C－容器、VC－虚容器、TU－支路单元、TUG－支路单元组、AU－管理单元、AUG－管理单元组，这些复用单元的下标表示与此复用单元相应的信号级别。在图8.9中从一个有效负荷到STM-N的复用路线不是唯一的，有多条路线（即多种复用方法）。例如：2Mbit/s的信号有两条复用路线，即可用两种方法复用成STM-N信号。注意：8Mbit/s的PDH信号是无法复用成STM-N信号的。

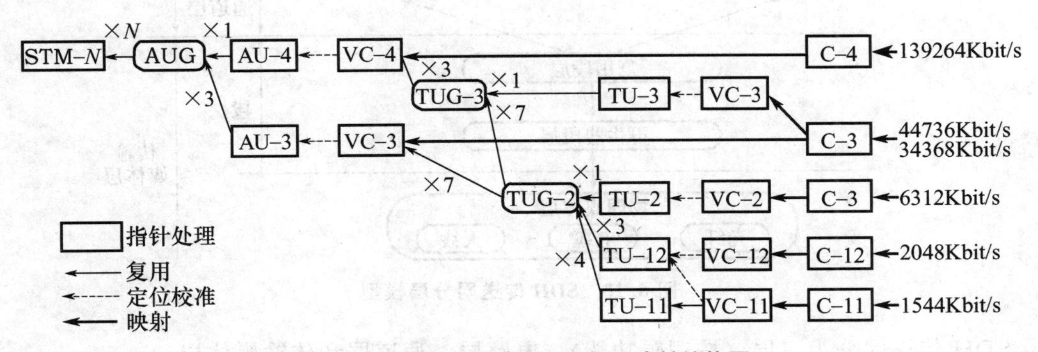

图8.9　G.709建议的SDH复用映射结构图

各复用映像单元有以下一些基本功能。

（1）容器。容器是一种信息结构，主要完成适配功能（速率调整），让那些最常使用的准同步数字体系信号能够进入有限数目的标准容器。ITU-T规定了5种标准容器：C-

11、C-12、C-2、C-3、C-4。我国仅用到C-12、C-3、C-4。

(2) 虚容器(VC)。由标准容器出来的数字流加上通道开销后构成，这是SDH中最重要的一种结构，主要支持通道层连接。我国用VC-12、VC-3、VC-4。

(3) 支路单元(TU)。是一种为低阶信道层和高阶信道层提供适配功能的信息结构，它由低阶VC和支路指针(TU-PTR)组成。目前我国使用TU-12、TU-3。

(4) 支路单元组(TUG)。由一个或多个在高阶(VC)净负荷中占固定的、准确位置的支路单元构成。

(5) 管理单元(AU)。是一种为高阶通道层与复用段层提供适配功能的信息结构，它由高阶VC和管理指针组成。

(6) 管理单元组(AUG)。由一个或多个在STM-N净负荷中占取固定的、确定位置的管理单元组成。

(7) 指针(PTR)。用来指明浮动的VC在高阶VC或STM-N帧内的启始位置，但PTR本身在高阶VC或STM-N帧内位置是固定的。

4. SDH传送网的功能结构

SDH传送网是对SDH信号系统进行分层描述的一种模型，它使用功能分层的分析方法建立模型，然后对分层模型进行再分析(解剖)。SDH传送网分层模型如图8.10所示。

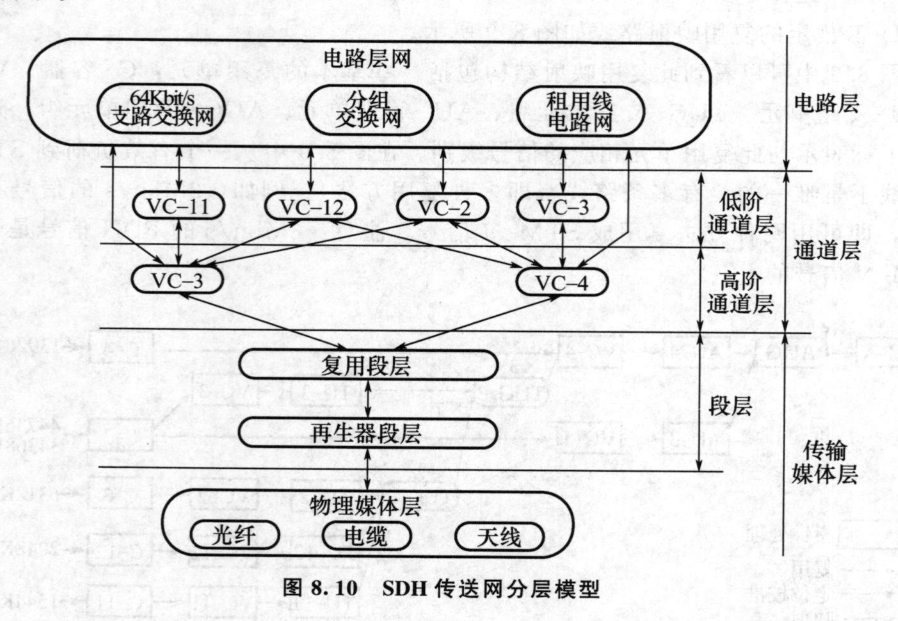

图8.10 SDH传送网分层模型

SDH传送网分为三层(按逻辑功能)：电路层、通道层和传输媒体层。

(1) 电路层。

电路层直接为用户提供通信业务，如电路交换业务、分组交换业务和租用线业务等。按照提供的业务类型不同，可分为不同的电路层。电路层的主要设备是交换机和用于租用线业务的交叉连接设备。电路层网络的电路连接一般由交换机建立。

(2) 通道层。

通道层主要实现使电路层信号通过接口并使之进入 SDH 终端的功能。通道层支撑一个或多个电路层网络，为电路层网络节点提供透明传输通道。VC-12 可以看成是电路层网络节点的基本传输单元。

(3) 传输媒体层。

传输媒体层和传输介质有关，它支撑一个或多个通道层网络，为通道层网络节点间提供合适的通道容量，STM-*N* 是传输介质层网络的标准等级容量。传输介质层的主要设备是线路传输系统。

5. 我国 SDH 网络结构

SDH 的基本网元有终端复用器（TM），用于将低/高速率的码流复接/分接成高/低速率的码流；分插复用器（Add/Drop Multiplexes，ADM），用于在高速码流中取出/插入低速率的码流；数字交叉连接设备（Digital Cross Connect，DXC），用于同等速率码流之间的交换等。我国 SDH 能够承载多种速率的业务，如现存的 PDH 速率体系、ATM（异步转移模式）、IP（IP 分组）和 FDDI 等。采用网络管理软件对网络进行配置和控制，使新功能和新特性的增加比较方便，适用于将来业务的发展。

SDH 网典型的网络结构是环形网，主要的两个网元是 ADM 和 DXC，图 8.11 所示为两个环形网通过 DXC 互联。

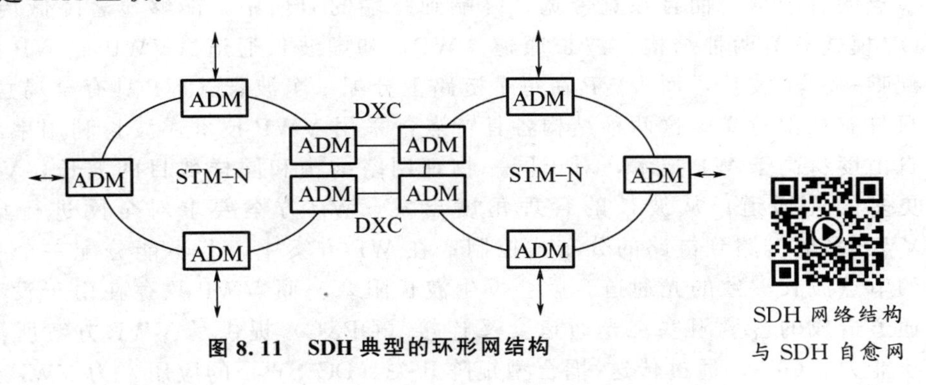

图 8.11 SDH 典型的环形网结构

SDH 网络结构与 SDH 自愈网

6. SDH 自愈网

所谓自愈网，即网络无须人为干预就能在极短的时间内从失效故障中自动恢复所携带的业务，使用户感觉不到网络已出故障。其基本原理就是使网络具备替代传输路由并重新确立通信能力。

SDH 采用环形网保护（即自愈环），它的结构分为两大类：通道倒换环和复用段倒换环。

8.2.2 波分复用光网络

1. WDM 技术概述

波分复用（Wavelength Division Multiplexing，WDM）技术是在光线中同时传输多个

波光信号的技术。其基本原理是在发送端将不同波长的光信号组合起来（复用），并耦合到光缆线路上的同一根光纤中进行传输；在接收端又将组合波长的光信号分开（解复用），并作进一步处理，恢复出原信号后送入不同的终端。因此将此项技术称为光波分分割复用，简称光波分复用技术。WDM是对多个波长进行复用，能够复用的波长数与相邻两波长的间隔有关：间隔越小，复用的波长数就越多。一般相邻的波长的间隔为50～100nm时，称为WDM系统；相邻两峰值波长间隔为1～10nm时，则称为密集波分复用(DWDM）系统。

WDM系统通过使用不同的波长（在1550nm附近）来承载多个通路的信号，其中可包含大量的2.5Gbit/s和10Gbit/s信号。已成功实现了在120km长的光纤上传送2.6Tbit/s（即复用132波，每波20Gbit/s）信号的试验。

WDM的优势在于：超大容量传输，可达到300～400Gbit/s；可节约光纤资源，可复用多个光业务流到一根光纤上，允许灵活地扩展带宽，降低复用成本，重复利用现存的光信号。特别是在光放大器引入后，光-电转换不再成为必需。WDM光联网实现的关键是光分插复用器（OADM）和光交叉连接器（OXC）的引入，组成这些元素的基本模块是空分交换模块，建立起输入和输出端口之间的信道连接。所有这些将使电信网络通路的组织、调配、安全保护等更趋灵活。

WDM传送网的关键技术是光通道（OP）技术，它能够同时提高线路传送容量和节点的吞吐量，而且在宽带宽、终端到终端的通信中，能够显著降低传送网的成本。OP模式分为两种结构：波长通道（WP）和虚波长通道（VWP）。WP在整个路由分配唯一一个波长，而VWP在每个链路上分配一个波长；WP具有全局意义，而VWP只具有局部意义。这两种结构各具特点：采用VWP技术，波长利用率和路由选择的自由度将高于WP技术，对于同一物理网络结构和同样数目的波长，VWP可以容纳更多的光通道；从波长的管理角度出发，WP方案要求对全网进行集中控制，而VWP采取链路到链路的分布式控制；在WP方案中，若不能分配一个从源节点到目的节点波长一致的光通道，就会发生波长阻塞，而VWP只存在由于没有空闲的波长通道造成的容量阻塞。光通道交叉连接（OPXC）提供了VWP方案所需求的波长转换能力。OPXC通过传送-耦合型矩阵开关（DC-SW）的应用，为VWP提供高性能的调制和升级能力。

WDM光联网已由最初的线形点到点式传送结构，逐步转变为环型结构、网型结构。现在的WDM系统与SDH在结构上非常相似，WDM光联网是在SDH的基础上，应用OADM和OXC设备建立起来的。与后者相比，其网络容量不断提高，保护能力也日益增强。

2. WDM系统构成和基本应用形式

WDM系统主要由5部分组成：光发送机、光中继放大器、光接收机、光监控信道和网络管理系统，如图8.12示。光发送机位于WDM系统的发送端。在发送端首先将来自终端设备（如SDH端机）输出的光信号，利用光转发器（OTU）把符合ITU-TG.957建议的非标准波长的光信号转换成符合ITU-TG.692建议的标准波长的光信号。

通过一定距离传输后，要用掺铒光纤放大器（EDFA）对光信号进行中继放大。与此同时，还要考虑到不同数量的光信道同时工作的各种情况，以保证光信道的增益竞争不影响传输性能。

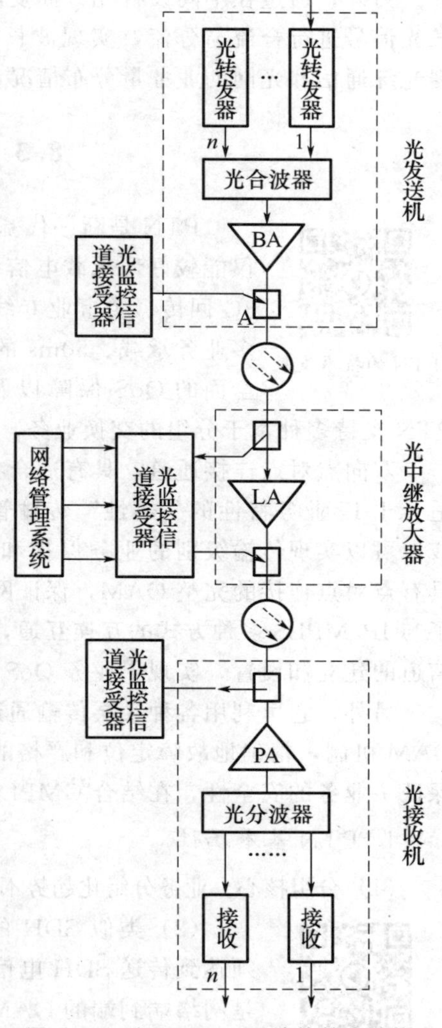

图 8.12 实际 WDM 系统的基本结构

在接收端，光前置放大器（PA）放大经传输而衰减的主信道光信号（1530～1556nm），分波器从主信道光信号中分出特定波长的光信号。接收机不但要满足一般接收机对光信号灵敏度、过载功率等参数的要求，还要能承受有一定光噪声的信号，要有足够的电带宽。光监控信道的主要功能是监控系统内各信道的传输情况，在发送端，插入本节点产生的波长为 λs（1510nm）的光监控信号，与主信道的光信号合波输出；在接收端，将收到的光信号分离，输出 λs（1510nm）波长的光监控信号和业务信道光信号。

帧同步字节、公务字节和网络管理所用的开销字节等都是通过光监控信道来传送的。网络管理系统通过光监控信道物理层传送开销字节到其他节点或接收来自其他节点的开销字节对 WDM 系统进行管理，实现配置、故障管理、性能管理和安全管理等功能，并与上层管理系统（如 TMN）相连。WDM 系统的基本构成主要有以下两种形式。

（1）双纤单向传输。

双纤单向传输是指所有光通路同时在一根光纤上沿同一方向传送。在发送端将载有各种信息的、具有不同波长的已调光信号（λ_1，λ_2，…，λ_n），通过光复用器组合在一起，并在一根光纤中单向传输。由于各种信号是通过不同波长携带的，因此彼此之间不会混淆。在接收端通过光解复用器将不同波长的信号分开，完成多路光信号传输的任务。反方向通过另一根光纤传输的原理与此相同。

（2）单纤双向传输。

单纤双向传输使光通路在一根光纤上同时向两个不同的方向传输，所用波长相互分开，以实现双向全双工的通信。

双向系统在设计和应用时必须考虑几个关键的系统因素，如为了抑制多通道干扰（MPT），必须注意到光反射的影响、双向通路之间的隔离、串扰的类型和数值、两个方向传输的功率电平值和相互间的依赖性、光监控信道（OSC）传输和自动功率关断等问题，同时要使用双向光纤放大器。所以双向系统的开发和应用相对说来要求较高，但与单向系统相比，双向系统可以减少使用光纤和线路放大器的数量。

另外，通过在中间设置光分插复用器（OADM）或光交叉连接器（OXC），可使各波长光信号进行合流与分流，实现波长的上下路（Add/Drop）和路由分配，这样就可以根据光纤通信和光网的业务量分布情况，合理地安排插入或分出信号。

8.3 分组数据传送网

PTN的技术发展

PTN是新一代基于分组的、面向连接的多业务统一传送技术，它不仅能较好地承载电信级以太网业务，而且兼顾了传统TDM业务。PTN在3G回传、企事业专线、IPTV等高品质业务承载领域，具有面向连接的多业务承载、50ms的网络级保护、完善的运行管理维护（OAM）机制、全面的QoS保障以及功能强大的传送网络管理功能等核心技术优势。PTN支持多种基于分组的交换业务。

双向点对点连接通道，具有适合各种粗细颗粒业务、端到端的组网能力，提供了更加适合于IP业务特性的"柔性"传输管道；点对点连接通道的保护切换可以在50ms内完成，可以实现传输级别的业务保护和恢复；继承了SDH技术的操作、管理和维护机制，具有点对点连接的完整OAM，保证网络具备保护切换、错误检测和通道监控能力；完成了与IP/MPLS多种方式的互连互通，无缝承载核心IP业务；网络管理系统可以控制连接信道的建立和设置，实现了业务QoS的区分和保证灵活提供SLA等优点。

另外，它可利用各种底层传输通道（如SDH/Ethernet/OTN）。总之，它具有完善的OAM机制，精确地故障定位和严格的业务隔离功能，能最大限度地管理和利用光纤资源，保证了业务的安全性，在结合GMPLS后，可实现资源的自动配置及网状网的高生存性。

1. PTN基本属性

（1）分组核心。业务分组化趋势不可避免，分组核心才可以更好地支持未来的业务发展。

国产化PTN
传输交换平台

（2）类似SDH的OAM&PS。作为电信级的设备，其OAM&PS必须达到传送SDH电信网络的OAM&PS标准，所谓类似SDH是指：必须是网络端到端的OAM&PS，如业务提供、QoS、性能、告警等；必须是多层次的，类似SDH RSOH、MSOH、POH等；必须有远端错误回馈机制，类似SDH RDI。

（3）支持已有的以及未来的分组业务。分组传送设备必须支持现有业务和网络，并且和现有业务以及网络能良好地互操作，以支持网络和业务的平滑演进：对现有网络以及业务继承支持，用户体验不能降低，可靠性要求高，有QoS保证；对未来网络以及业务能良好支持，适应未来分组业务的迅猛发展。

（4）端到端管理。分组传送设备必须支持基于网络管理的端到端快速业务的提供和管理：端到端业务的快速提供和管理，提供更方便有效，降低OPEX；端到端OAM，提供更高可靠性；端到端QoS保证；跨网络域端到端业务提供能力，如跨越PTN、NG-SDH和xWDM的快速业务创建。

（5）同步定时解决方案。针对移动RAN以及其他部分业务需要同步定时的，分组传送网络需要提供较好的解决方案，以支持网络和业务的演进：3G IP RAN承载、时钟同步及时间同步。

(6) 低的 TCO。PTN 最根本的目的还是为客户提供低 TCO 的承载网络解决方案。

典型试题分析

【2016 年一级建造师考试广播电信工程方向真题第 4 题】

PTN 系统的同步采用（ ）方案，可以实现高质量的网络同步。

A. 帧同步 B. 时钟同步 C. 网同步 D. 信道同步

答案：B

解析：在一个网络中，每一个网元都需要跟踪相同的时钟源以保证网络的同步，PTN 系统也是如此。时钟同步即频率同步，源端和目的端点的频率在一定的精度内保持相同。

2. 第二代光互联网的宽带光传送网平台（MPLS—GMPLS）

光纤通信系统从 SDH 的光同步传输体系中由 IP Over SDH 到 IP Over ATM 及 IP Over WDM，就是指第二代光互联网主要宽带业务在宽带光传输网的传输技术。第二代光互联网宽带将是第一代互联网的 80 倍，若传送信息，原来第一代普通家庭的数据信息需要两天的时间完成，而第二代宽带传输中可在数秒钟完成。

当前出现的 MPLS（多协议标记交换）能够在类似 IP 的无连接网络中创建业务，以提供较完善的流量工程，是一种非常适合电信网络中传输数据业务的技术。在 MPLS 中，由于采用基于约束的路由技术来实现流量工程和快速重新选路，因此满足了数据业务对服务质量的要求。在流量工程中采用 MPLS 技术，约束的路由技术相当于 ATM 交换的效果，因此 MPLS 技术将逐渐成为下一代 IP 网络中的关键技术。

使用 IP/MPLS 提供的流量工程和快速重新选路为将来传输跨过 ATM、SDH 两层，使 IP Over WDM 成为可能。不同承载业务内容的进入，必须使之成为开放式系统而建立开放式平台。

在此 MPLS 的平台骨干部分主要表现交叉联结中的多业务传送。其技术发展体现在级联，特别是虚级联技术。在采用级联情况下的传输链路容量调整机制（LCAS 技术），它为实现虚级联源与宿之间的适配功能提供了一种无损伤的改变线路容量的控制机制，对 SDH 系统容量的大小进行调整，可以自动改变业务承载带宽，因此可以说是光纤通信系统的一种发展宽带技术的具体应用基础。

在 MPLS 系统结构中，它由单纯的分组交换节点组成，没有直接进入光层，如 WDM 物理层，如果要使 MPLS 跨过数据链路层直接作用于物理层，则对其进行修改和扩展在 MPLS 中的分组交换节点，不能根据资源的需求自动调节传输网络内部的物理线路资源，网络内部电路只能通过人工的方式进行配置，因此这个传输网络是机械式的预设计好的方式。这样使网络光纤线路利用率不变，从而产生了通用多协议标签交换（Generalized Multi-Protocol Label Switching，GMPLS）技术。GMPLS 技术是由 IEEE 推出的基于可用于光层的技术。

GMPLS 是对 MPLS 的扩展和延伸，特别是对 MPLS 流量工程的扩展。GMPLS 使 IP

网络和传送网络的管理不再彼此独立，为IP和光网络无缝链接提供了可能。GMPLS的标签扩展后，它不仅可以标记传统的数据包，还可以标记TDM时隙、波长、光波长组和光纤等。GMPLS对信令和路由进行了修改和补充，以便充分利用WDM光网络的资源、光网络的智能化等。采用GMPLS技术的优势是，可实现快速配置和按需分配，可以在数秒内实现宽带资源的分配以提供新的增值服务。它是一种新的IP构架，提供了强大灵活的信令与路由的解决方案。

8.4 智能自动光交换网络

随着网络宽带化、IP化、光纤化的高速发展，以及下一代网络NGN概念的提出，对基础传送网络提出了更高的要求。而OTN作为全球建设快速和部署广泛的光传送网络，当其光信道层能够实现交换自动化后将带来巨大的好处，于是智能自动光交换网络（ASON）的概念由此产生。

8.4.1 ASON的概念和结构

2000年ITU-T正式确定由5G第15组开展对ASON的标准化工作，ASON是自动交换传送网应用与光传送网（OTN）的一个子集，在光信道层引入智能交换的概念，是一种动态、自动交换的传送网，其主要特征为OTN的智能化。

ASON区别于传统光网络的最大之处在于，传统光网络仅仅只包含数据平面和管理平面，ASON则增加了控制平面，从而更快地完成连接、重配或修改等任务。正因为控制平面的引入，ASON可以支持更多传输技术（WDM、OTN、PTN等），由此可以看出此控制平面是一个统一的、具有通用性的架构，它与传送平面技术相互独立。

ASON的结构包括传送平面、控制平面和管理平面。

（1）控制平面。ASON的控制平面是ASON的核心部分，将根据用户的要求为用户建立连接服务，同时会控制底层网络。它由光连接控制器构成，与传送平面重叠；主要完成自动发现、路由和连接控制的功能。

（2）传送平面。ASON的传送平面主要完成转发和传递用户数据功能，它由多个交换器构成，提供端到端的传送。

（3）管理平面。ASON管理平面可以实现对控制和传送平面间的管理功能，对整个系统进行协调、配合、维护。

8.4.2 ASON的连接方式和组网方案

ASON的连接方式有3种：永久连接、软永久连接、交换连接。

（1）永久连接。永久连接是由管理平面发起配置请求到网元，或者由人工配置端到端连接通道上的所有网元。

（2）软永久连接。软永久连接是由管理平面和控制平面共同完成的。管理平面发起连接建立请求，控制平面完成相应连接建立。

（3）交换连接。交换连接是由控制平面在连接端点间建立信令式连接。管理平面只完成接收来自控制平面送来的连接建立信息。

为了实现与已存的网络进行融合，ASON 组网方案有以下两种。

1. ASON 和 DWDM 组网方案

该组网方案充分利用了 ASON 调度的灵活性、节点宽带容量和 DWDM 系统的大容量及长途传输能力。由该方案组建的网络具有强大的功能，它不仅可以完成传统光传送网络所有的功能，更可以提供更大的宽带容量和更便捷灵活的调度能力。整个网络的建设和运营维护费用非常可观。

2. ASON 和 SDH 混合组网方案

ASON 之所以可以与现有的 SDH 传送网进行混合组网，是因为它不仅可以基于 SDH 传送网实现，也可以基于 OTN 传送网实现。混合组网是一个先在现有的 SDH 网络形成一个个 ASON，然后逐步形成整个 ASON 的渐进的过程。

8.5 微波与卫星通信网

除了以上所述的有线传输以外，无线传输信道也随着通信技术的发展而扮演着越来越重要的作用。无线传输方式主要是微波与卫星技术，它们充当着有线介质的良好补充。因此，数字微波通信、光纤通信和卫星通信一起被称为现代通信传输的三大主要手段。

8.5.1 数字微波通信网

微波通信是利用微波携带信息，通过电波空间同时传送若干相互无关的信息，并且具有传输容量大、长途传输质量稳定、投资少、建设周期短、维护方便等特点，在移动通信、微波通信、卫星通信、雷达、导航、电子对抗、计算机通信及医疗卫生等诸多领域乃至日常生活得到了广泛的应用，在现代化国防建设中发挥着巨大作用。而建立在微波通信和数字通信基础上的数字微波通信，同时具有数字通信和微波通信的优点，受到各国的普遍重视。

1. 微波通信

微波是一种频率极高、波长很短的电磁波。“微”是指其波长比普通无线电波波长更微小。微波对应频率为 300MHz～3000GHz，波长为 0.1mm～1m。

微波通信是利用微波作为载波并采用中继（接力）方式在地面上进行的无线电通信。A、B 两地间的远距离地面微波中继通信系统的中继示意如图 8.13 示。

对于地面上的远距离微波通信，采用中继方式的直接原因有两个。

(1) 微波传播具有视距传播特性，即电磁波是沿直线传播的，而地球表面是个曲面，因此若通信两地之间距离较长，且天线所架高度有限，则发信端发出的电磁波就会受到地面的阻挡，而无法到达收信端。所以，为了延长通信距离，需要在通信两地之间设立若干中继站，进行电磁波转接。

(2) 微波在传播过程中有损耗，在远距离通信时有必要采用中继方式对信号逐段接

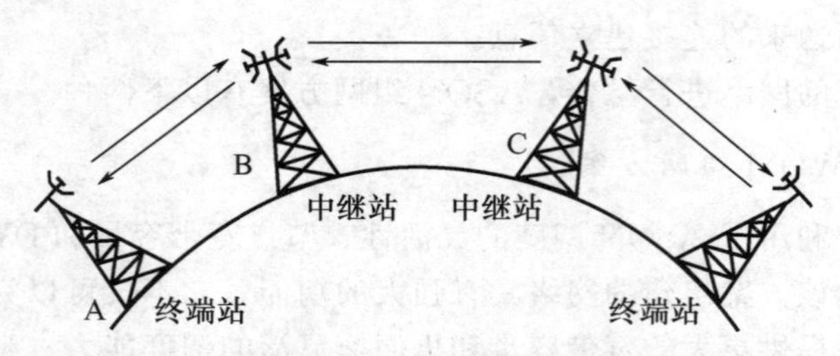

图 8.13　远距离地面微波中继通信系统的中继示意

收、放大和发送。

微波中继通信主要用来传送长途电话信号、宽频带信号（如电视信号）、数据信号、移动通信系统基地站与移动业务交换中心之间的信号等，还可用于山区、湖泊、岛屿等特殊地形的通信。

2. 微波传输的特点

微波传输特性接近于几何光学，它的波长比地球上一般的宏观物体（如建筑物、车、船）的尺寸要小得多。当微波波束照射到这些物体上，将会产生显著的反射，并且部分深入物体内部（穿透性）。但其绕射能力弱，因此两微波站之间只能沿直线传播（即视距传播），若在传播中遇到不均匀的介质时，还会产生折射、反射和穿透射。

微波频率高，所以其波长短。微波通信一般使用面式天线，当面式天线的口径面积给定时，其增益与波长的平方成反比，故微波通信很容易制成高增益天线。

在微波频段，天线干扰和工业干扰以及太阳黑子的变化基本上不起作用，所以微波通信的可靠性和稳定性可以做得很高。

“微波多路”是指微波通信的通信容量大，即微波通信设备的通频带可以做得很宽。例如，对 4 GHz 的设备而言，其通带按 1%计算，可达 40 MHz，其所提供的带宽正符合 ISDN 所要求的宽带传输链路。

“微波接力”是目前广泛使用于视距微波的通信方式。由于地球是椭圆的，使得地球上两点（两个微波站）间不被阻挡的距离有限，为了可靠通信，一条长的微波中继线路就要在线路中间设若干个中继站，采用接力的方式传输信息。如图 8.14 所示是 3 种常见的微波塔。

图 8.14　3 种常见的微波塔

近些年来，随着通信技术的发展及通信设备的数字化，与模拟微波设备相比，数字微波设备在微波设备中占有绝对的比重。而数字微波除了具有上面所说的微波通信的普遍特点外，还具有数字通信的特点。

(1) 抗干扰性强，整个线路噪声不积累。

(2) 保密性强，便于加密。

(3) 器件便于固态化和集成化，设备体积小、耗电少。

(4) 便于组成综合业务数字网（ISDN）。

数字微波的主要缺点是要求传输信道宽带较宽，因而产生了频率选择性衰落，其抗衰落技术比模拟微波中相应的技术要复杂。

3. 微波通信技术的应用

微波通信与光纤通信、卫星通信相比具有许多优势：它具有成本低、建设方便、使用便捷和强抗干扰能力等。目前，微波通信在我国主要应用于以下几个方面。

(1) 对其他通信方式的传输补充。

在容易受到地理和各种自然灾害影响的一些偏远地区，光纤通信很容易受到阻碍，而卫星通信的信号强度不佳，导致信息传播速率降低。此时，可以使用微波进行通信，从而对光纤、卫星等通信系统进行传输补充。在偏远地区，一般采用微波通信方式，建立专门通信网络。

(2) 在城市内的短距离通信。

频率宽是微波通信的主要特点。频带压缩技术可以降低微波频率。如何实现？短距离通信就是在城市间建立短距离的支线连接，内部分别由连接节点、节点控制器、局域网三部分组成，从而实现无线网络功能，其中节点控制器的主要功能为控制节点内部传播信息的速率。

(3) 无线带宽接入。

生活中使用的宽带连接是一种无线通信技术，属于微波通信的一种。与光纤通信和卫星通信相比，无线通信连接的成本非常低，且不受其他信号干扰，传播速度快，实用性强。无线连接作为建立在固定连接基础上的一种应用使用非常广泛。

随着科技的发展和人们需求的不断提高，数字微波通信将占据主导地位，并且会不断发展。新型微波通信的发展趋势：与广播电视发展相结合、有线和无线相结合将会是微波通信的新出路，合理利用资源为微波通信的可持续发展做准备。

卫星通信，严格来说也属于微波通信的一种。与地面微波不同的是，卫星通信的中继站建立在外层空间中。接下来，我们就在微波通信的基础上，接着学习卫星通信的相关技术。

8.5.2 卫星通信网

卫星通信是指利用人造地球卫星作为中继站转发或反射无线电波，在两个或多个地球站之间通信的方式。卫星通信的特点是：通信范围大；只要在卫星发射的电波所覆盖范围内，从任意两点之间都可进行通信；不易受陆地灾害的影响（可靠性高）；只要设置地球站电路即可开通（开通电路迅速）；同时可在多处接收，能经济地实现广播、多址通信（多址特点）；电路设置非常灵活，可随时分散过于集中的话务量；同一信道可用于不同方向或不同区间（多址联接）。卫星通信被认为是建立全球个人通信必不可少的一种重要手段，它也是光纤 SDH 传输网的补充。

1. 卫星通信系统概述

卫星通信系统由通信卫星和地球站两部分组成。如图 8.15 所示，卫星在空中起中继站的作用，即把地球站发来的电磁波放大后再反送回另一地球站。地球站则是卫星系统形成的链路。这里的通信卫星主要指同步卫星，即运行在赤道轨道上空（高度为 35786km）与地球运转同步的卫星，三颗同步卫星可覆盖除南北极之外的大部分地区，所以称为同步卫星通信。

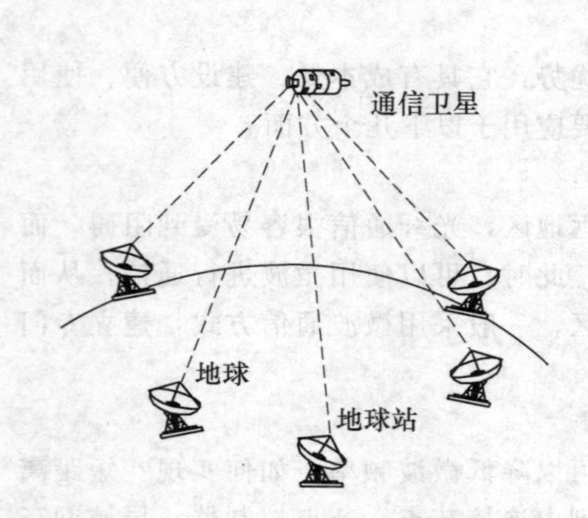

图 8.15 卫星通信系统示意

从信道可用带宽及系统的容量来考虑，频率的选择越高越好。被公认最适合卫星通信的频段是 1～10GHz 的频段（即微波频段），在这个频段的无线电波大体上可以看成是自由空间传输，因此这个频段称为卫星通信的“电波之窗”。为了满足越来越多的需求，已开始研究应用新的频段，如 12GHz、14GHz、20GHz 及 30GHz。但具体使用频率的确定由国际电信联盟（ITU）的世界无线大会（WRC）分配确定。目前大多数卫星通信系统选择的频段如表 8.2 所示。

表 8.2 常用的卫星通信频段

名称	频率范围/GHz	下/上行载波频率/GHz	单向带宽/MHz
UHF 频段	0.3～1	0.2/0.4	500～800
L 频段	1～2	1.5/1.6	
S 频段	2～4	2.5/2.6	
C 频段	4～8	4/6	500～700
X 频段	8～12	7/8	
Ku 频段	12～18	12/14 或 11/14	500～1000
Ka 频段	27～40	20/30	高达 3500

注：表中斜线左边是卫星发射频率，右边是地球站发射频率

我国北斗卫星导航系统（以下简称北斗系统）主要使用L频段和S频段，在频谱资源非常有限的L频段，北斗系统采用具有较高频谱利用率的码分多址技术。中国的北斗系统起步虽晚，但进展迅速，它的发展和应用对于国家安全、科学研究、经济发展与国防建设等方面都具有深远影响。

2. IDR、HTS卫星通信网

中速率卫星通信（Intermediate Data Rate，IDR）是光纤传输的一种补充，它是国际卫星组织（INTELSAT）引入的一种综合性数字卫星通信系统。IDR通过加入辅助帧的方式来提供（ESC）公务及告警通道，辅助帧速率为96Kbit/s。它主要用于信息速率为1.544～44.736Kbit/s的数据信号，如2.048Kbit/s、34.36Kbit/s信号等。通过辅助帧与输入信息数据帧，复接后构成新的IDR帧结构，每个IDR帧的帧长为125μs。

高通量卫星（High Throughput Satellite，HTS），也称高吞吐量通信卫星，是相对于使用相同频率资源的传统通信卫星而言，主要体现在高水平的频率复用及点波束技术上，可提供比常规卫星高出数倍甚至数十倍的容量。HTS具有高频谱效率、点波束天线、超宽带转发器、高带宽和高吞吐量等特点。

卫星通信

8.5.3　VSAT卫星通信网

甚小口径天线地球站（Very Small Aperture Terminal，VSAT）是指一类具有甚小口径天线的、非常廉价的智能化小型或微型地球站，可以方便地安装在用户处。VSAT卫星通信网一般是由大量VSAT小站与一个主站（Hub）协同工作，共同构成一个广域稀路由（站多，各站业务量小）的卫星通信网。与地面通信网相比，VSAT卫星通信网具有以下特点。

(1) 覆盖范围大，通信成本与距离无关，可对所有地点提供相同的业务种类和服务质量，包括误码率和传输时延等。

(2) 灵活性好，多种业务可在一个网内并存，对一个站来说支持业务种类、分配的频带和服务质量等级等可动态调整。

(3) 可扩容性好，扩容成本低，独立性好，是用户拥有的专用网，不像地面网那样受电信部门制约。

(4) 互操作性好，可使采用不同标准的用户跨越不同的地面网而在同一个VSAT网内进行通信。

(5) 通信质量好，有较低的误码率和较短的网络响应时间，但传播时延较大。

典型的VSAT网站是由主站、卫星和许多远端小站（VSAT）三部分组成的。通常采用星形网络结构，其结构示意如图8.16所示。

1. 主站

主站又称中心站或枢纽站（HUB），它是VSAT的心脏。与普通地球站一样，主站使用大型天线，其天线直径一般为3.5～8m（Ku频段）或7～13m（C频段），并配有高功

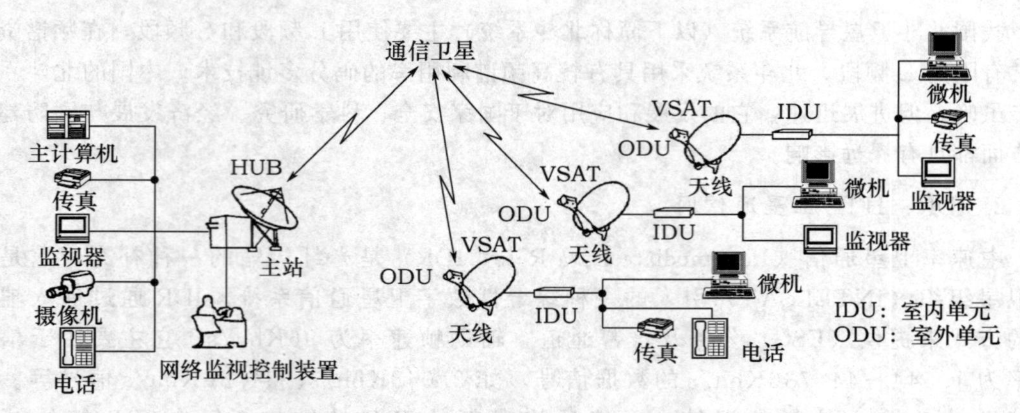

图 8.16　VSAT 网结构示意

率放大器（PHA）、低噪声放大器（LNA）、上/下变频器、调制解调器及数据接口设备等。主站具有较大口径（一般为 10～20m）的天线和较大功率的发信设备，网络除负责管理外，还要承担各个 VAST 小站之间信息的发送与接收，即为各小站间提供传输信道和交换功能，因此主站具有控制功能。主站通常与主计算机放在一起或通过其他线路（地面或卫星）与计算机相连，并对全网进行监测、管理、控制和维护。

2. 小站

一个典型的 VSAT 小站由室外单元（ODU）和室内单元（IDU）组成，室外单元是 VSAT 至卫星的接口，室内单元是 VSAT 至用户终端或局域网（LAN）的接口，如图 8.17 所示。

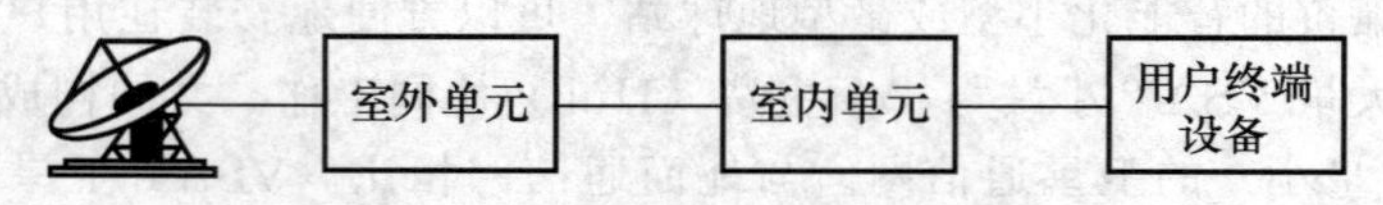

图 8.17　典型的 VAST 小站结构

室外单元主要包括 GaasFET 固态功放、低噪声场效应管放大器、上/下变频和相应的检测电路等。整个单元可以装在一个小金属盒子内直接挂在天线反射器背面。室内单元主要包括调制解调器、编译码器和数据接口设备等。室内外两单元之间用同轴电缆连接，传送中频信号和送电电源。整套设备结构紧凑、生态固化、安装方便，可直接与其数据终端（微计算机、数据通信设备等）相连，不需要地面中继线路。

3. 空间段

VSAT 网的空间部分是 C 频段或 Ku 频段同步卫星转发器。C 频段电波的优点是传播条件好、降雨影响小、可靠性高、小站设备简单、可利用地面微波成熟技术、开发容易、系统费用低。但由于有与地面微波线路相互干扰的问题，功率通量密度不能太大，限制了天线尺寸进一步小型化，而且在干扰密度强的大城市选址困难。C 频段通常采用扩频技术降低功率谱密度，以减小天线尺寸，但这样限制了数据传输速率的提高。

4. 工作原理

在 VSAT 网中，主站向外方向发射的数据（即从主站通过卫星向小站方向传输的

数据)，称为外向传输数据。外向信道通常采用时分复用（TDM）或统计 TDM 技术连续性地向外发射，即从主站向各远端小站发送的数据，由主计算机进行分组格式化，组成 TDM 帧，通过卫星以广播方式发向网中所有远端小站。内向传输：各远端小站通过卫星向主站传输的数据称为内向传输数据。在 VSAT 网中，由于各个用户终端可以随机地产生信息，因此，内向数据一般采用随机方式发送突发性信号。采用信道共享协议，一个内向信道可以同时容纳许多小站，所能容纳的最大站数主要取决于小站的数据率。

VSAT 站能很方便地组成不同规模、不同速率、不同用途的灵活而经济的网络系统。一个 VSAT 网一般能容纳 200～500 个站，有广播式、点对点式、双向交互式、收集式等应用形式。它既适用于发达国家，也适用于技术不发达和经济落后的国家，尤其适用于那些地形复杂、不便架线及人烟稀少的边远地区。因为它可以直接装备到个人，所以在军事领域也有重要的意义。

5. 应用案例

在 1991 年的海湾战争中，多国部队利用 VSAT 进行了大量的移动通信，甚至在调度上也大大缓解了交通运输的紧张状态。用 VSAT 可以方便地开展任何两地通话、电传和电报业务，将其装备到每个士兵。对于我国来说，军事意义也是很大的。我国幅员辽阔，部队驻防高度分散，有时通信联络很不方便，利用 VSAT 站可以装备每个哨所，这对加强联系、指挥调度、快速通信大有好处，尤其在那些高山地带的单独哨所更加实用。

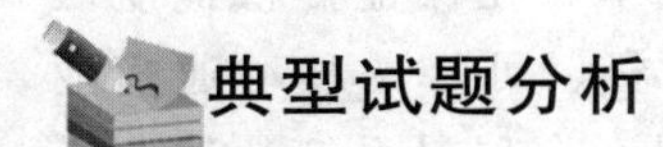

典型试题分析

【2016 年一级建造师考试广播电信工程方向真题第 22 题】

（多选题）VSAT 网络具有以下哪些特点（　　）。

A. 时延小　　B. 通信容量可自适应　　C. 保密性好

D. 结构易调整　　E. 智能化功能强

答案：BDE

解析：VSAT 通信网络除具备卫星通信的一般特点外，还具备成本低、灵活性好、结构易调整和扩展，更具智能化等特点。

8.5.4 低轨道卫星通信

20 世纪 90 年代初，随着小型卫星的兴起和发展，出现了中、低轨道卫星移动通信的新思路。对于高轨道卫星（如静止轨道卫星 GEO)，由于卫星轨道高、路径损耗大、延迟时间长，要求地面站用户终端设备具有高增益、大口径的天线装置和大功率发射设备，显然与全球个人移动通信终端设备体积小、质量轻、易于携带的要求不符。而低轨道（LEO）卫星系统，由于轨道高度低、路径损耗小，能够达到系统所要求的 EIRP 和 G/T 值，卫星终端可以做到手机化，是实现全球个人移动通信的有效手段之一。特别是将陆地蜂窝移动通信系统和低轨道移动卫星通信系统相结合作为相互补充可覆盖全球，使真正实现全球个人通信成为可能。

1. 工作原理

低轨道卫星号称“倒置的蜂窝式移动通信”。尽管每颗卫星所能覆盖的地域比同步卫星小得多，但比移动通信中基地台所覆盖的面积却大多了。实际上，一颗低轨道卫星就相当于陆地移动通信系统中的一个“基地台”，而形成覆盖区域的天线和无线电中继设备都安装在卫星上。不同的是，这个“基地台”不是建立在地面上，而是被倒挂在天空中。地面站与空间卫星的联系，以及卫星与卫星间的联系是在K频段上建立的；而卫星与地面移动台如车、船和手持移动电话之间的信息联系则建立在L频段之上的。

2. 四大全球卫星移动电话通信系统

全球星（Globalstar）系统、奥德赛（Odyssey，拥有12颗中轨道卫星）系统、Inmarsat（国际海事卫星组织）发起的ICO（Intermediate Circular Orbit，拥有10颗中轨道卫星）系统、摩托罗拉公司发起的铱星（Iridium）系统，并称为“四大全球卫星移动电话通信系统”。

以全球星系统为例，它是由美国劳拉公司和高通公司于1991年发起创建的低轨卫星移动通信系统，该系统采用48颗绕地球运行的低轨道卫星在全球范围（不包括南北极）内向用户提供“无逢隙”覆盖的通信卫星，是地面通信网的延伸和补充，可提供包括话音、传真、数据、短信息业务等多种服务。其中全球星系统的最大优点在于其简单直接的设计理念，并采用了世界上先进的CDMA技术，在保证提供优质服务的同时，降低了系统的投资，从而可为用户提供经济的投资、可靠的移动通信业务。只要拥有一部全球星双模或三模手机及一个号码，就可以在全球星系统覆盖范围内以任何方式进行通信。

3. 四大卫星定位系统

美国的全球定位系统（Global Positioning System，GPS）、俄罗斯的格洛纳斯卫星导航系统（GLONASS）、欧洲的伽利略系统（Galileo），以及中国的北斗卫星导航系统，都是联合国卫星导航委员会已认定的供应商。

以GPS为例，它是一个由覆盖全球的24颗卫星组成的卫星系统，是一个全球性、全天候、全天时、高精度的导航定位和时间传递系统，可以保证在任意时刻、地球上任意一点均可同时观测到4颗卫星，以保证卫星可以采集到该观测点的经纬度和高度，以便实现导航、定位、授时等功能。它是一个军民两用系统，提供两个等级的服务。在信息化时代，GPS已成为高技术战争的重要支持系统，它极大地提高了军队的指挥控制、多军种协同作战和快速反应能力，大幅度提高武器装备的打击精度和效能。并且，SA加扰已经在逐步被取消，民用精度大大提高。

4. 发展趋势

卫星通信系统还包括微软公司发起的着眼于宽带业务的Teledesi泰勒戴斯克系统（低轨道），拟发射几百颗卫星，旨在建立空中因特网。还有白羊系统（Aries）、低轨卫星系统（Leo-Set）、“空间之路”全球宽带系统（Spaceway）、网络之星系统（Cyberstar）等。

卫星通信的发展趋势体现在如下几点。

（1）从支持商业电信服务为主到面向最终个人消费者，支持手持电话和个人计算机的交互多媒体服务；地面移动终端由车载和便携向手持机发展，手持机采用卫星和蜂窝双模式或多模式，并设计成双向功率可调。

（2）卫星移动通信电话的价格高于蜂窝电话，所以将作为补充，只用于没有蜂窝覆盖的地区。对宽带数据来说，卫星网将是陆地光纤网的补充，而非替代。

（3）LEO卫星、MEO卫星将与GEO卫星互补应用。GEO卫星有利于发展区域性系统，被发展中国家广泛采用。

（4）宽带数据和窄带数据的卫星系统平行应用。一方面开展高速率宽带交互通信业务，构筑空间信息高速公路；另一方面传统的窄带数字式话音/传真/数据的低速率业务继续发展。总体上以Ku和Ka频段为主体，支持直接进户。

（5）通信频段向高端-毫米波扩展。由于低端频段（C频段、Ku频段等）已呈拥挤状态。卫星通信在近些年持续向毫米波频段推进，延伸至Q频段、U频段、V频段、E频段、W频段、F频段甚至D频段。毫米波天线反射器很小就能获得规定的增益和指向，其寿命和成本都更具优势。

（6）从竞争到各种技术、业务、力量的会聚。

根据美国忧思科学家联盟（Union of Concerned Scientists）的“在轨卫星统计数据库”显示，到2019年，全球在轨正常运行卫星数量为2000多颗，其中通信卫星有近800颗，其余为地面观测卫星、技术试验卫星、导航卫星等。美国有900余颗，居第一；中国有300余颗，居第二；俄罗斯、日本卫分别有150余颗和约90颗，位列第三和第四。超一半卫星位于太阳同步轨道上，550多颗卫星位于地球同步轨道上。除了本章介绍的中低轨道卫星以外，高轨道卫星和同步轨道卫星（6.3.2小节），也在人们的生活中扮演着重要的角色。

本章小结

拓展阅读

本章首先介绍了常见的传输媒质及其特性，然后介绍了光传送网部分，包括SDH和波分复用的相关知识，接着简单介绍了分组传送网PTN的基本属性和MPLS，对智能自动光交换网络ASON也进行了简要的介绍，最后是微波与卫星通信网的相关技术、基本构成及应用前景分析。

习　　题

1. 简述有线信道和无线信道的概念及其分类。
2. 简述电磁波的几种传播方式。
3. SDH的帧结构是怎样的？试计算STM-4的信息速率。
4. PTN分组传送网支持的业务类型有哪些？

5. PTN分组传送网的优点有哪些?
6. PTN分组传送网的同步要求是什么?
7. 请说明ASON的体系结构及功能。
8. 卫星通信的主要优点有哪些?
9. 卫星通信正在使用的工作频段有哪几个?
10. 简述VAST卫星通信网的特点。

第8章在线答题

第9章 用户接入网

学习目标

掌握接入网的概念及其界定
了解接入网在整个通信网络中的位置、功能、分层结构
了解接入网的特点及常用的用户接入网技术
了解铜线接入网的概念及常用的数字用户环路技术
了解光纤接入网的概念及光纤接入方式
掌握光纤接入网的功能模型、拓扑结构
掌握无线接入网的定义及其系统构成
了解常用无线接入技术

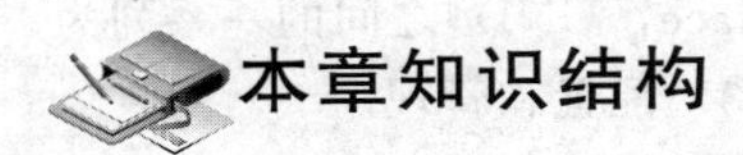

本章知识结构

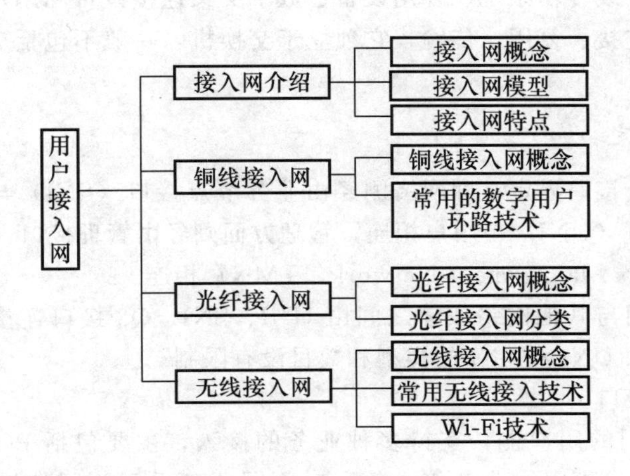

导入案例

“中华”胜出，始于“接入”

1995年之前，由于国外通信设备在中国市话领域的垄断性控制，中兴公司和华为公司不畏风险不约而同地选择了接入网。两家公司投入精力研制接入设备，并开始向市场宣传接入网的概念。随着中国互联网用户数量急速增长，各地电信部门纷纷扩容接入服务器设备——中国电信市场上接入网产品的机会点突然出现！除了产品本身的巨大成功，接入网设备还大大提升了同品牌交换机的地位。接入网是国产厂商在市话领域全面突围的首功之臣。2005年在英国电信（BT）的“21世纪网络”计划中，华为被选为其接入网和传输网的优先供货商。2006年，华为又获签荷兰全国骨干传输网和接入网的唯一供应商……

——摘自《华为研发》张利华著

9.1　接入网介绍

用户是通过接入网接入核心网络中的。因此，在学习了传输网之后，本节将把距离推进至用户身边，介绍接入网的相关技术。在这个被称为“最艰难的最后一公里”的地方，也正是用户感受最直接的地方。

9.1.1　接入网的概念

1. 接入网定义

根据国际电联关于接入网框架建议（G.902），接入网是在业务节点接口（Service Node Interface，SNI）和用户网络接口（User Network Interface，UNI）之间的一系列为传送实体提供所需传送能力的实施系统，可经由管理接口（Q3）配置和管理。

接入网包含用户线传输系统、复用设备、数字交叉连接设备和用户网络接口设备。其主要功能包括交叉连接、复用、传输，它独立于交换机，一般不包括交换功能，不作信令解释和处理。

2. 接入网的界定

接入网可由3个接口界定，即网络侧经由业务节点接口（SNI）与业务节点相连，用户侧由用户网络接口（UNI）与用户相连，管理方面则经由管理接口（Q3）与电信管理网（Telecommunications Management Network，TMN）相连。

图9.1是接入网与其他网络实体之间由UNI、SNI、Q3接口连接的示意图。原则上对接入网可以实现的UNI和SNI的类型和数目没有限制。

(1) 用户网络接口。

UNI位于接入网的用户侧，支持多种业务的接入，主要包括POTS模拟电话接口、ISDN BRI/PRI接入、租用线业务接入等。对不同业务采用不同的接入方式及接入口类型。UNI分为独立式和共享式两种，共享式UNI可以在一个UNI上支持多个业务节点。

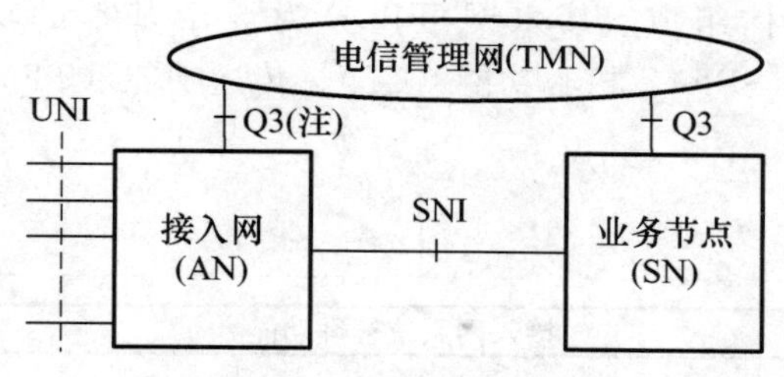

图 9.1　接入网的界定

(2) 业务节点接口。

SNI 是 AN 和 SN 间的接口，位于接入网的业务侧，对不同的用户业务提供相对应的业务节点接口，使其能与业务节点相连。SNI 主要提供窄带综合业务 V5 接口和 B-ISDN 业务的 VB5 接口以及模拟音频 Z 接口等。

(3) 管理接口。

接入网通过 Q3 接口与 TMN 相连来实现 TMN 对接入网的管理与协调，从而提供用户所需的接入类型及承载能力。

典型试题

【2016 年一级建造师考试广播电信工程方向真题第 6 题】

接入网是通过（　　）与电信管理网连接的。

A. 25 接口　　B. Q3 接口　　C. UNI 接口　　D. SNI 接口

答案：B

3. 接入网在整个通信网中的位置

整个电信网按网络功能分为 3 个部分：传送网、交换网和接入网。接入网负责将电信业务透明传送到用户，即本地交换机与用户之间的连接部分，通常包括用户线传输系统、复用设备、交叉连接设备和用户/网络终端设备。接入网在网络中所处的位置如图 9.2 所示。

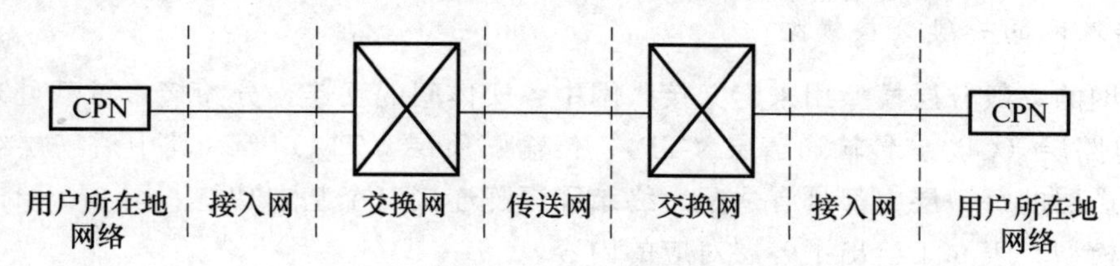

图 9.2　接入网在网络中所处的位置

9.1.2　接入网的模型

1. 接入网的功能模型

接入网的功能模型如图 9.3 所示，它由业务节点接口（SNI）和用户网络接口（UNI）

之间的一系列的传送实体组成。接入网可以分为5个基本的功能组：用户接口功能(UPF)、业务接口功能（SPF)、核心功能（CF)、传送功能（TF)、接入网系统管理功能(SMF)。

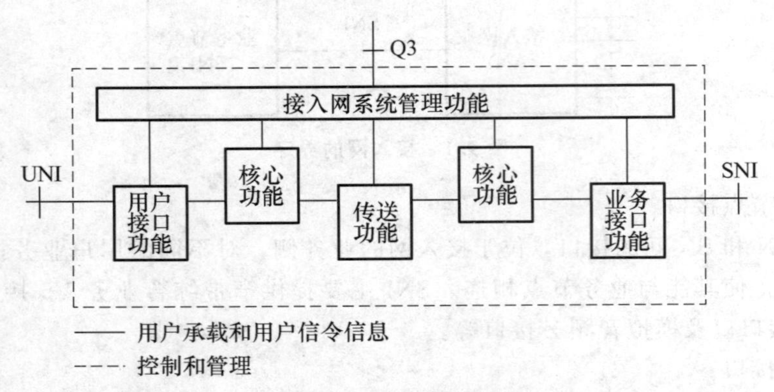

图9.3 接入网的功能模型

(1) 用户接口功能。用户接口功能将特定的UNI要求与核心功能和系统管理功能相适配。接入网支持不同的接入及需要特定功能的用户网络接口。

(2) 业务接口功能。业务接口功能将对特定的SNI要求与公共承载体相适配，以便于在核心功能中处理，并选择相关的信息在接入网的系统管理功能中进行处理。

(3) 核心功能。核心功能位于UPF和SPF之间，将单个用户接口承载体要求或业务接口承载体要求与公共承载体相适配。包括依据所要求的协议适配和用于在接入网内传送的复用要求进行协议承载处理。核心功能分布于整个接入网内。

(4) 传送功能。传送功能在接入网内的不同位置之间为公共承载体的传送提供通道，并对所用的相关传输媒质提供适配功能。

(5) 接入网系统管理功能。接入网系统管理功能主要协调接入网中的UPF、SPF、CF和TF间的指配、操作和维护管理。此外，还负责协调用户终端（经UNI）和业务节点（经SNI）的功能操作。

2. 接入网的一般分层模型

接入网的一般分层模型用来定义接入网中各实体间的互连，分为接入承载处理功能层(AF)、电路层（CL)、传输通道层（TP)、传输媒质层（TM）等，其中后三层组成传送层，在传送层的每一层中都具有适配、终结和矩阵连接三个基本功能。图9.4给出了接入网的分层模型，表9.1给出了各层对应的内容。

9.1.3 接入网的特点

根据接入网框架和体制的要求，其重要特征可以归纳为如下几点。

(1) 接入网对于所接入的业务提供承载能力，实现业务的透明传送。

(2) 接入网对用户信令是透明的，除了一些用户信令格式转换外，信令和业务处理的功能依然在业务节点中。

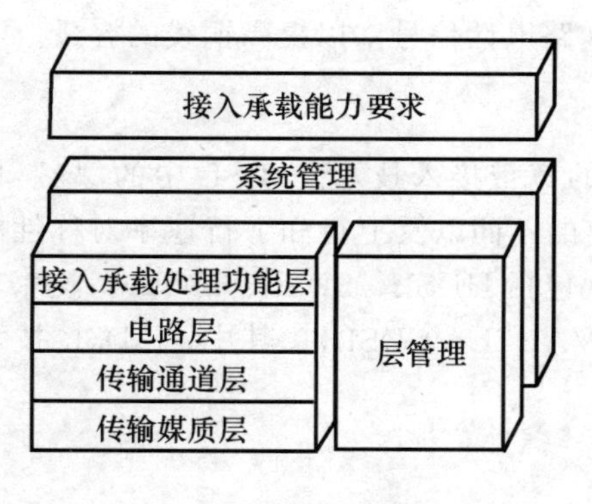

图 9.4 接入网的分层模型

表 9.1 接入网各层对应的内容

业务层	电话、图像、数据、多媒体
电路层	电话方式、X.25 分组方式、帧中继方式、ATM 信元方式、其他
传输通道层	PDH、SDH、ATM、其他
传输媒质层	双绞线、同轴电缆、光纤、无线、卫星

(3) 接入网的引入不应限制现有的各种接入类型和业务，它应通过有限的标准化的接口与业务节点相连。

(4) 接入网有独立于业务节点的网络管理系统，该系统通过标准化的接口连接 TMN，TMN 实施对接入网的操作、维护和管理。

在目前的用户接入网中，可采用的接入技术五花八门，但主要可分为有线接入网和无线接入网。以上两种接入网还可细分，如图 9.5 所示。

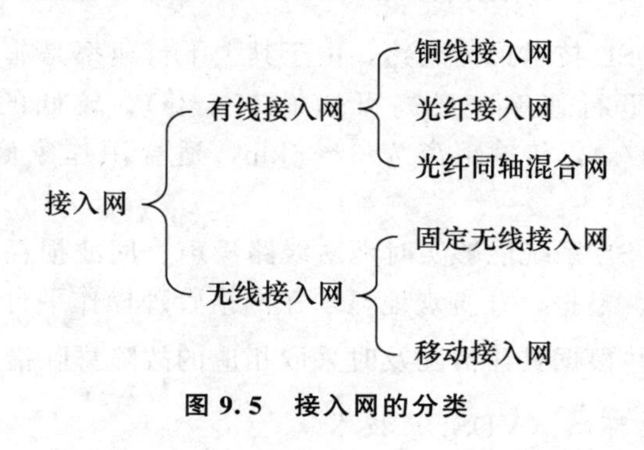

图 9.5 接入网的分类

9.2 铜线接入网

我们由上至下地学习各种接入网技术，首先是铜线接入技术。

9.2.1 铜线接入网概念

铜线接入网采用普通电话线（双绞铜线）作为传输介质。铜线接入技术包括铜线对增容技术（Pair Gain，PG）和数字用户线 xDSL 技术。

1. 铜线对增容技术

指在每一对铜线上都开通 2 个 64Kbit/s 的话路或数据。采用 64Kbit/sPCM 数字编码标准以及回波消除技术，在一对双绞铜线上开通全双工 144Kbit/s 速率的 2B+D 窄带 IS-DN 信号传输。为了适应用户的需要，也可采用 32Kbit/s 或 16Kbit/s 的自适应编辑码

(ADPCM) 技术，在一对双绞铜线上传送 4 路或 8 路电话信号，以提高铜线的容量。

2. 数字用户线 xDSL 技术

这是一系列利用现有电话铜线进行数据传输的宽带接入技术。xDSL 中的“x”代表各种数字用户环路技术。根据信号传输速度和距离的不同以及上行和下行速率对称性的不同，xDSL 技术具体可分为速率对称型 DSL 技术（包括 HDSL、SDSL、IDSL)，速率非对称型 DSL 技术包括（VDSL、ADSL、RADSL、VADSL、CDSL)。其中，ADSL 技术最为成熟。

9.2.2 常用的数字用户环路技术

1. 高速数字用户环路（HDSL）技术

HDSL 是一种上下行速率对称的数字用户线，上下行通道通过传统的铜线可实现 2Mbit/s 的数字信号传输。无中继传送距离可达 3～5km。HDSL 的传输距离会受到线路环阻、线路质量和环境干扰的限制。HDSL 适合电信运营商和企业宽带接入。从业务应用的角度来看，它更适合企业 PBX 的接入、专线、视频会议、移动基站的互连。

2. 非对称数字用户环路（ADSL）技术

ADSL 宽带和光纤宽带的区别

ADSL 技术最为成熟，由于其上下行速率是非对称的，即为用户提供较高的下行速率（最高可达 68Mbit/s)、较低的上行速率（最高可达 640Kbit/s)，传输距离为 3～6km，适合用作家庭和个人用户的互联网接入。

ADSL 系统能够实时地对线路噪声、回波损耗、回路阻抗和信噪比进行采集、上报，并直观地显示在网络管理操作平台上，以方便运营者对网络运行状态进行分析，并根据具体情况及时采取相应的故障排除措施。

3. 超高速数字用户环路（VDSL）技术

VDSL 也是一种非对称的数字用户环路，能够实现更高速率的接入。上行速率最高可达 6.4Mbit/s，下行速率最高可达 55Mbit/s，但其传输距离较短，一般为 0.3～1.5km。由于 VDSL 的传输距离比较短，因此适合用于光纤接入网中与用户相连接的最后“一公里”。VDSL 可同时传送多种宽带业务，如高清晰度电视（HDTV)、清晰度图像通信以及可视化计算等。

如图 9.6 所示为 ADSL 分离器和双模调制解调器。

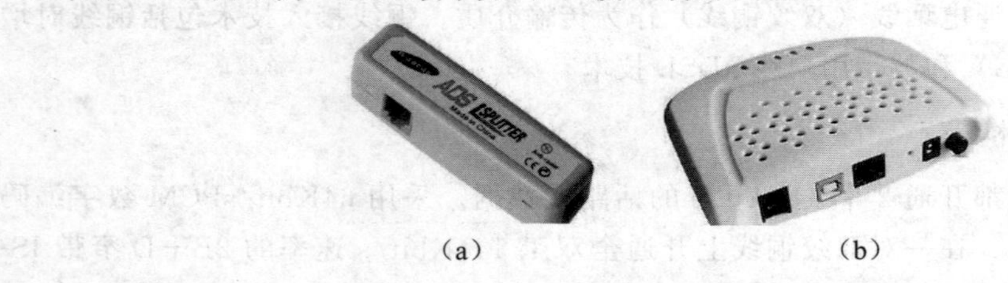

(a)　　(b)

图 9.6　ADSL 分离器和双模调制解调器

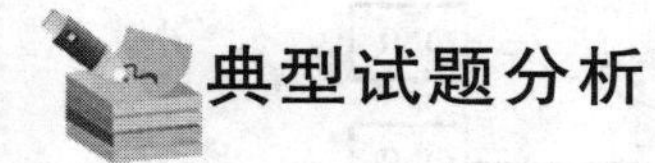

典型试题分析

（多选）ADSL 系统可提供（　　）等几条信息通道。

A. POTS 信道　　　　B. 低速下行通道

C. 中速双工通道　　　　D. 高速双工通道

解析： POTS 是 Plain Old Telephone Service 的缩写，可翻译为“普通老式电话业务”，属于标准的模拟电话。xDSL 家族均不影响原有的老式电话业务，而是在此基础上，新增了高速的数据通道。对 ADSL 来说，下行信道是高速的，上行信道只能算中速，所以 AC 选项是正确的。

9.3　光纤接入网

近年来，随着“光进铜退”的进程，光纤已经距用户端越来越近了，在近期提出的“智能化小区”的概念中，光缆到户成了评选的标准。甚至提出了“光缆到桌面（FTTD）”的概念。本节将介绍光纤接入网的相关技术。

各种光纤跳线接口

9.3.1　光纤接入网的基本概念

1. 光纤接入网（OAN）的定义

光纤通信具有通信容量大、质量高、性能稳定、防电磁干扰、保密性强等优点。其中，光纤扮演着重要的角色，在接入网中，光纤接入也是发展的重点。光纤接入网是发展宽带接入的长远解决方案。

光纤接入网是指用光纤作为主要的传输媒质，以实现接入网的信息传送功能。

2. 光纤接入网的拓扑结构

光纤接入网的拓扑结构，是指传输线路和节点的几何排列图形，它表示了网络中各节点的相互位置与相互连接的布局情况，网络的拓扑结构对网络功能、造价及可靠性等具有重要影响。在光纤接入网中，ODN 的配置一般是点到多点的配置方式，即多个 ONU 通过 ODN 与一个 OLT 相连。ONU 通过 ODN 与 OLT 的连接方式构成了光纤接入网的结构，如图 9.7 所示。其常用的拓扑结构有 4 种，即总线型、环型、星型和树型。

（1）总线型结构。总线型结构的光纤接入网是以光纤作为公共总线，非均匀分光的光分路器（OBD）沿线状排列。这种结构属串联型结构，其特点是：共享主干光纤，节省线路投资，增删节点容易，彼此干扰较小；但缺点是损耗累积，用户接收机的动态范围要求较高，对主干光纤的依赖性太强。

（2）环型结构。环型结构是指所有节点共用一条光纤链路，光纤链路首尾相接组成封闭回路的网络结构。这种结构的突出优点是可实现网络自愈，即无须外界干预，网络即可在较短的时间里从失效故障中恢复所传业务。

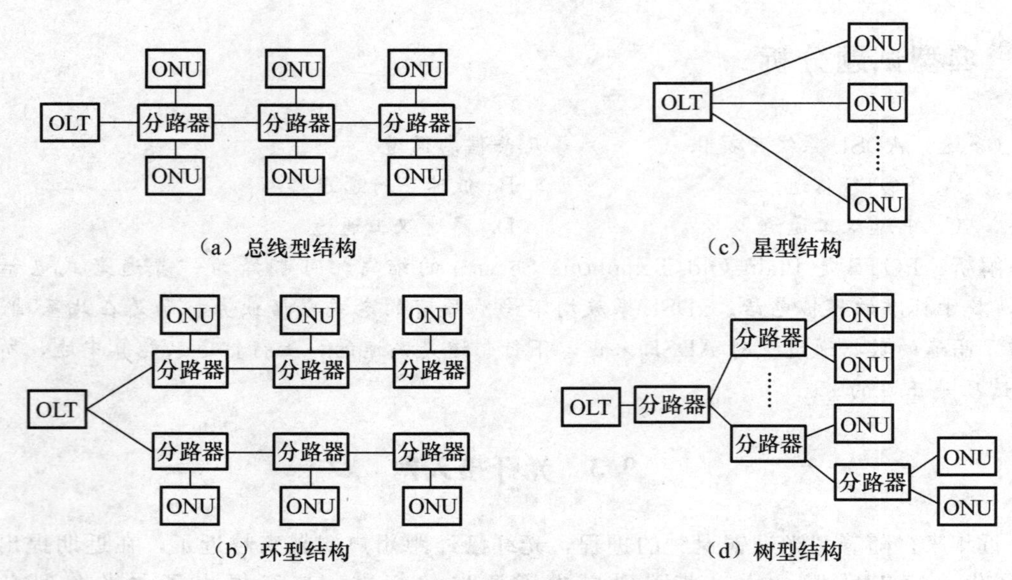

图 9.7　光接入网常用的拓扑结构

(3) 星型结构。星型结构是指用户端的每一个光网络单元（ONU）分别通过光纤与光线路终端（OLT）相连，形成以光线路终端（OLT）为中心向四周辐射的星型连接结构。这种结构属于并联形结构，它不存在损耗累积的问题，易于实现升级和扩容，各用户之间相对独立，业务适应性强；但其缺点是所需光纤代价较高，对中央节点的可靠性要求极高。

(4) 树型结构。树型结构是星型结构的扩展，连接 OLT 的第一个光分路器（OBD）将光信号分成 n 路，下一级连接第二级 OBD，最后一级的 OBD 连接 n 个 ONU。

3. 光纤接入网的形式

根据光网络单元（ONU）放置的位置不同，光纤接入方式可分为如下几种，如图 9.8 所示。

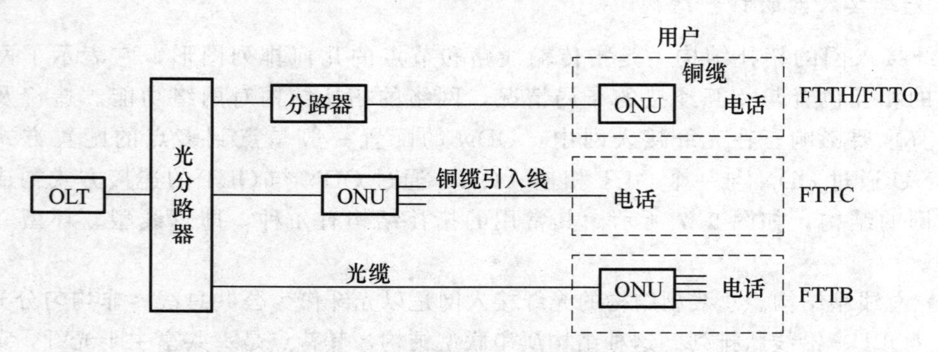

图 9.8　光纤接入网的 3 种不同接入形式

(1) 光纤到路边（FTTC）。主要是为住宅用户提供服务。光网络单元（ONU）设置在路边，即用户住宅附近，从 ONU 出来的电信号再传送到各个用户，一般用同轴电缆传送视频业务，用双绞线传送电话业务。

(2) 光纤到大楼（FTTB）。它的 ONU 设置在大楼内的配线箱处，主要用于综合大

楼、远程医疗、远程教育及大型娱乐场所，为大中型企事业单位及商业用户服务，提供高速数据、电子商务、可视图文等宽带业务。

（3）光纤到用户（FTTH）。将ONU放置在用户住宅内，骨干网局端与用户之间以光纤作为传输媒介。FTTH用户终端子系统和面板如图9.9所示。

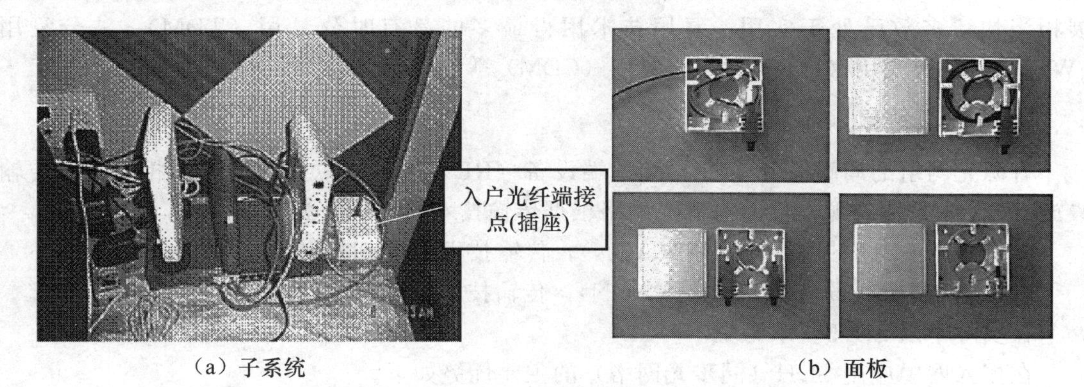

（a）子系统　　（b）面板

图9.9　FTTH用户终端子系统和面板

FTTH的显著技术特点是采用光纤作为传输媒质，其优势主要体现在以下几个方面。

（1）无源网络，从局端到用户，中间基本上可以做到无源。

（2）带宽是比较宽的，长距离、抗电磁干扰正好符合运营商的大规模运营方式。

（3）采用光波传输技术，支持的协议比较灵活，增强了传输数据的可靠性。

（4）随着技术的发展，适于引入各种新业务，是理想的业务透明网络，是接入网较为合适的发展方式。

随着技术的更新换代，FTTH的成本大大降低。在我国，FTTH也是时代发展的方向，可以说FTTH是光纤通信的一个亮点，伴随着相应技术的成熟与实用化，成本进一步降低到家庭能承受的水平，FTTH的大趋势是不可阻挡的。

据工业和信息化部文件，截至2019年6月，光纤接入（FTTH/O24）用户规模达3.96亿户，占互联网宽带接入用户总数的91%，较2018年底提升0.6个百分点。图9.10所示为2019年光纤宽带用户规模及占比情况。

图9.10　2019年光纤宽带用户规模及占比情况

9.3.2 光纤接入网分类

光纤接入网根据传输设施 ODN 中是否采用有源器件可分为有源光网络（AON）和无源光网络（PON）。光纤接入网的主要技术是光波传输技术。目前光纤传输的复用技术发展相当快，多数已处于实用。复用技术用得最多的是有时分复用（TDM）、波分复用（WDM）、频分复用（FDM）、码分复用（CDM）等。

1. 有源光网络（AON）

有源光网络的局端设备（CE）和远端设备（RE）通过有源光传输设备相连，即传输设施 ODN 中采用有源器件。有源光网络根据传输技术的不同分为以下两种。

(1) 基于 SDH 的有源光网络（AON），传输技术采用 SDH 技术。

(2) 基于 PDH 的有源光网络（AON），传输技术采用 PDH 技术。

在实际中以 SDH 技术为主。

在接入网中应用 SDH（同步光网络）的主要优势如下。

(1) 具有标准的速率接口。在 SDH 体系中，对各种速率等级的光接口都有详细的规范。这样使 SDH 网络具有统一的网络节点接口，从而简化了信号互通，使各个厂家的设备实现互连。

(2) 极大地增加了网络运行、维护、管理功能。在 SDH 帧结构中定义了丰富的开销字节，这些开销能够为维护、管理提供巨大的便利条件，当出现故障时，就能够利用开销来进行监视、诊断，从而降低维护成本。

(3) 完善的自愈功能可增加网络的可靠性。SDH 体系具有指针调整机制和环路管理功能，可以组成完善的自愈保护环。这样当某处光缆出现断线故障时具有高度智能化的网元就能够迅速地找到替代路由，并恢复业务。

(4) 具有网络扩展和升级能力。由于采用 SDH 标准体系结构，因此可以很方便进行升级。SDH 的发展是支持 IP 接入，目前至少需要支持以太网接口的映射，于是除了携带话音业务量以外，可以利用部分 SDH 净负荷来传送 IP 业务，从而使 SDH 也能支持 IP 的接入。

2. 无源光网络（PON）

无源光网络（PON）是指在 OLT 和 ONU 之间的光分配网络（ODN）中，没有任何有源电子设备，即传输设施 ODN 中采用无源器件。无源光网络（PON）是一种纯介质网络，避免了外部设备的电磁干扰和雷电影响，减少了线路和外部设备的故障率，提高了系统可靠性，同时节省了维护成本，是电信维护部门长期期待的技术。无源光接入网的优势具体体现在以下几方面。

(1) 经济。无源光网体积小，设备简单，安装维护费用低，投资相对也较小。

(2) 组网灵活。无源光设备组网灵活，拓扑结构可支持树形、星形、总线型、混合型、冗余型等网络拓扑结构。

(3) 安装方便。无源光网络有室内型和室外型，其室外型可直接挂在墙上，或放置于“H”杆上，无须租用或建造机房。而有源系统需进行光电、电光转换，设备制造费用高，要使用专门的场地和机房，远端供电问题不易解决，日常维护工作量大。

（4）抗干扰能力强。无源光网络是纯介质网络，彻底避免了电磁干扰和雷电影响，极适合在自然条件恶劣的地区使用。

（5）便于扩容。从技术发展角度看，无源光网络扩容比较简单，不涉及设备改造，只需设备软件升级，硬件设备一次购买可长期使用，为光纤入户奠定了基础，使用户投资得到保证。

目前PON技术主要有APON、EPON和GPON等几种，它们的主要差别在于采用不同的数据链路层技术。

（1）APON——基于ATM的无源光网络，后改为宽带PON（BPON）。

（2）GPON——是BPON标准的发展，支持更高的速率，第二层采用ITU-T定义的GFP（通用成帧规程）。

（3）EPON——基于以太网的无源光网络，是在2001年年初，为更好适应IP业务而提出的在链路层采用以太网取代ATM的技术，可支持1.25Gbit/s对称速率，将来速率可升级到10Gbit/s。采用EPON技术进行有线电视网双向改造，可直接利用已经铺设的光缆中剩余的一根光纤作为EPON的传输信道。在分前端机房配置EPON的OLT（光线路终端）设备，可以覆盖周边10～20km内的用户，光信号通过树型光分配网络到达小区光节点；根据光节点的覆盖范围，可以选择在光节点处放置光分路器，进一步将光纤延伸到楼道放置ONU（光网络单元），也可以选择在光节点处放置ONU，最后通过五类线入户。802.3网络用户端的EPON ONU产品如图9.11所示。

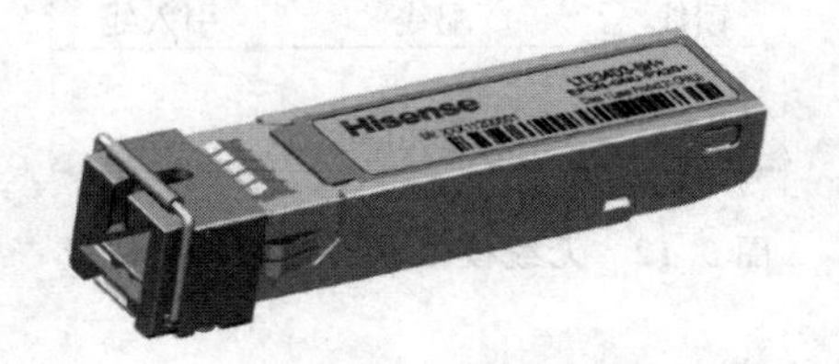

图9.11　802.3网络用户端的EPON ONU产品

光纤入户

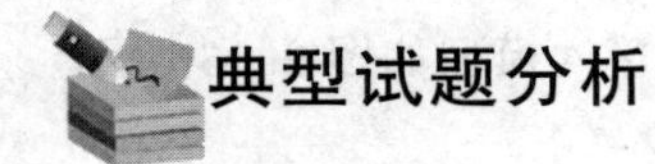

典型试题分析

EPON是一个①（　　）的光接入网。EPON系统中的ODN由②（　　）和光纤构成。EPON的动态带宽分配采用③（　　）控制方式。

① A. 点到点　　B. 多点到点　　C. 多点到多点　　D. 点到多点

② A. PONT　　B. PON　　C. POS　　D. POSS

③ A. 分散　　B. 集中　　C. 逐个　　D. 混合

解析：①的正确答案为D；②的正确答案为C；③的正确答案为B。

3. 混合光纤同轴电缆接入（HFC）

混合光纤同轴电缆也是传输带宽比较大的一种传输介质，传输介质采用光纤和同轴电缆混合组成的接入网。目前的CATV网就是一种HFC网络，主干部分采用光纤，用同轴电缆经分支器接入各家各户。混合光纤/铜轴（HFC）接入技术的一大优点是可以利用现有的CATV网，从而降低网络接入成本。

9.4 无线接入网

随着通信市场的日益开放，电信业务正向数据化、宽带化、综合化、个性化飞速发展，各运营商之间的竞争日趋激烈。而竞争的基本点就在于接入资源的竞争，如何快速、有效、灵活、低成本地提供客户所需要的各种业务成为运营商首要考虑的问题。无线接入方式在一定程度上满足了运营商的需要。

9.4.1 无线接入网概念

1. 无线接入网定义

无线接入网是指从交换中心到用户终端之间，部分或全部采用无线电波这一传输媒质为用户提供各种业务的通信方式。如图 9.12 所示，无线接入方式替代馈线、配线、引入线三段中的一段或多段，其余部分采用有线接入方式。

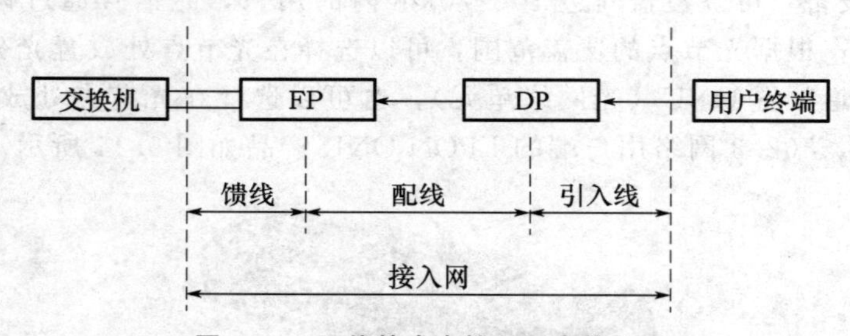

图 9.12 无线技术在接入网中的位置

2. 无线接入网的系统构成

一个无线接入网络一般由 4 个基本模块组成：用户无线终端（SRT）、无线基站（BS）、基站控制器（BSC）、网络管理系统（NMS）。典型的无线接入模型如图 9.13 所示。

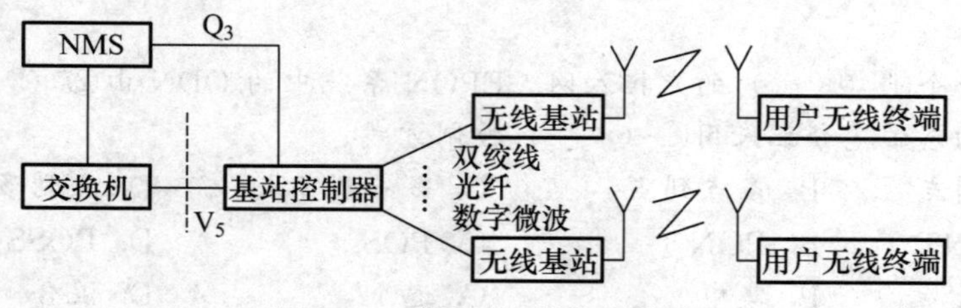

图 9.13 典型的无线接入模型

(1) 用户无线终端。

用户无线终端从功能上可以看成是将固定终接设备和用户终端合并构成的一个物理实体。由于它具备一定的移动性，因此支持移动终端的无线接入系统除了应具备固定无线接入系统所具有的功能外，还要具备一定的移动性管理等蜂窝移动通信系统所具有的功能。

（2）无线基站。

无线基站通过无线收发信机提供与固定终接设备和移动终端之间的无线信道，并通过无线信道完成话音呼叫和数据的传递。控制器通过基站对无线信道进行管理。基站与固定终接设备和移动终端之间的无线接口可以使用不同技术，并决定整个系统的特点，包括所使用的无线频率及其一定的适用范围。

（3）基站控制器。

基站控制器通过其提供的与交换机、基站和网络管理系统的接口与这些功能实体相连接。控制器的主要功能是处理用户的呼叫（包括呼叫建立、拆线等）、对基站进行管理，通过基站进行无线信道控制、基站监测和对固定用户单元及移动终端进行监视和管理。

（4）网络管理系统。

网络管理系统负责整个无线接入系统的操作和维护，其主要功能是对整个系统进行配置管理，对各个网络单元的软件及各种配置数据进行操作，在系统运转过程中对系统的各个部分进行监测和数据采集，对系统运行中出现的故障进行记录并告警，除此之外还可以对系统的性能进行测试。

3. 无线接入网的优点

与有线网络相比，无线网络具有以下优点。

（1）经济。

无线接入网的安装、维护费用大大低于有线接入网络，而且接入网费用与用户距离无关，这在经济不发达地区尤显其经济优势。

（2）能迅速提供业务。

无线接入网安装容易，建设周期短；有线系统不仅建设周期长，而且要占用土地资源，施工接续困难，设备易遭人为破坏，还容易受到自然灾害的影响。无线接入网在自然灾害中仍能保证用户通信畅通的优势是有线系统所无法比拟的。

（3）灵活。

无线接入网灵活可变，不需要预知用户位置，容量可大可小，易扩容。

（4）覆盖面大。

无线接入网在基站合理选址的情况下，可覆盖达30km以上的地域，从而优化网络结构，降低网络投资。

9.4.2 常用无线接入技术

无线接入技术区别于有线接入的特点之一是标准不统一，不同的标准有不同的应用。正因如此，使得无线接入技术出现了百家争鸣的局面。本文仅给出几种无线接入技术。

1. 固定宽带无线接入（MMDS/LMDS）技术

宽带无线接入系统可以按使用频段的不同划分为多信道多点分配系统（Multi-channel Multi-point Distribution Service，MMDS）和本地多点分配系统（Local Multi-point Distribution Service，LMDS）两大系列。它可在较近的距离实现双向传输话音、数据图像、视频、会议电视等宽带业务，并支持 ATM、TCP/IP 和 MPEG2 等标准。采用一种类似蜂窝的服务区结构，将一个需要提供业务的地区划分为若干服务区，每个服务区内设基站，基站设备经点到多点无线链路与服务区内的用户端通信。每个服务区覆盖范围为几公里至十几公里，并可相互重叠。

由于 NMDS/LMDS 具有更高带宽和双向数据传输的特点，可提供多种宽带交互式数据及多媒体业务，克服传统的本地环路的瓶颈，满足用户对高速数据和图像通信日益增长的需求，因此是解决通信网接入问题的利器。图 9.14 给出了各种形状的 MMDS 微波天线。

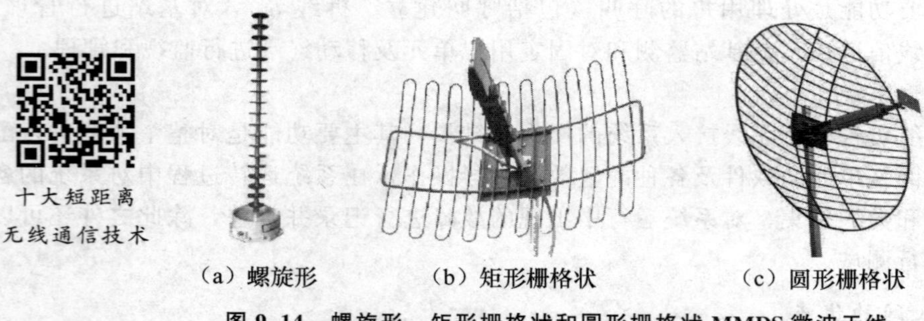

(a) 螺旋形　　(b) 矩形栅格状　　(c) 圆形栅格状

图 9.14　螺旋形、矩形栅格状和圆形栅格状 MMDS 微波天线

2. 蓝牙技术

蓝牙 (Bluetooth) 实际上是一种实现多设备之间无线连接的协议。通过这种协议能使包括蜂窝电话、掌上计算机、笔记本计算机、相关外设等众多设备之间进行信息交换。利用"蓝牙"技术，能够有效地简化移动通信终端设备之间的通信，也能够成功地简化设备与互联网之间的通信，从而使数据传输变得更加迅速高效，为无线通信拓宽道路。蓝牙采用分散式网络结构以及快跳频和短包技术，支持点对点及点对多点通信，工作在全球通用的 2.4GHz ISM (即工业、科学、医学) 频段。蓝牙技术的数据速率为 1Mbit/s，采用时分双工传输方案实现全双工传输。

蓝牙技术联盟 (Bluetooth SIG) 在蓝牙发展的 20 多年来一直致力于开发连接、驱使创新、开拓全新市场。芯科科技 (Silicon Labs) 是蓝牙技术联盟的重要成员，提供了从传统蓝牙的音频传输再到 IoT 无线连接的完整解决方案。蓝牙的应用领域已从音频传输发展到 IoT 应用。近几年，支持蓝牙的互联设备已经推广到体育健身、健康诊断、生活起居等方面。蓝牙技术的广泛应用主要原因在于其设备的平价和低功耗，它对新智能市场的兴起和发展起到非常重要的作用。蓝牙和 ZigBee 的标志如图 9.15 所示。

(a) 蓝牙标志

(b) ZigBee标志

图 9.15　蓝牙和 ZigBee 的标志

3. ZigBee 技术

ZigBee 也是一种无线通信技术，主要应用于短距离、低功耗和低速率的电子设备间的数据传输。ZigBee 的 Mac 层、PHY 层是 IEEE802.15.4 协议，根据协议规定 ZigBee 是双向无线通信技术，它的传输距离约 10～75m，主要适合自动控制和远程控制领域，可嵌入各种设备中，同时支持地理定位功能。它具有低功耗、低成本、短时延、大容量、可靠性和安全性强以及免执照频段（使用工业科学医疗 ISM 频段、915MHz（美国）、868MHz（欧洲）、2.4GHz（全球））等优势。ZigBee 的最大特点是可自行组网，网络节点数最大可达 65000 个。正因如此，随着 ZigBee 规范的进一步完善，许多公司均在着手开发基于 ZigBee 的产品，ZigBee 技术广泛应用于 IOT 产业链的 M2M 行业中，在智能家居、工业自动化等领域尤为突出。

通常，符合如下条件之一的短距离通信就可以考虑应用 ZigBee。

（1）需要数据采集或监控的网点多。

（2）要求传输的数据量不大，而要求设备成本低。

（3）要求数据传输可靠性高，安全性高。

（4）要求设备体积很小，不便放置较大的充电电池或者电源模块。

（5）可以用电池供电。

（6）地形复杂，监测点多，需要较大的网络覆盖。

（7）对于那些现有的移动网络的盲区进行覆盖。

（8）已经使用了现存移动网络进行低数据量传输的遥测遥控系统。

典型试题分析

目前，无线局域网应用于（　　）等领域。

A. 扩展局域网　　　　B. 跨建筑互联

C. 移动接入　　　　　D. 特定网络

解析： 无线局域网的应用十分广泛，在以上几个选项的场合中都可以运用到，因此答案为 ABCD。

9.4.3 Wi-Fi 技术

无线局域网络是一种数据传输系统，采用分布式无线电广播 ISM 频段将一个区域里面多个支持无线协议的设备连接起来。目前，无线局域网使用的标准协议为 IEEE802.11 协议。IEEE802.11 标准协议是由一系列 MAC 层协议和 PHY 协议组成。Wi-Fi（Wireless Fidelity）技术是一个基于 IEEE802.11 系列标准的无线网络通信技术品牌，主要是为了改善基于 IEEE802.11 标准的无线网络产品之间的互通性。

1. Wi-Fi 技术基本概念

Wi-Fi 俗称无线宽带，它是一种可以将个人计算机、手持设备（如手机、平板计算机）等终端以无线方式相互连接的技术。1999 年时各厂商为了统一兼容 802.11 标准的设备而结成了一个标准联盟，称为 Wi-Fi Alliance，而 Wi-Fi 这个名词，也是他们为了能够更广泛被人们接受而创造出的一个商标类名词，也有人把它称为“无线保真”。图 9.16 所示为室 内 Wi-Fi 网络。

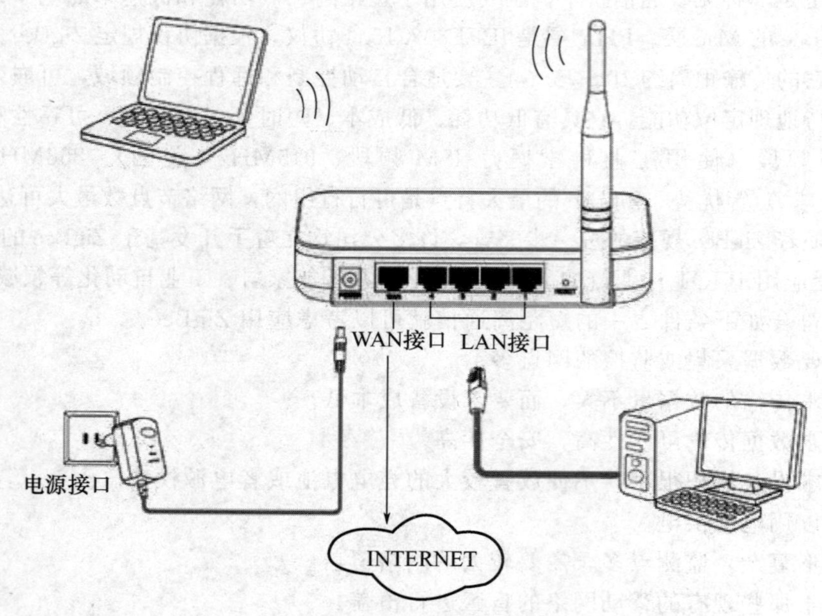

图 9.16　室内 Wi-Fi 网络

Wi-Fi 实际上为制定 802.11 无线网络的组织，并非代表无线网络，但是后来人们逐渐习惯用 Wi-Fi 来称呼 802.11b 协议。它的最大优点就是传输速度较高，有效距离长，一般工作在 2.4GHz 频段。笔记本计算机上的迅驰技术就是基于该标准的。

目前无线局域网（WLAN）主流采用 802.11 协议，故常直接称为 Wi-Fi 网络。

Wi-Fi 的技术优势主要体现在以下几个方面。

辐射值测试

(1) 无线电波的覆盖范围相对广。

(2) 传输速度非常快，符合个人和社会信息化的需求。

(3) 厂商进入该领域的门槛比较低，设备价格低廉。

(4) 信号功率小，绿色健康。

(5) 工作在 2.4GHz 的 IMS 频段，全球统一。

2. Wi-Fi 认证

Wi-Fi 认证具有一整套较为全面的验证方案，它对被测试产品与其他已认证产品的兼容性测试过程进行详细地定义，验证方案是由独立实验室进行（一般在北美或欧洲），具有 2 至 4 天的验证周期，Wi-Fi 兼容性证书会授予给通过验证的产品生产企业。无线保真联盟组织在大规模部署“Wi-Fi 热点”。

Wi-Fi 传输认证过程包括：无线扫描、认证过程、关联过程。

(1) 无线扫描。用户接入第一步需通过扫描（主动或被动），然后再通过认证、关联才能与无线访问节点（AP）建立连接。

(2) 认证过程。为防止非法用户接入，需要用户与 AP、网关（Gateway）之间建立认证，通过认证后才可进行关联。

(3) 关联过程。用户若想通过 AP 接入无线网络，必须同特定的 AP 进行关联。用户需通过指定服务集标识（SSID）选择无线网络，通过 AP 认证后，方可发送关联请求帧给 AP。AP 则会在数据库中添加用户信息，同时，回复关联响应给用户。需要指出的是，用户每次只可关联到一个 AP，并且关联的发起者总是用户。

早期的 IEEE802.11 定义了两种认证方式：开放系统认证（OpenSystem Authentication）；共享密钥认证（SharedKey Authentication）。其中，开放系统认证是 IEEE802.11 默认的认证方式，但实质上并没有做认证的相应工作。WEP 属于共享密钥认证方式。WEP（Wired Equivalent Privacy）称为有线等效保密协议，该协议用于在两台无线传输设备间对数据进行加密，从而防止非法用户窃听或入侵网络。时至今日，WEP 的破解方法不计其数。虽然现在无线路由器仍保留 WEP 加密方式，但进行设置时，总会有相应提醒告知：新的 802.11n 不支持此加密方式。由此可知，如果依旧选择该种加密方式，路由器将会在较低的传输速率上工作。通常都会建议用户使用 WPA2-PSK 等级的 AES 加密。

802.11n、802.11ac 协议已经不支持 WEP 加密方式，WPA/WPA2 加密方式取而代之，家庭网络一般使用 WPA-PSK/WPA2-PSK 方式。无线网络是以经过特殊编码和调制后的无线链路作为媒介的，它是开放的标准。在开放灵活等优点之后，安全性就成为无线网络的最大弊端，因此进行认证是必不可少的过程，同时认证的连接工作必须进行加密操作，从而防止未授权的用户使用。

WPA（Wi-Fi Protected Access）是 WIFI 联盟制定的安全性标准，WPA2 是第 2 个版本。PSK（PreShared Key）是预共享密钥。WPA-PSK/WPA2-PSK 一般用于对安全性要求不是特别高的用户，例如：家庭或个人网络。WPA/WPA2 一般用于对安全性要求极高的用户，获得企业的青睐。其实在 WPA/WPA2 选项中，可以很容易发现它比 WPA-PSK/WPA2-PSK 多了一个认证服务器（Radius 服务器），从而实现对安全性的更高要求。当今社会，WPA-PSK/WPA2-PSK 认证机制已成为家庭或个人网络的主流。Wi-Fi 认证方式的比较见表 9.2 所示。

Wi-Fi 的安全隐患

表 9.2 Wi-Fi 认证方式的比较

认证方式	采用模式	详细	其他
WPA-PSK（Wi-Fi 保护访问）	WPA-PSK＝PSK＋TKIP＋MIC	PSK：预共享密钥	兼容原有的 WEP 硬件产品
		TKIP：临时密钥完整性协议	
		MIC：消息完整性校验码	
WPA2-PSK	WPA2-PSK＝PSK＋AES＋CCMP	PSK：预共享密钥	最新无线安全标准遵循 802.11i 标准
		AES：高级加密标准	
		CCMP：计数器模式及密码块链消息认证码协议	

2018 年 6 月，Wi-Fi 联盟宣布 WPA3 协议已最终完成，WPA3 是 Wi-Fi 身份验证标准 WPA2 技术的后续版本。WPA3 标准为了进一步对不安全的 Wi-Fi 网络进行保护，将

对公共 Wi-Fi 网络上的所有数据进行加密。当用户通过 WPA3 创建的连接使用公共 Wi-Fi 网络时，黑客将无法对用户流量进行窥探从而难以获取用户私人信息。虽然 WPA3 作为 Wi-Fi 身份验证标准 WPA2 技术的后续版本被大众所知，但目前还没有传统路由设备生产企业在此方面发声宣布其新品换代计划。同时，WPA2 并未被 Wi-Fi 联盟淘汰，WPA2 被应用在全球数十亿的 Wi-Fi 设备上，它的安全能力将持续被强化，之后也会继续被部署在经认证的 Wi-Fi 设备上。未来的 WPA3 设备也将兼容于 WPA2 设备。

我国也推出了自己的安全协议：无线局域网鉴别与保密基础结构（Wireless LAN Authentication and Privacy Infrastructure，WAPI）。这是我国在信息安全领域的第一个国际标准，可以彻底解决 Wi-Fi 的先天性认证漏洞。全球 WLAN 的技术架构目前已相对统一，但安全技术部分却有两个方向：一是美国主导的 IEEE 802.11i 标准；另一个就是我国主导的 WAPI 标准。WAPI 如同红外线、蓝牙等协议一样，属于无线传输协议的一种，只不过它是无线局域网中的一种传输协议而已，它与 802.11 传输协议是同一领域的技术。截至 2018 年，WAPI 产业联盟成员已发展到 92 家，包括三大电信运营商和 ICT 领域骨干企业。除公共 WLAN 网络外，WAPI 在政务、海关、公安、电力、交通、教育等许多行业得到应用。

拓展阅读

本章小结

接入网在整个通信网络中处于重要的位置，它负责将电信业务透明地传送到用户。本章介绍了接入网的基本概念，随后从有线和无线角度分别对铜线接入网、光纤接入网和无线接入网进行了阐述，对蓝牙、ZigBee、Wi-Fi 做了一些介绍。

习　题

1. 请描述铜线接入网的概念。
2. 常用的数字用户环路技术有哪几种?
3. 根据光网络单元（ONU）放置的位置不同，光纤接入方式有哪几种?
4. 光纤接入网根据传输设施 ODN 中是否采用有源器件可分为哪两类?
5. 光纤接入网的拓扑结构分为几种? 请分别描述。
6. 无线接入网的定义是什么?
7. 无线接入网系统由哪几部分构成?
8. 无线接入网的优点是什么?
9. Wi-Fi 技术优势主要体现在哪几方面?

第 9 章在线答题

第10章 物联网的发展及网络融合

学习目标

掌握物联网的定义及特点
了解物联网的起源和发展历程
掌握物联网的体系结构
理解物联网的关键技术
了解物联网的应用

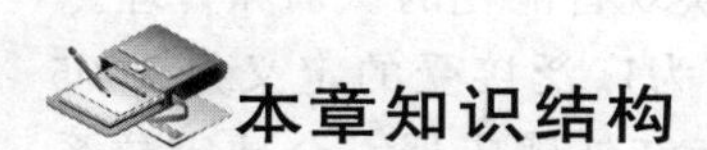

本章知识结构

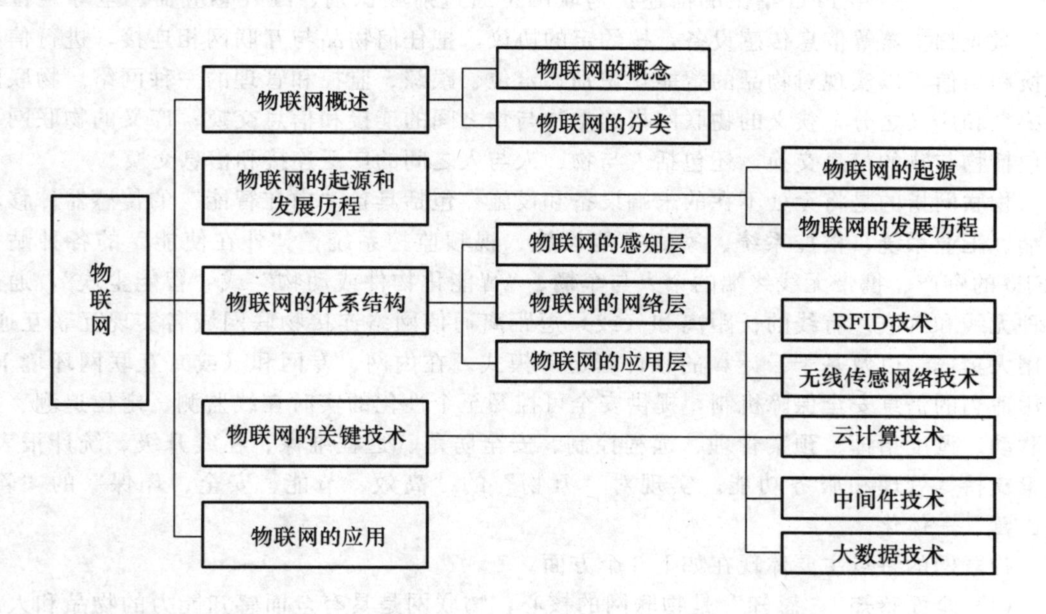

导入案例

"特洛伊"咖啡壶事件

1993年，剑桥大学特洛伊计算机实验室的科学家们为了方便使用，在咖啡壶旁边安装了一个摄像机，并编写了一套程序，以每秒3帧的速率将计算机捕捉到的图像传递到实验室，以方便工作人员随时查看。科学家们后来又把这套系统连接到了互联网上，没想到的是，仅仅为了窥探"咖啡煮好了没有"，全世界互联网用户蜂拥而至，近240万人点击过这个名噪一时的"咖啡壶"网站。网络数字摄像机的市场开发、技术应用以及日后的种种网络扩展都源于这个极富盛名的"特洛伊咖啡壶"，拉开了物联网时代的序幕。

10.1 物联网概述

10.1.1 物联网的基本概念

物联网

1999年，美国麻省理工学院的Auto-ID研究中心首次提出物联网的概念：把所有物品通过射频识别（Radio Frequency Identification，RFID）和条形码等信息传感设备与互联网连接起来，实现智能化的识别和管理。

但是上述定义具有一定的局限性，目前较为广泛接受的定义是2005年ITU给出的描述：物联网是通过射频识别、红外感应器、全球定位系统、激光扫描器等信息传感设备，按约定的协议，把任何物品与互联网相连接，进行信息交换和通信，以实现对物品的智能化识别、定位、跟踪、监控和管理的一种网络。物联网有狭义和广义之分，狭义的物联网指的是物与物之间的连接和信息交换；广义的物联网不仅包括物与物的信息交换，还包括人与物、人与人之间的广泛连接和信息交换。

物联网指的是将无处不在的末端设备和设施，包括具备"内在智能"的传感器、移动终端、工业系统、楼控系统、家庭智能设施、视频监控系统，"外在使能"的各种贴上RFID的资产、携带无线终端的个人与车辆、"智能化物件或动物"或"智能尘埃"，通过各种无线和（或）有线的长距离和（或）短距离通信网络连接物联网域名实现互联互通、应用大集成。以及基于云计算的软件营运等模式，在内网、专网和（或）互联网环境下，采用适当的信息安全保障机制，提供安全可控乃至个性化的实时在线监测、定位追溯、报警联动、调度指挥、预案管理、远程控制、安全防范、远程维保、在线升级、统计报表、决策支持等管理和服务功能，实现对"万物"的"高效、节能、安全、环保"的"管、控、营"一体化。

物联网的特点主要体现在如下3个方面。

（1）全面感知。"感知"是物联网的核心，物联网是具有全面感知能力的物品和人所组成的，为了使物品具有感知能力，需要在物品上安装不同类型的识别装置，例如：电子

标签、条形码与二维码等，或者通过传感器、红外感应器等感知其物理属性和个性化特征。利用这些装置和设备，可随时随地获取物品信息，实现全面感知。

(2) 可靠传递。数据传递的稳定性和可靠性是保证物-物相连的关键。为了实现物与物之间信息交互，就必须约定统一的通信协议。由于物联网是一个异构网络，不同实体间的协议规范可能存在差异，需要通过相应的软、硬件进行转换，保证物品之间信息的实时、准确传递。

(3) 智能处理。物联网的目的是实现对各种物品（包括人）进行智能化识别、定位、跟踪、监控和管理。这就需要智能信息处理平台的支撑，通过云计算、人工智能等智能计算技术，对海量数据进行存储、分析和处理，针对不同的应用需求，对物品实施智能化的控制。

物联网标准体系如图 10.1 所示。

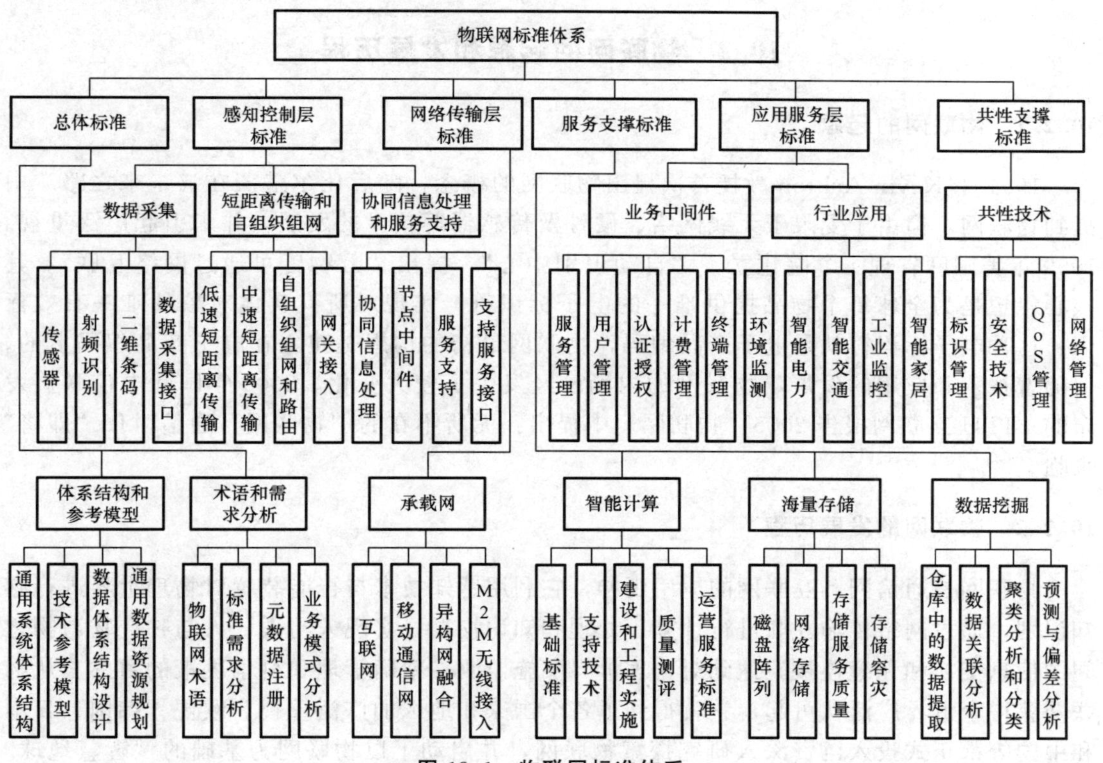

图 10.1　物联网标准体系

10.1.2　物联网的分类

物联网首先通过各种信息传感器、射频识别技术、全球定位系统、红外感应器、激光扫描器等装置与技术，实时采集任何需要监控、连接、互动的物体或过程，采集其声、光、热、电、力学、化学、生物、位置等各种需要的信息；其次采用各类可用网络技术进行接入，实现物与物、物与人的泛在连接，实现对物品和过程的智能化感知、识别和管理；最后建立人与人、人与物、物与物之间的信息交流，每个物体都是一个终端，构建更为广泛的信息网络系统。根据物联网的应用规模，可将物联网分为以下 4 类。

（1）私有物联网。一般面向单一机构内部提供服务，可能由机构或其委托的第三方实施并维护，主要存在于机构内网中，也可存在于机构外部网络。

（2）公有物联网。基于互联网向公众或大型用户群体提供服务，一般由机构（或其委托的第三方，少数情况）管理。

（3）社区物联网。向一个管理的“社区”或机构群体（如一个城市政府下属的各委办局，如公安局、交通局、环保局、城管局等）提供服务，可能由两个或两个以上的机构协同运维，主要存在于内网和专网中。

（4）混合物联网。上述两种或两种以上的物联网的组合，但后台的管理统一。

10.2 物联网的起源和发展历程

10.2.1 物联网的起源

1991 年 Kevin Ashton 教授首次提出物联网的概念，随后比尔盖茨在《未来之路》中提到物联网，但由于受限于无线网络、硬件及传感器等技术的发展，并未引起广泛重视。1999 年美国麻省理工学院建立了“自动识别中心”，提出“万物皆可通过网络互联”。其核心思想是为全球每个物品提供唯一的电子标识符，实现对所有实体对象的唯一有效标识。这种电子标识符就是电子产品编码，物联网最初的构想是建立在电子产品编码上的，但随着技术和应用的发展，物联网的内涵已经发生了较大变化。2005 年国际电信联盟发布的《ITU 互联网报告 2005：物联网》中提出：无所不在的“物联网”通信时代“即将”来临。

10.2.2 物联网的发展历程

物联网是通信网和互联网的应用延伸，它利用感知技术与智能装置对物理世界进行感知识别，通过网络传输互联进行计算、处理和知识挖掘，实现人与人、人与物、物与物之间的信息交换和无缝连接，达到对物理世界实施监测、精确管理和科学决策的目的。从物联网获得全世界广泛认可起，它就得到了各个国家和地区的广泛重视。欧盟、韩国、日本和中国等都正式投入巨资深入研究探索物联网，并启动了以物联网为基础的“智慧地球”“U-Japan”“U-Korea”“物联网行动计划”等国际性区域战略规划。国内外物联网的发展历程具体如下。

1. 国外物联网的发展历程

欧盟：第一阶段（2010 年前）：基于 RFID 技术实现低功耗、低成本的单个物体间的互联，并在物流、零售、制药等领域开展局部的应用；第二阶段（2010—2015 年）：利用传感网络与无处不在的 RFID 标签实现物与物之间的广泛互联，针对特定的产业制定技术标准，并完成部分网络的融合；第三阶段（2015—2020 年）：具有可执行指令的 RFID 标

签广泛应用，物体进入半智能化，物联网中异构网络互联的标准制定完成，网络具有高速数据传输能力；第四阶段（2020 年之后）：物体具有完全的智能响应能力，异构系统能够实现协同工作，人、物、服务与网络达到深度融合。

韩国：提出了泛在感知网络的概念，即通过在各种物品中嵌入传感器，传感器之间自主地传输和采集环境信息，通过网络实现对外部环境的监控，并制定物联网重点发展的四大领域与计划：u-City 计划，推动智能城市建设；Telematics 示范应用计划；发展车用信息通信服务；u-IT 产业集群计划，加速新兴科技服务业的发展；u-Home 计划，推动智能家庭应用的发展。

日本：2009 年 7 月，日本政府 IT 战略本部制定了新一代的信息化战略，即 i-Japan 战略 2015，战略规划提出，到 2015 年让信息技术如同水和空气一样融入每一个角落，主要针对电子政务、医疗保健、教育与人才等三大核心公共事业领域，提出了智能电网、灾难应急处置、智能家居、智能交通与智能医疗保健等项目。

2. 国内物联网的发展历程

2004 年初，全球产品电子代码管理中心授权中国物品编码中心为国内代表机构，负责在中国推广 EPC 与物联网技术。2004 年 4 月，北京建立了第一个产品电子代码与物联网概念演示中心。2005 年，国家烟草专卖局的卷烟生产经营决策管理系统实现用 RFID 出库扫描，商业企业到货扫描。许多制造业也开始在自动化物流系统中尝试应用 RFID 技术。

10.3　物联网的体系结构

物联网是在互联网和移动通信网等网络通信基础上，针对不同领域的需求，利用具有感知、通信和计算能力的智能物体自动获取现实世界的信息，将这些对象互联，实现全面感知、可靠传输、智能处理，构建人与物、物与物互联的智能信息服务系统。物联网体系结构如图 10.2 所示，主要由三个层次组成：感知层、网络层和应用层。

10.3.1　物联网的感知层

物联网的体系结构和关键技术

感知层位于物联网三层结构中的最底层，其功能为“感知”，即通过传感网络获取环境信息。感知层包括二维码标签和识读器、RFID 标签和读写器、摄像头、传感器和传感器网关等，主要功能是识别物体、采集信息，与人体结构中皮肤和五官的作用类似。

人类使用五官和皮肤并通过视觉、味觉、嗅觉、听觉和触觉感知外部世界。而感知层就是物联网的五官和皮肤，用于识别外界物体和采集信息。感知层解决的是人类世界和物理世界的数据获取问题。它由基本的感应器件（例如 RFID 标签和读写器、各类传感器、摄像头、定位、二维码标签和识读器等基本标识和传感器件）及感应器网络（例如 RFID 网络、传感器网络等）两大部分组成。感知层首先通过传感器、数码相机等设备，采集外部物理世界的数据，其次通过 RFID、条码、蓝

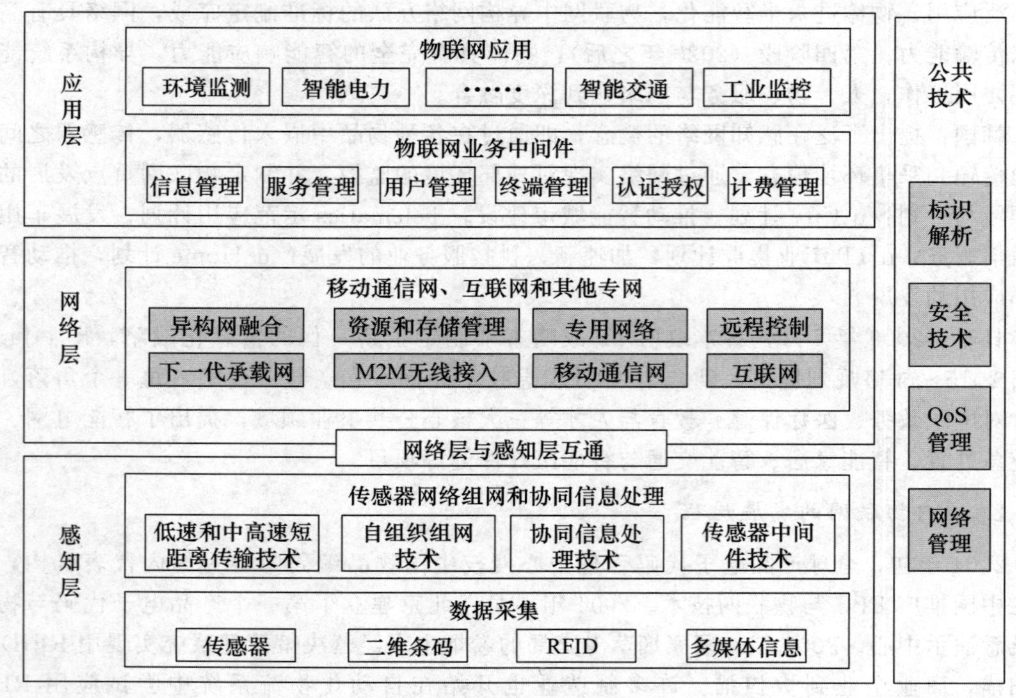

图 10.2　物联网的体系结构

牙、红外等短距离传输技术传递数据。感知层的关键技术包括检测技术、短距离无线通信技术等。

作为比较廉价而又实用的技术，一维条码和二维条码在今后一段时间内还会在各行业得到应用。然而，由于其所能包含的信息有限，而且在使用过程中需要用扫描器近距离进行扫描，这对于未来在物联网中有一定距离要求的数据采集和自动身份识别等有很大的限制，因此基于无线技术的射频标签发挥了越来越重要的作用。

无线传感网络作为一种有效的数据采集设备，在物联网感知层中扮演了重要角色。现在传感器的种类不断增多，出现了智能化传感器、小型化传感器和多功能传感器等新技术传感器。

对于目前关注和应用较多的 RFID 网络来说，附着在设备上的 RFID 标签和用来识别 RFID 信息的扫描仪、感应器都属于物联网的感知层。在这一类物联网中被检测的信息就是 RFID 标签的内容，现在的电子（不停车）收费系统、超市仓储管理系统、飞机场的行李自动分类系统等都属于这一类结构的物联网应用。

10.3.2　物联网的网络层

网络层位于物联网三层结构中的第二层，其功能为“传送”，即通过通信网络进行信息传输。网络层作为纽带连接着感知层和应用层，它由各种私有网络、互联网、有线和无线通信网等组成，相当于人的神经中枢系统，负责将感知层获取的信息安全可靠地传输到应用层，然后根据不同的应用需求进行信息处理。

网络层实质是在现有通信网和互联网的基础上建立起来的。经过十几年的快速发展，移动通信、互联网等技术已比较成熟，基本能够满足物联网数据传输的需要。物联网的网络层包含接入网和传输网，分别实现接入功能和传输功能。传输网由公网与专网组成，典型传输网络包括电信网（固网、移动通信网）、广电网、互联网、电力通信网、专用网（数字集群）。接入网包括光纤接入、无线接入、以太网接入、卫星接入等各类接入方式，实现底层的传感器网络、RFID 网络最后一公里的接入。

物联网的网络层基本上综合了已有的全部网络形式来构建更加广泛的“互联”。每种网络都有自己的特点和应用场景，互相组合才能发挥出最大的作用，因此在实际应用中，信息往往经由任何一种网络或几种网络组合的形式进行传输。而由于物联网的网络层承担着巨大的数据量，并且面临更高的服务质量要求，物联网需要对现有网络进行融合和扩展，利用新技术以实现更加广泛和高效的互联功能。

10. 3. 3　物联网的应用层

应用层位于物联网三层结构中的最顶层，其功能为“处理”，即通过云计算平台进行信息处理。应用层与最低端的感知层一起，是物联网的显著特征和核心所在，应用层可以对感知层采集的数据进行计算、处理和知识挖掘，从而实现对物理世界的实时控制、精确管理和科学决策。

物联网应用层的核心功能围绕两个方面：一是“数据”，应用层需要完成数据的管理和数据的处理；二是“应用”，仅仅管理和处理数据还远远不够，必须将这些数据与各行业应用相结合。例如在智能电网中的远程电力抄表应用：安置于用户家中的读表器就是感知层中的传感器，这些传感器在收集到用户的用电信息后，通过网络发送并汇总到发电厂的处理器上。该处理器及其对应工作就属于应用层，它将完成对用户用电信息的分析，并自动采取相关措施。因此，应用层包括各种不同业务或者服务所需要的应用处理系统，这些系统利用感知的信息进行处理、分析和执行不同的业务，并把处理的信息再反馈以进行更新，对终端使用者提供服务，使整个物联网的每个环节更加连续和智能。

物联网应用涉及行业众多，涵盖面广，总体可以分为政府应用系统、社会应用系统和个人应用系统。物联网通过人工智能、中间件和云计算等技术，为不同行业提供应用方案。

10. 4　物联网的关键技术

10. 4. 1　RFID 技术

RFID 技术是一种非接触式的自动识别技术，它通过无线电信号识别特定的目标，并读写相关数据，而不需要识别系统与这个目标有机械或者是光学接触。它无须人工干预，可用于各种恶劣环境，可识别高速运动的物体，可同时识别多个标签，操作快捷方便。目前，被广泛应用于交通、物流、军事、医疗、安全与知识产权保护等多个领域，可以实现全球范围的各种产品、物流过程中的动态、快速、准确识别与管理。

RFID 技术

一套完整的 RFID 系统由阅读器与电子标签（也就是所谓的应答器）及应用软件系统三个部分组成，如图 10.3 所示。其工作原理是阅读器发射特定频率的无线电波能量给应答器，用以驱动应答器电路将内部的数据送出，此时阅读器便依序接收解读数据，送给应用程序做相应的处理。

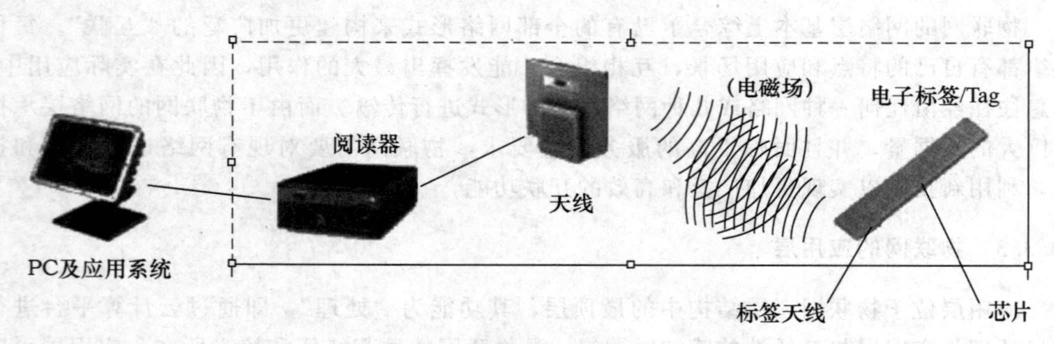

图 10.3　RFID 系统

以 RFID 卡片阅读器及电子标签之间的通信及能量感应方式来看，大致上分为感应偶合及后向散射偶合两种，一般低频的 RFID 大都采用第一种方式，而较高频大多采用第二种方式。阅读器根据使用的结构和技术不同可以是读或读/写装置，是 RFID 系统信息控制和处理中心。阅读器通常由耦合模块、收发模块、控制模块和接口单元组成。阅读器和应答器之间一般采用半双工通信方式进行信息交换，同时，阅读器通过耦合给无源应答器提供能量和时序。在实际应用中，可进一步通过 Ethernet 或 WLAN 等实现对物体识别信息的采集、处理及远程传送等管理功能。应答器是 RFID 系统的信息载体，目前应答器大多是由耦合原件（线圈、微带天线等）和微芯片组成的无源单元。

10.4.2　无线传感器网络技术

无线传感器网络是由大量传感器节点通过无线通信方式形成的一个多跳的自组织网络系统，它能够实现数据采集的量化处理、融合和传输。它综合了微电子技术、嵌入式计算技术、现代网络和无线通信技术、分布式信息处理技术等先进技术，能够协同地实时感知和采集网络覆盖区域中各种环境或监测对象的信息，并对其进行处理，再将处理后的信息通过无线方式发送，并以自组织多跳的网络方式传送给观察者。

无线传感器网络具有众多类型的传感器，可探测周边环境中包括地震、电磁、温度、湿度、噪声、光强度、压力、土壤成分、移动物体（大小、速度和方向）等多种多样的现象。潜在的应用领域可以归纳为：军事、航空、防爆、救灾、环境、医疗、保健、家居、工业、商业等。无线传感器网络是大量静止或移动的传感器以自组织和多跳的方式构成的无线网格，属于无线自组网，包含以下几个特点：大规模网络、自组织网络、动态性网络、可靠的网络、应用相关的网络和以数据为中心的网络。

在无线传感网络中，传感器节点通常是任意分布在被监测区域。无线传感器网络系统

由传感器节点、汇聚节点、基础设施网络（互联网或卫星）以及与用户交流的管理节点四部分构成，如图 10.4 所示。其工作原理为：检测区域内或监测对象周围的大量传感器节点通过自组织形成一个感知网络，将采集到的数据经过多跳的方式进行传输或处理，最后传递到汇聚地点。当感知网络与管理节点较远时，可经过卫星、互联网或移动通信等途径汇集到网络服务器。由此可知，传感器、感知对象和用户是传感器网络的 3 个基本要素。

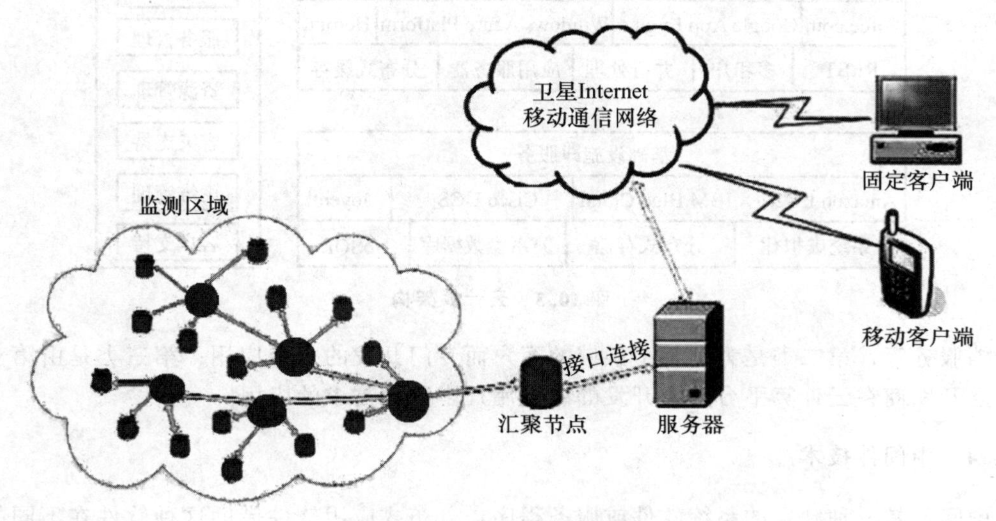

图 10.4 无线传感网络结构

10.4.3 云计算技术

无线传感器网络

“云”实质上就是一个网络，狭义上讲，云计算就是一种提供资源的网络，使用者可以随时获取“云”上的资源并按需求量使用，且可以看成是无限扩展的。整体上来看，云计算是分布式计算、并行计算、效用计算、网络存储、虚拟化、负载均衡、热备冗余等传统计算机和网络技术发展融合的产物。其实一开始的云计算更倾向于分布式计算，可以简单地认为是将计算任务分开、计算结果合并。一般来讲，云计算的主要思路是对基础资源虚拟化形成的资源池进行统一的调度和管理，为用户提供包括从下到上 3 个层次的服务：基础设施即服务（IaaS）、平台即服务（PaaS）和软件即服务（SaaS），如图 10.5 所示。

最底层是基础设施层，它的主要功能是抽象物理硬件资源，包括计算、存储和网络等硬件资源，在资源层内实现自动化的资源管理和优化，并为外部使用者提供各种各样的 IaaS，使得硬件资源可以很容易被访问和管理。第二层是平台层，从云计算架构而言，平台层位于资源层和应用层之间。平台层是运行在资源层之上的一个以软件为核心，为应用服务提供开发、测试和运行过程中所需的基础服务的层次。其包括 Web 和应用服务器、数据库以及管理支撑服务等。最上层是软件应用层，它是运行在平台层上的应用集合，提供具体业务应用。每一个应用都对应一个业务需求，实现一组特定的业务逻辑，并且通过服务接口与用户交互。应用可以分为三大类：第一类是面向大众的标准应用，如 Google

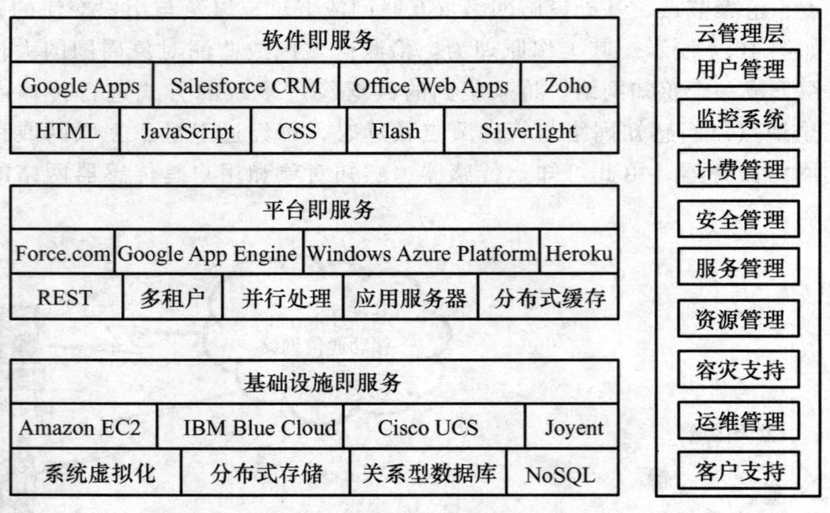

图 10.5 云计算架构

的文档服务等；第二类是为了某个领域的客户而专门开发的客户应用；第三类是由第三方的独立开发商在云计算平台层上开发的满足用户多元化需求的应用。

10.4.4 中间件技术

中间件是一种独立的系统软件或服务程序，分布式应用软件借助这种软件在不同的技术之间共享资源，中间件位于客户机服务器的操作系统上，管理计算资源和网络通信。因此，中间件屏蔽了底层操作系统的复杂性，使程序开发人员面对一个简单而统一的开发环境，减少程序设计的复杂性，将注意力集中在自己的业务上，不必为程序在不同系统软件上的移植而重复工作，从而大大减少了技术上的负担。

执行中间件的一个关键途径是信息传递，通过中间件应用程序可以工作于多平台或OS环境，如图10.6所示。中间件技术具有如下特点：满足大量应用的需要，运行于多种硬件和OS平台，支持分布计算，提供跨网络、硬件和OS平台的透明性的应用或服务的交互，支持标准的协议及支持标准的接口等。

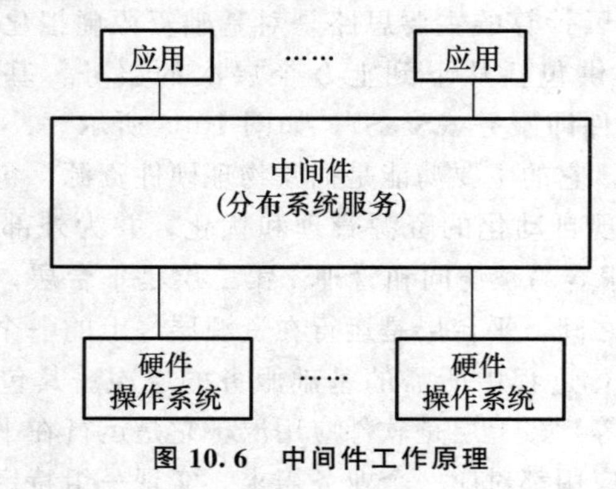

图 10.6 中间件工作原理

10.4.5　大数据技术

现在的社会是一个高速发展的社会，科技发达，信息流通，人们之间的交流越来越密切，生活也越来越方便，大数据就是这个高科技时代的产物。大数据指无法在一定时间范围内用常规软件工具进行捕捉、管理和处理的数据集合，是需要新的处理模式才能具有更强的决策力、洞察发现力和流程优化能力的海量、高增长率和多样化的信息资产，并具有海量的数据规模、快速的数据流转、多样的数据类型和价值密度低等特点。

大数据技术包括数据收集、数据存取、基础架构、数据处理、统计分析、数据挖掘、模型预测、结果呈现。数据采集处于第一个环节，大数据的采集主要有4种来源：管理信息系统、Web信息系统、物理信息系统、科学实验系统。大数据的存取大致可分为如下3类：面对的是大规模的结构化数据、面对的是半结构化和非结构化数据、面对的是结构化和非结构化混合的大数据。基础架构主要包括云存储和分布式文件存储。对采集到的多个异构的数据集，需要做进一步集成处理或整合处理，将来自不同数据集的数据收集、整理、清洗、转换后，生成到一个新的数据集。统计分析方法包括假设检验、显著性检验、差异分析、相关分析、T检验和方差分析等。目前，还需要改进已有数据挖掘、机器学习技术、开发数据网络挖掘、特异群组挖掘、图挖掘等新型数据挖掘技术等。模型预测主要分为预测模型、机器学习和建模仿真。结果呈现方式包括云计算、标签云和关系图等。

10.5　物联网的应用

目前，物联网用途广泛，遍及教育、工程机械监控、建筑行业、环境保护、政府工作、公共安全、平安家居、智能消防、环境监测、路灯照明管控、景观照明管控、楼宇照明管控、广场照明管控、老人护理、个人健康、花卉栽培、水系监测、食品溯源、敌情侦查和情报搜集等多个领域，如图10.7所示。

展望未来，物联网会将新一代IT技术充分运用在各行各业中。具体地说，就是把传感器、控制器等相关设备嵌入或装备到电网、工程机械、铁路、桥梁、隧道、公路、建筑、供水系统、大坝、油气管道等各种物体中，然后将物联网与现有的互联网整合起来，实现人类社会与物理系统的整合。在这个整合的网络中，拥有覆盖全球的卫星，存储能力超级强大的中心计算机群，能够对整合网络内的人员、机器、设备和基础设施实施实时的管理和控制。就是说，人类可以以更加精细和动态的方式管理生产和生活，达到智慧化管理的状态，提高资源利用率和生产力水平，改善人与城市、山川、河流等生存环境的关系。正如党的二十大报告指出的，要“加快发展物联网，建设高效顺畅的流通体系，降低物流成本”。

本 章 小 结

本章介绍了物联网的概念、发展历程、体系结构、关键技术和应用，旨在让读者对物联网有一个较全面的理解。首先，介绍了物联网的基本概念、分类、起源和发展历程；其

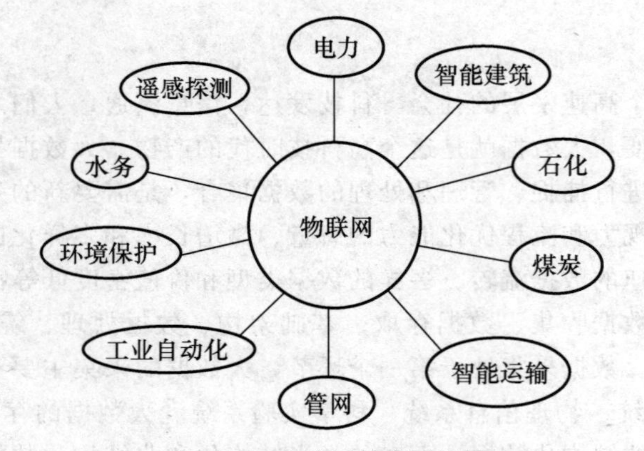

图 10.7 物联网的应用场景

感知物联网
未来的生活

次，介绍了物联网的体系结构包括感知层、网络层和应用层，并分析了物联网中常见的几种关键技术，如 RFID、无线传感网络、云计算、中间件和大数据技术等；最后，介绍了物联网目前和未来的应用方向。

习 题

1. 简述物联网的定义。
2. 简述物联网的起源和发展概况。
3. 物联网主要包含哪三层体系结构？请简述每层内容。
4. 简述物联网的关键技术。
5. 简述 RFID 的定义、组成及工作原理。
6. 简述中间件的定义，为什么使用中间件？
7. 物联网的应用场景有很多，请写出 5 个以上的应用场景。

第 10 章在线答题

附　录

常用英文缩略语精选

ADSL 非对称数字环路 Asymmetric Digital Subscriber Line
ARP 地址解析协议 Address Resolution Protocol
ARQ 自动重发请求 Automatic Repeat Request
ATM 异步传输模式 Asynchronous Transfer Mode
B-ISDN 宽带综合业务数字网 Broadband Integrated Services Digital Network
CATV 公用天线电视 Community Antenna Television
CDMA 码分多址 Code Division Multiple Access
DNS 域名系统 Domain Name System
E-mail 电子邮件 Electronic Mail
FTP 文件传输协议 File Transfer Protocol
FTTH 光纤到户 Fiber To The Home
GSM 移动通信全球系统（全球通）Global Systems for Mobile communications
HFC 混合光纤同轴 Hybrid Fiber Coax
HTTP 超文本传输协议 HyperText Transfer Protocol
Hub 集线器
IEEE 电子和电气工程师协会 Institute of Electrical and Electronics Engineers
IETF 因特网工程特别任务组 Internet Engineering Task Force
IP 因特网协议 Internet Protocol
IT 信息技术 Information Technology
ITU 国际电信联盟 International Telecommunications Union
LAN 局域网 Local Area Network
MPEG 活动图像专家组 Motion Picture Experts Group
POP 邮件传输协议 Post Office Protocol
QoS 服务质量 Quality of Service
Router 路由器
Switch 交换机
TCP 传输控制协议 Transmission Control Protocol
VPN 虚拟专用网络 Virtual Private Network
WWW 万维网 World Wide Web

期末模拟题

参 考 文 献

[1] [美] Albento Leon-Garcia & Indra Widjaja. 通信网——基本概念与主体结构 [M]. 2 版. 王海涛，李建华，译. 北京：清华大学出版社，2005.

[2] 崔鸿雁. 现代交换原理 [M]. 5 版. 北京：电子工业出版社，2018.

[3] 谭敏. 软交换设备开通与维护 [M]. 北京：中国铁道出版社，2018.

[4] 马华兴，董江波. 大话移动通信网络规划 [M]. 2 版. 北京：人民邮电出版社，2019.

[5] 张海君，郑伟，李杰. 大话移动通信 [M]. 2 版. 北京：清华大学出版社，2015.

[6] 李俨. 5G 与车联网—基于移动通信的车联网技术与智能网联汽车 [M]. 北京：电子工业出版社，2019.

[7] 宋铁成，宋晓勤. 移动通信技术 [M]. 北京：人民邮电出版社，2018.

[8] 凤舞科技. 局域网组建和维护入门与提高 [M]. 北京：清华大学出版社，2012.

[9] 高强，葛先雷，权循忠. 基于 MAC 地址 VLAN 划分的实际应用 [J]. 电脑知识与技术 2018 (28)

[10] 谢希仁. 计算机网络 [M]. 7 版. 北京：电子工业出版社，2017.

[11] 谢希仁. 计算机网络释疑与习题解答 [M]. 北京：电子工业出版社，2017.

[12] [日] 竹下隆史，村山公保，荒井透等. 图解 TCP/IP [M]. 5 版. 乌尼日其其格，译. 北京：人民邮电出版社，2013.

[13] [日] 上野·宣. 图解 HTTP [M]. 于均良，译. 北京：人民邮电出版社. 2014.

[14] 卢官明，秦雷. 数字视频技术 [M]. 北京：机械工业出版社，2017.

[15] 黄普明，卢俊. 联通天地——卫星通信知识问答 [M]. 北京：中国宇航出版社，2019.

[16] 牟建建. 基于三网融合下 IPTV、数字电视、网络电视的发展研究 [J]. 数字通信世界，2018 (11)

[17] 吴志鹏. 大数据时代的电信与互联网管理 [M]. 北京：北京邮电大学出版社，2014.

[18] 于淼. IGPS 基站网络时钟同步及复杂网络同步 [M]. 北京：知识产权出版社，2018.

[19] [加拿大] Dennis Roddy. 卫星通信（原书第 4 版） [M]. 郑宝玉等，译. 北京：机械工业出版社，2011.

[20] 李正茂，中国移动通信研究院. 通信 4.0 重新发明通信网 [M]. 北京：中信出版社，2016.

[21] [墨] AlejandroAragon - Zavala. 室内无线通信：从原理到实现 [M]. 张傲，陈栋，王太磊等，译. 北京：清华大学出版社，2019.

[22] 解相吾. 物联网技术基础 [M]. 北京：清华大学出版社，2014.

[23] 刘军，阎芳，杨玺. 物联网技术 [M]. 2 版. 北京：机械工业出版社，2017.

[24] 张白兰，杨向红，李家龙，等. 物联网综述 [A]. 中国电子学会信息论分会. 中国电子学会第十七届信息论学术年会论文集 [C]. 中国电子学会信息论分会：中国电子学会信息论分会，2010.

[25] 苗凤娟，惠鹏飞，孙艳梅. 物联网技术导论 [M]. 哈尔滨：哈尔滨工程大学出版社，2013.

[26] 江林华. 5G 物联网及 NB - IoT 技术详解 [M]. 北京：电子工业出版社，2018.